"创新设计思维"

数字媒体与艺术设计类新形态丛书

U0722467

案例学
AIGC+
Animate
动画设计
微|课|版

宋麟 梁超 王正◎主编

人民邮电出版社

北 京

图书在版编目（CIP）数据

案例学 AIGC+Animate 动画设计：微课版 / 宋麟，梁
超，王正主编. -- 北京 : 人民邮电出版社，2025.
（"创新设计思维"数字媒体与艺术设计类新形态丛书）.
ISBN 978-7-115-66451-8

Ⅰ. TP391.414

中国国家版本馆 CIP 数据核字第 202597AB92 号

内 容 提 要

本书通过案例全面且系统地讲解动画设计相关知识与技能。全书共 7 章，第 1 章为动画制作基础知识；第 2 章为 Animate 基础知识；第 3～6 章分别讲解广告动画、演示动画、网页动效、影视包装动画的行业知识和实战案例；第 7 章为综合案例，旨在帮助读者深入理解不同领域的动画制作需求和应用场景，提升读者的动画制作水平和实际应用能力。

本书的内容讲解由浅入深、直观易懂。本书可作为本科院校、职业院校、培训机构动画制作类课程的教材，也可作为动画设计初学者、动画爱好者及相关从业人员的参考书。

◆ 主　编　宋　麟　梁　超　王　正
　　责任编辑　韦雅雪
　　责任印制　胡　南

◆ 人民邮电出版社出版发行　　北京市丰台区成寿寺路 11 号
　　邮编　100164　电子邮件　315@ptpress.com.cn
　　网址　https://www.ptpress.com.cn
　　北京富诚彩色印刷有限公司印刷

◆ 开本：787×1092　1/16
　　印张：14　　　　　　　　　2025 年 6 月第 1 版
　　字数：331 千字　　　　　　2025 年 6 月北京第 1 次印刷

定价：79.80 元

读者服务热线：(010)81055256　印装质量热线：(010)81055316
反盗版热线：(010)81055315

前言

　　动画作为一种综合性较强的艺术形式，不仅为人们的日常生活增添了美感，带来了视觉享受，更在信息传播、文化交流和商业推广等方面发挥着重要的作用。无论是广告设计、演示设计、网页设计，还是影视包装等行业，都广泛应用了动画技术。随着科学技术的不断进步，辅助动画制作的工具和技术手段日益丰富，人工智能（Artificial Intelligence，AI）技术的发展更为动画制作带来了前所未有的创意空间和可能性。基于此，我们编写了《案例学AIGC+Animate动画设计（微课版）》一书。该书以行业需求为导向，以培养德技双馨的专业型人才为目标，旨在引导读者持续学习、勇于实践，并不断追求创新，实现科技与艺术的深度融合。

▌本书特色

● **学习目标+学习引导，轻松明确学习方向**。本书每章从知识目标、技能目标和素养目标3个方面，帮助读者厘清学习思路。本书每章设置学习引导，指导读者高效预习，明确本章主要内容及重点难点，科学提炼学习方法和技能要点，同时为读者提供学时建议和技能提升指导，激发读者学习兴趣。

● **行业知识+实战案例，深入理解行业应用**。本书涵盖广告设计、演示设计、网页设计和影视包装等主流行业的知识，以行业理论知识引导读者学习；按照"案例背景→设计思路→操作要点→步骤详解"的设计流程，让读者进一步深入体验行业案例的具体制作过程，充分理解并掌握行业案例的设计与制作方法。

● **Animate+AI工具，结合科技高效创新**。本书以动画制作中广泛应用的Animate 2024为蓝本，充分考虑Animate的功能和操作的难易程度，在实战案例中归纳操作要点，提供操作视频，并旁附Animate操作教程电子书二维码，供读者扫码自学、进一步了解软件功能。并且，本书紧跟行业前沿设计趋势，讲解常用AI工具的技术原理、使用方法，并提供行业案例的演示示例，让读者能够实际体会AI工具在动画制作中的辅助应用，从而拓展读者的设计思维，提升读者的创新能力。

● **拓展训练+课后练习，巩固并强化设计能力**。本书在章末通过拓展训练和课后练习进一步帮助读者巩固知识点并提升动画制作能力。拓展训练提供完整的实训要求，并展示操作思路，让读者举一反三、同步训练；课后练习通过填空题、选择题、操作题等，进一步锻炼读者的独立设计能力。

● **思维培养+技能提升+素养培养，培养高素质专业型人才**。本书在正文讲解中不仅适当融入"设计大讲堂"栏目，讲解设计规范、设计理念、设计思维、设计趋势、前沿信息技术等，助力读者的设计思维培养与专业能力提升；还适当融入"操作小贴士"栏目，提升读者的软件操作技能。并且，实战案例在考虑案例商业性的情况下，融入家国情怀、工匠精神、文化传统、开拓创新等元素，旨在培养读者的文化自信。

资源支持

本书提供丰富的配套资源和拓展资源，读者可使用手机扫描书中的二维码获取对应资源，也可登录人邮教育社区（www.ryjiaoyu.com）获取相关资源。

素材和效果文件使用说明：本书提供的所有素材和效果文件，均以案例名称命名，并归类至对应章节文件夹，便于读者查找和使用。

编者

2025年1月

目录

第 7 章

198 ——————— 综合案例

An

第 **1** 章

动画制作基础知识

动画不仅跨越了视觉艺术的传统边界，更深度融合了技术与创意的无限可能，在广告宣传、动态演示、网页动效和影视包装等领域扮演着重要角色，以其色彩丰富、内容生动、表现形式灵活等特点，深刻影响着人们的生活和娱乐方式，并传递文化和价值观念。动画制作是一门集艺术、技术与叙事能力于一体的综合性学科，要求设计人员具备深厚的艺术修养与灵活的创新思维，不断学习新的技术，从而创作出既具艺术美感又能触动人心的动画作品。

学习目标

▶ **知识目标**

◎ 熟悉动画的原理、类型、风格、制作流程、发展趋势、专业术语。
◎ 熟悉动画的应用领域。

▶ **技能目标**

◎ 初步认识动画制作的常用工具和动画的构成元素。
◎ 能够从专业的角度分析不同的动画作品。

▶ **素养目标**

◎ 培养动画制作兴趣，拓宽设计视野。
◎ 具备良好的艺术修养和较高的视觉元素把控能力。

学习引导 📊

STEP 1　相关知识学习　　　　　　　　　　　　建议学时：＿＿5＿＿学时

....

课前预习
1. 扫码了解动画发展历程，建立对动画的基本认识
2. 上网搜索各行各业的优秀动画作品，通过赏析这些动画作品，提升动画审美水平

> 课前预习
> [QR code]

课堂讲解
1. 动画的概念、原理、类型、风格、制作流程、发展趋势以及动画制作的常用工具
2. 动画的专业术语、构成元素及应用领域

重点难点
1. 学习重点：位图图像、矢量图形、色彩、文字、音频、视频等动画的构成元素，尤其是图形和图像的区别、色彩搭配方法，以及文字字体选择与文字排列方式
2. 学习难点：使用动画制作相关软件和AI工具；分析动画作品

STEP 2　技能巩固与提升　　　　　　　　　　　建议学时：＿＿1＿＿学时

....

课后练习　通过填空题、选择题巩固动画制作的基础知识，并通过分析题提升鉴赏能力与审美水平

....

1.1　动画制作基础

　　动画以其独特的动态视觉语言，将创意和灵感转换为生动形象的具体动态画面，为人们带来前所未有的视觉盛宴。它不仅是艺术和技术的完美结合，更是创意表达与信息传递的重要载体。

1.1.1　动画的概念与原理

　　动画不仅能直观地表达情感，还能将现实中不常见甚至不可能看到的事件、人物等以动态变化的形式展现出来，激发人们的想象力和创造力，因此其从诞生以来便受到人们的喜爱。然而要想制作出引人入胜的动画作品，需要先了解动画的概念与原理，深入理解动画的本质。

1. 动画的概念

　　动画（animation）一词源自拉丁文字根"anima"，"anima"的意思为"灵魂"；动词"animate"的意思是"赋予……生命"，引申意思为"使某物活起来"。因此，我们可以这样理解：动画是经由创作者安排，以绘画或其他造型艺术手段塑造角色和环境空间，使原本不具

有生命的东西像获得了生命一般运动的一种创造生命运动的艺术。图1-1所示为上海美术电影制片厂制作的《狐狸送葡萄》动画。该动画依据剪纸艺术设计造型，视觉效果精致美观，其剧情为狐狸送葡萄给老爷爷，通过动画的艺术手法将原本在自然界中不太可能发生的跨物种交流行为，转换为正常、和谐的互动，成功打破现实界限。

图1-1　上海美术电影制片厂制作的《狐狸送葡萄》动画

2. 动画的原理

动画的原理主要基于视觉暂留现象，又称"余晖效应"。视觉暂留是指光在视网膜上所产生的视觉形象在光停止作用后，仍在人的视觉里保留一段时间的现象。例如，在黑暗的房间里，让两盏相距2米的灯以25毫秒～400毫秒的时间间隔交替点亮和熄灭，观察者看到的就是一盏灯在两个位置之间"跳来跳去"的画面，而不是两盏灯交替点亮和熄灭的画面。这是视觉暂留导致的，当一盏灯点亮时，观察者看到的画面会在视觉中保留十分短暂的时间，此时另一盏灯点亮，在视觉上两盏灯就会混合为一盏灯，观察者会感觉前一盏灯移到了后一盏灯的位置。

因此，制作一组只有细小差别并具有连续性的画面，然后快速播放这些画面（往往第一个画面还没有从视觉里消失，下一个画面就显现出来了），使这些静态画面在人的大脑中形成连续运动的影像，即可创造出动画效果。

📱 设计大讲堂

虽然动画的原理主要基于视觉暂留现象，但在制作动画画面中对象的动态效果时，仍需遵循现实生活中的运动规律。例如，当小球被掷出并撞击墙面时，由于力的作用，动画中的小球应当呈现出从正常外形到凹陷状的形变过程，以符合运动规律。同样，在描绘小狗奔跑场景时，小狗四肢的摆动和落地位置应与现实情况保持一致，避免出现不符合生物运动规律的现象，这样才能带给观众更加真实和生动的观看体验，这也要求设计人员掌握基本的运动规律知识。

1.1.2　动画的类型

自1892年动画诞生以来，随着科技水平的提升和各类艺术形式的不断涌现，动画的类型越来越丰富，通常可以按创作主旨、制作形式、传播途径、播放形式和创作维度等角度进行分类。

1. 按创作主旨分类

按照创作主旨，动画可以分为艺术动画、商业动画和实用动画。

● **艺术动画**。艺术动画又称独立动画，主要以加拿大国家电影局制作的动画和欧洲艺术动画为代表，在各大电影节上屡获殊荣，以表达创作者的思想感情为主要目的，如图1-2所示。

The Animals艺术动画

该动画以其独特的创意和精湛的制作技艺获得了知名动画节的提名，展示了艺术动画在动画领域的独特魅力和价值。该动画仅依靠角色的动作讲述剧情，重在形式表达；未采用任何配音和文字，需要观众自我理解故事。

图1-2　艺术动画

● **商业动画**。商业动画多为电影形式的动画（见图1-3），以及以集为单位的系列动画。商业动画往往追求高票房和高点击率，最终获得经济利益。

《哪吒之魔童闹海》商业动画

该动画作为一部典型的商业动画，以中国传统故事为蓝本进行改编，在角色设计上有所创新，打破了传统的哪吒、太乙真人、申公豹和四海龙王的形象。自上映以来，该动画收获了惊人的票房成绩，不仅在国内市场打破了多项票房纪录，还在国际市场受到了广泛的关注和好评。

图1-3　商业动画

● **实用动画**。实用动画具有明确指向性和用途，不以纯粹艺术观赏和经济利益为首要目的；而是为了解决某一具体问题或满足特定需求。演示动画便是典型的实用动画，如地铁等公共场所中常播放的安全提示动画（见图1-4）、教学中使用的科学实验动画等。

《乘坐地铁安全防范知识》实用动画

该动画聚焦于乘坐地铁时需注意的安全防范知识，通过生动形象的方式，向乘客细致入微地展示关键的安全细节，旨在提高乘客的安全意识，具有鲜明的指向性和明确的适用场景，是典型的实用动画。

图1-4　实用动画

2. 按制作形式分类

按照制作形式，动画可以分为传统动画、定格动画和计算机合成动画。

● **传统动画**。传统动画的核心在于手工绘制每一帧画面，随后经过一系列复杂的工艺流程将这些画面转化为连贯的动画。在20世纪的大部分时间里，这种类型的动画占据了主导地位，是当时动画作品的主流形式。常见的传统动画又可分为单线平涂动画和水墨动画。图1-5所示的《大闹天宫》动画是典型的单线平涂动画，制作时先在纸片上勾勒简洁的线条形象，再通过描线将线条形象转移到胶片上，最后进行上色。

● **定格动画**。定格动画是通过逐格拍摄静态图像的方式来制作的动画，静态图像中的物体多为实物，并非在纸上作画所得。常见的定格动画有人偶动画、剪纸动画、黏土动画和沙画动画。图1-6所示的《曹冲称象》动画采用木头作为角色的制作材料，属于人偶动画中的典型作品。

● **计算机合成动画**。计算机合成动画即使用Animate、Animo、Softimage等计算机软件制作的动画，在制作真实感方面有得天独厚的优势。在图1-7所示的*Bliby*动画中，角色原型兔耳袋狸就是利用计算机软件建模而来的，角色毛发制作得栩栩如生，该动画是典型的三维动画。

图1-5　单线平涂动画　　　　图1-6　人偶动画　　　　图1-7　三维动画

3. 按传播途径分类

按照传播途径，动画可以分为影院动画、电视动画和网络动画。

● **影院动画**。影院动画是指在影院上映的动画。在没有数字媒体的时代，动画和电影的制作手段往往是胶片拍摄，由于影院环境相对封闭，观众会更关注尺寸相对较大的荧幕，这对于动画剧情、画面和音效等方面都有较高要求，在这种条件下，影院动画需具有一定的叙事性、明确的因果关系和完整的起承转合。

● **电视动画**。电视动画是指在电视上播放的动画，常以集为单位，每集时长为20分钟左右。与影院动画相比，电视动画的播出时间较长、更新速度较快、制作成本较低，但在精细程度方面略逊于影院动画。随着科技的发展，不少电视动画也会在网络平台中播放。

● **网络动画**。网络动画是指通过互联网传播的动画，又称Web动画，如图1-8所示。网络动画比影院动画和电视动画的制作成本更低，并且互联网和新媒体技术的发展还赋予了网络动画更加丰富的表现形式。

《乖乖鼠》网络动画

在21世纪网络动画发展的初期，由"闪客"引领的Flash网络动画潮流催生了许多具有影响力的作品。这些作品大多以歌曲或台词内容为核心故事情节，据此展开动画画面的创作。《乖乖鼠》网络动画便是其中的佼佼者。该动画巧妙地将处于成长过程中的人们设定为"乖乖鼠"角色，生动讲述了它们在成长过程中从迷茫逐步走向坚定的心路历程。这一作品紧贴21世纪初国内经济大幅度增长的时代背景，深刻反映了当时人们在物质生活水平提升的同时，内心世界的探索与成长，以及面对社会变迁所展现出的生活态度与追求。

图1-8　网络动画

4. 按播放形式分类

按照播放形式，动画可以分为顺序式动画和交互式动画。

- **顺序式动画**。顺序式动画是指每一帧都严格遵循制作时的先后顺序进行播放的动画，是动画领域最常见的动画类型之一，市面上多数动画都属于顺序式动画。
- **交互式动画**。交互式动画是指在动画播放过程中能够响应观众操作或预设响应时间，并由观众控制播放的动画。例如，在动画播放过程中，观众可单击"下一页""上一页"按钮切换动画内容，这使得播放的动画内容具有随机性和可变性。

5. 按创作维度分类

按照创作维度，动画可以分为二维动画和三维动画。

- **二维动画**。二维动画在平面上进行创作，只有长和宽两个维度，通常由一系列静态的图像（帧）组成，通过快速、连续播放这些图像来实现动画效果。二维动画虽然视觉效果扁平，没有立体感和深度感，但是能够直观地表现人物的特点和情感，以及人物和物品的运动状态，且表现形式多样，如图1-9所示。

《青鸟》第18届中国动漫金龙奖参赛作品

该动画为典型的二维动画，采用中国独有的水墨风格展开创作，画面元素的轮廓皆由毛笔样式的画笔勾勒而成，同时人物的服装、装饰物等皆采用中国传统元素进行设计。仅由线条绘制出的人物表情依旧栩栩如生，能够生动地表达该人物当时的心境。

图1-9　二维动画

- **三维动画**。三维动画又称为3D动画，其在立体空间中进行创作，有长、宽和高3个维度。三维动画主要利用计算机三维软件通过建模、动画制作和渲染等步骤生成场景和实物，其画面更具立体感和真实感，视觉效果比较新颖、震撼，如图1-10所示。

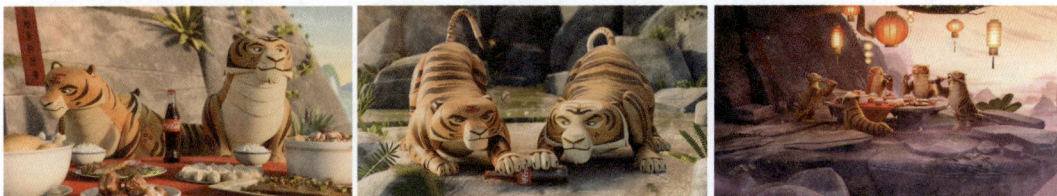

可口可乐广告动画

该动画采用三维动画形式，通过将精细的老虎、饮品、山洞、饭菜等元素，巧妙地与中国传统文化元素（如春节、生肖、饺子、灯笼）结合，生动地展现了节日氛围，加深观众对产品的认同感。

图1-10　三维动画

1.1.3　动画的风格

繁多的动画类型和创作方式使动画拥有较多的风格，目前市场中主流的动画风格有传统手绘风格、扁平化风格、漫画风格、水墨风格和仿真风格。

- **传统手绘风格**。这种风格常见于以手绘为主要创作形式的动画中，注重线条的运用和色彩的选择，呈现出浓厚的艺术性和强大的表现力，能够很好地展现角色的情感和动作。中国早期的影院动画如《宝莲灯》《九色鹿》等，都采用了该种风格。
- **扁平化风格**。这种风格强调简洁和平面化的设计理念，多采用简洁的图示和色彩搭配进行表现，具有现代感和时尚感，符合现代观众的审美偏好，广泛应用于网页动效、网络动画及课件动画等领域。此外，该种风格还发展出了大众熟知的MG（Motion Gruphics，动态图形）动画形式，如图1-11所示。

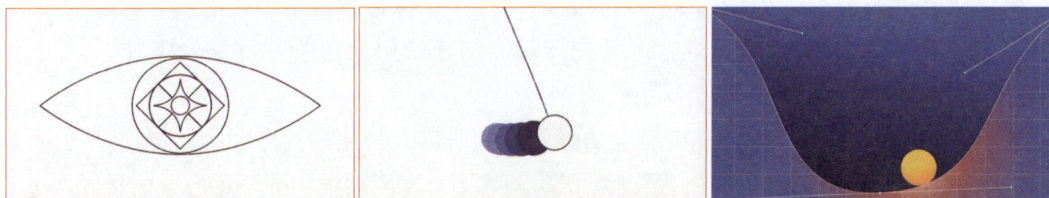

*School of Motion: Join the Movement*宣传动画

该动画以极简的线条、色彩与几何图形，呈现了一场极具创意的视觉盛宴，充分展现了动画这一艺术形式如何激发并赋予人物创作灵感。作为扁平化风格动画的杰出代表，该动画使观众能够深刻感受到扁平化设计所带来的清新与简洁之美，同时被其中蕴含的丰富创意所打动。这部动画不仅是技术与艺术的完美结合，更是对动画创作无限可能的深刻诠释。

图1-11　扁平化风格的动画

- **漫画风格**。这种风格多见于由漫画改编的动画中，具有夸张和幽默的特点，能够生动地展现漫画中的情感和故事情节。这种风格要求在设计动画角色的过程中，刻意保留漫画原作者绘制角色时线条粗细不均的独特风格，以及每个角色独有的个性特征，确保动画作品能够忠实传达漫画的精神与韵味。

● **水墨风格**。这种风格以中国传统水墨画为基础，运用淡墨、浓墨、淡彩等技法表现画面中的山水、花鸟、人物等形象，具有浓郁的中国传统文化气息，富有诗意和韵味。水墨风格是中国动画领域比较有特色的一种动画风格，对中国动画的发展具有重大影响，该风格的代表作有《小蝌蚪找妈妈》《牧笛》《山水情》，如图1-12所示。

图1-12　水墨风格的代表作

● **仿真风格**。这种风格追求真实的表现效果，极其注重对现实世界的模拟和再现，能够展现出高度的真实感和卓越的画质，呈现出逼真的光影效果和纹理细节，该风格的代表作有《西游记之大圣归来》。

1.1.4　动画的制作流程

动画的制作流程根据创作主题和手法的不同而有所不同，本书以介绍商业领域的二维动画制作为主，其制作流程包括前期策划、搜集与编辑素材、制作动画、后期调试与优化、测试动画和发布动画6个阶段。

● **前期策划**。制作动画前，首先应明确动画的制作目的、目标群体、风格、色调等，然后根据客户需求策划一套完整的设计方案，对动画中出现的人物、背景、音频及剧情等要素做出具体安排，以便搜集与编辑素材。

● **搜集与编辑素材**。根据前期策划有目的地搜集素材，若搜集不到所需素材，还可自行制作素材。素材搜集完毕后，可先按制作需求使用相应的软件编辑素材，如进行美化、调色等，以便后续制作动画。

● **制作动画**。这一阶段将直接决定动画作品的质量，因此在制作动画时要注意动画的每一个细节，随时预览动画，及时观察动画效果，发现动画中的不足应及时调整。

● **后期调试与优化**。动画制作完毕后应全方位地调试与优化动画，使整个动画更加流畅、紧凑，且按预期效果进行播放。调试与优化主要针对动画对象的细节、分镜头和动画片段的衔接、音频与动画播放是否同步等方面，保证动画作品的高质量。

● **测试动画**。动画制作完成并调试与优化后，还应测试动画的播放是否流畅和加载时间是否合适，因为计算机软硬件配置大都不同，所以测试应尽量在不同配置的计算机上进行，然后根据测试结果及时调整动画，使其在不同配置的计算机上均有很好的播放效果。

● **发布动画**。发布动画时，应根据动画的用途、使用环境等因素设置动画的格式、画面和音频品质，而不是一味地追求较高的画面和音频品质等。

1.1.5　动画制作的常用工具

在数字化浪潮中，创意与技术的融合正推动着动画领域的革新，除了以性能稳定和功能丰富著称的制作软件外，还有智能化、高效化的AI工具，帮助设计人员高效制作动画。

- Adobe Animate。它是Adobe公司旗下的一款动画制作软件，前身是Adobe Flash软件，支持矢量图形的绘制和编辑，以及传统帧动画、骨骼动画、交互动画的制作，具有丰富的工具，支持输出多种格式的文件，以在多平台上展示和发布。
- Toon Boom Harmony。它是Toon Boom Animation公司开发的一款动画制作软件，提供强大的绘图和动画工具，内置多种特效，能实现高品质、流畅的动画效果。同时，它支持多人同时协作制作动画项目，可以有效提高团队合作效率。
- 万彩动画大师。它是广州万彩信息技术有限公司开发的一款动画制作软件，提供大量的动画模板和转场特效，支持语音合成、多种格式文件输出，且内置大量的精致场景以及静态、动态角色，操作简单。图1-13所示为万彩动画大师提供的动画模板。

图1-13　万彩动画大师提供的动画模板

- Cinema 4D。它简称C4D，是MAXON Computer GmbH公司开发的一款三维动画制作软件，以易用性和高效性著称，具有强大的建模、动画制作和渲染功能，具备多种实时渲染引擎和物理模拟系统，制作过程高效、流畅。
- AI工具。动画制作领域中的AI工具可以将文字转换为图形，从而获取动画的角色、静物和场景等素材，如图1-14所示；还可以将文字转换为音频，作为动画制作的声音素材。

《千秋诗颂》AI动画

该动画是中央广播电视总台和人民教育出版社一同制作的。在制作过程中，首先添加水墨风格参考图片和输入提示词，利用AI工具生成动画中的角色、场景和静物等静态元素，接着动画制作团队利用专业的动画制作软件和技术，将这些静态元素转化为动态画面。相比传统的动画制作方式，AI工具的应用大大缩短了动画制作周期，有效减少了成本投入。这种创新的制作方式不仅展示了AI在动画创作中的巨大潜力，也为未来动画产业的发展提供了新的可能性。

图1-14　利用AI工具生成动画素材

1.1.6 AI时代下动画的发展趋势

在AI技术日益发展的今天，动画制作迎来了新的机遇与挑战，其发展趋势呈现多样化、个性化、交互性、可持续性和创新性等特点。在AI时代下，设计人员需要不断学习新的动画制作方式和理念，以应对不断变化的市场需求，还需要积极承担社会责任和义务，推动动画制作行业持续发展。AI时代下动画的发展趋势包括以下几方面。

● **AI辅助动画创作**。AI技术凭借大数据模型，能够精准分析市场趋势和观众喜好，为动画剧本和画面元素的创作提供灵感和数据参考，确保动画内容和画面更加贴合观众的审美和需求。因此，AI辅助动画创作将成为常态。

● **全新的动画制作方式**。在AI技术的辅助下，设计人员不需要逐帧绘制画面，能够通过AI工具自动生成连续且流畅的画面。基于这种新的制作方式，设计人员可以根据观众的喜好定制生成画面，提供个性化服务。

● **制作门槛与成本降低**。传统的动画制作方式往往需要设计人员有深厚的技术积累，还需要庞大的成本投入，而AI技术可以通过智能算法和模板，快速生成高质量的角色、场景和静物等的设计图和音频素材，极大地降低动画制作门槛与成本，减轻设计人员搜集与编辑素材的压力，让设计人员有更多的时间和精力关注作品本身的创意。

● **跨行业的融合和创新**。在科技迅速发展的当下，动画制作开始与其他行业进行跨界合作和创新探索。例如，在医疗领域使用AI工具，可以快速生成符合医疗主题的动画角色和场景，AI工具可以根据输入的关键词（如"心脏""血管"等）自动生成精细的心脏结构图或血管内血液流动动画，为动画制作提供高质量的素材。设计人员使用这些生动形象的素材，可以将复杂的医疗知识以易于理解的方式呈现给观众。

🖊 设计大讲堂

使用AI技术生成内容需要严格遵守《中华人民共和国网络安全法》等相关法律，格外关注包括但不限于数据保护、隐私政策、网络安全等方面的内容。例如，严禁使用AI技术生成宣扬仇恨、歧视、暴力，涉及政治人物、色情、恐怖等的违反法律法规，损害社会公共利益，甚至引发社会不稳定的不良内容。

1.2 动画的专业术语

动画制作是一个专业性较强的领域，设计人员只有深入了解分镜、关键帧、帧速率等专业术语的含义及其在动画制作中的作用，才能创作出优质的动画。

1.2.1 分镜和关键帧

分镜，又称为故事板，是电影、动画、电视剧、广告、音乐录像等视觉艺术领域中的一个重要概念。分镜可以理解为在实际拍摄或制作动画之前，根据剧本内容将文字描述转化为具体的视觉画面，并标注运镜方式、时长、对白、特效等，然后按照一定的逻辑顺序将这些画面排列起来，形成的连续镜头序列。制作分镜的目的是帮助设计人员更好地理解和把握剧本脉络，确定每个镜头的具体实现细节，从而提高制作效率和作品质量。

在动画制作领域中，关键帧扮演着描述动画在特定时间点上的画面状态的重要角色，通过在不同的时间点设置关键帧，设计人员可以控制动画的起始、结束以及中间过程，确保动画过渡自然、流畅。

设计人员可将分镜中对剧本内容发展至关重要的节点设置为动画的关键帧，再通过动画制作软件自动计算并生成中间帧内容，实现动画的平滑过渡。因此，分镜为关键帧的设置提供了基础框架和方向，而关键帧则通过先进的技术手段，将分镜中的创意构思转化为生动的动态画面，如图1-15所示，二者相辅相成，共同推动动画作品的制作与呈现。

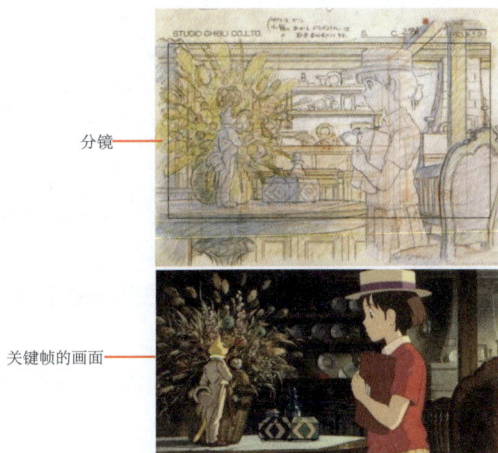

图1-15 分镜与关键帧

1.2.2 帧速率

动画可被视为一系列静态图像通过连续播放产生的动态变化，在动画制作软件中，这些静态图像分别被放置在每一帧上，即一帧一图像。动画的帧速率（Frame Rate）便是动画每秒内播放的帧数（Frame Per Second, FPS），它是衡量动画流畅度和平滑度的一个重要指标。通常情况下，高帧速率的动画能够更平滑地展示动态变化，减少运动模糊和跳跃感，使观众感觉更加自然和舒适，但制作成本也较高。

因此，在制作动画时，需要根据具体情况选择合适的帧速率，以确保动画呈现最佳效果。表1-1所示为常见的帧速率及其应用场景。

表1-1 常见的帧速率及其应用场景

动画类型	帧速率及其应用场景
定格动画	低于8帧/秒，在定格动画这种艺术风格强烈的动画中，使用更低的帧速率能达到特定的视觉效果
传统动画	12帧/秒～24帧/秒，较低的帧速率通常用于制作成本较低的动画，以节省时间和资源。而较高的帧速率则可以实现更流畅的动画效果，但制作成本也会提高
计算机合成动画（二维动画）	24帧/秒～30帧/秒，这个范围内的帧速率既能保持动画的流畅性，又能满足数字制作（使用计算机制作图像、音频、视频、动画都属于数字制作）流程的需求
计算机合成动画（三维动画）	24帧/秒～60帧/秒，三维动画中通常使用更高的帧速率实现更真实的运动和细节

1.2.3 角色、静物和场景

在动画中，角色、静物和场景是构成画面不可或缺的三大基本元素，它们共同构建了画面的丰富视觉层次和叙事情景。

● **角色**。角色是动画剧情的核心对象和关键要素，涵盖人类、动物和任何想象中的虚构形态，通过自身的行动和成长推动着剧情的发展，并吸引观众的注意力。每个角色都有其独特的性格、外貌和背景故事，这些特征交织融合，共同塑造出角色的个性和深度。

● **静物**。静物是画面中除了角色和场景之外的元素，如角色手中的道具、室内家具等，在画面中具有营造环境氛围、衬托角色表演的重要作用，它可以是建筑、自然景观等任何非生命体。静物的设计需要与动画的整体风格和主题相协调，同时，静物还可以通过光影效果、色彩搭配等手法来增强画面的视觉冲击力和情感表达。

● **场景**。场景是画面中角色和静物所处的具体环境或空间，用于表现角色的活动环境和剧情背景，它可以是室内场景、户外环境、未来都市或奇幻世界等。场景的设计需要考虑到动画的整体风格和叙事需求，通过布局、色彩、光影等元素的运用来营造出特定的氛围和情感基调。场景的变化和转换也是推动动画剧情发展的重要手段之一。

在图1-16所示的画面中，角色是两个人物，静物是绿色虫子、桌子、台灯、器皿和书本，场景便是室内。

图1-16　角色、静物和场景

1.2.4 输出格式

由于动画制作软件的不同，因此可以输出多种格式的文件，但在实际运用中，设计人员应根据动画的具体运用场景选择恰当的输出格式。

● **FLA（*.fla）格式**。FLA格式是Animate动画软件的源文件格式，FLA文件可以保存Animate中所有的图形、动画、代码、音频和视频等资源。通过编辑FLA文件，设计人员可以修改、增加新元素或删除已有元素，以调整动画效果。

● **SWF（*.swf）格式**。SWF格式是一种多媒体文件格式，也是Animate动画软件自身生成的文件格式，通常用于网络动画、游戏和应用程序的交互式界面，其主要特点包括小巧、可压缩、高可定制性，可支持的设备、平台广泛。

● **HTML（*.html）格式**。从严格意义上来说，HTML是一种标记语言，它通过标签来标记要显示在网页中的内容。为此，在制作网页动画时，Animate动画软件提供了发布HTML文件的功能，以便动画可以更方便地在网页中被使用。

● **GIF（*.gif）格式**。GIF文件可以存储256种颜色和多幅图像，并按照指定的时间间隔播放图像，从而形成连续的动画效果，GIF格式是动态图形和表情包的常用输出格式。同时GIF文件较小，便于在网页平台上传输。

● AVI（*.avi）格式。AVI格式是一种将音频信息与视频信息一起存储的常用多媒体文件格式，它以帧为存储动态视频的基本单位，在每一帧中都先存储音频数据，再存储视频数据。不少动画制作软件都支持输出该格式的文件，以便以视频形式传输动画作品。

● MP4（*.mp4）格式。MP4格式是一种标准的数字多媒体容器格式，用于存储数字音频及数字视频，也可以存储字幕和静态图像。它具有能高度压缩、视频质量良好、兼容性强、多媒体功能丰富和适用于网络流媒体等优点。它和AVI格式一样，都是为了以视频形式传输动画作品而被动画制作软件所支持的。

1.3 动画的构成元素

自然界中的万物都是由各种元素构成的，动画作品亦是如此。在动画中，图形图像构成了动画的基本框架和场景；色彩是增强视觉效果和情感感染力的重要方式；文字是传达对话、旁白或标题等信息的方式；而视频和音频则能够带来更加沉浸式的视听体验。

1.3.1 位图图像

图像根据记录方式的不同可分为模拟图像和数字图像，动画中的图像是通过计算机存储的数据来记录图像上各像素点的亮度信息的数字图像，而非通过某种物理量（如光、电等）的强弱变化来记录图像上各像素点的亮度信息的模拟图像。

1. 位图图像的构成

数字图像又称位图图像、点阵图或像素图，由多个像素点构成。将位图图像放大到一定程度后，可看到位图图像是由一个个小方块（即像素点）构成的，如图1-17所示。但当位图图像放大到一定比例时，图像会变模糊，因此若使用位图图像制作缩放动画，应选用较高分辨率的图像，这样才能避免视觉效果模糊。

图1-17　位图图像原图和放大后的效果

> **设计大讲堂**
>
> 像素点是构成像素的基本元素，也是位图图像中最小的可控制光点或图像单元（它代表着一个具有固定位置和特定色彩或亮度值的图像单元）。像素是构成图像的最小单位，每个像素在图像中都有自己的位置，并且包含色彩、亮度和透明度等信息。分辨率是图像中单位长度上的像素数目，其单位通常为"像素/英寸"和"像素/厘米"，图像的分辨率越高，图像就越清晰。

2. 常见的位图图像格式

位图图像格式是指用计算机表示和存储图像信息的格式。同一幅图像可以用不同的格式存储，但不同格式的图像所包含的信息并不完全相同。

- PSD（*.psd）格式。PSD格式是Photoshop软件自身生成的文件格式，以PSD格式保存的图像文件包含图层、通道、颜色模式等信息。
- TIFF（*.tif、*.tiff）格式。TIFF格式是一种无损压缩格式，常用于在应用程序与计算机平台之间交换图像数据。
- JPEG（*.jpg）格式。JPEG格式是一种有损压缩格式，也是常用的图像文件格式之一，其生成的图像文件较小。在生成JPEG格式的图像文件时，可以设置压缩程度，以生成不同大小和质量的图像文件。压缩程度越高，图像文件越小、质量越差。
- PNG（*.png）格式。PNG格式可以使用无损压缩方式压缩图像文件，从而保证图像的质量，并且可以为图像定义256个透明层次，使图像的边缘与背景平滑地融合，从而得到透明的、没有锯齿边缘的高质量图像效果。

1.3.2 矢量图形

图形，作为图像的一个特定形式或概念上的子集，通常指的是经过抽象、简化和规范化的图像。矢量图形是一种特殊的图形。

1. 矢量图形的构成

矢量图形又称向量图，是指使用一系列计算机指令来描述和记录的点构成线、面，进而组合成的完整图形，其记录内容主要包括形状、线条粗细和色彩等信息。矢量图形的构成单位是图元（图元是图形软件中用来描述各种图形元素的函数，也可以简单将其理解为构成图形的基本单位），可以通过调整图元的属性（如大小、颜色、位置等）来修改矢量图形，如Animate、Illustrator、Photoshop等软件都可绘制和编辑矢量图形。

与位图图像不同的是，矢量图形的清晰度和光滑度不受缩放操作的影响，如图1-18所示。这种特性使其在动画制作中发挥着重要作用，也成为构成动画作品的主要元素。

图1-18　矢量图形原图和放大后的效果

2. 常见的矢量图形格式

常见的矢量图形格式有以下3种。

- EPS（*.eps）格式。EPS文件可用于存储矢量图形和位图图像。EPS格式的优点是使用户可以在排版软件中以低分辨率预览图形和图像，而在打印时以高分辨率打印图形和图像。
- SVG（*.svg）格式。SVG格式是一种可任意进行缩放，而且边缘清晰，生成的文件很小的文件格式。SVG文件方便传输，文本在该文件中保留可编辑和可搜寻的状态，没有字体的限制，因此常用于设计高分辨率的Web图形。

● **AI（*.ai）格式**。使用Illustrator软件可以生成AI矢量图形文件格式，这种格式的文件用Illustrator、Photoshop和CorelDRAW等软件都能打开并编辑。

1.3.3 色彩

色彩是通过眼睛、大脑和生活经验所产生的一种对光的视觉效应，人们对动画作品的感觉首先来自色彩，其次来自形状。色彩还是一种潜在的、有说服力的隐形语言，能表达情感和氛围、传达信息和意义、引导视觉焦点和注意力，还能够塑造视觉风格和个性。

1. 色彩分类和属性

色彩分为有彩色和无彩色。其中，有彩色是指带有某一种标准色倾向的颜色，也就是带有冷暖倾向的颜色，光谱中的全部颜色都属于有彩色；无彩色是指不具备光谱上的某种或某些色相的颜色，即黑色、白色、灰色。

有彩色都具有色相、明度、纯度3种属性，即色彩三要素，能够表现出丰富的色彩变化和视觉效果，如冷暖感、远近感、轻重感等。而无彩色只具备明度属性，即通过明度的变化来表现不同的视觉效果，如层次感、空间感等。

● **色相**。色相能够准确表述色彩的倾向，它是色彩的具体称谓，也就是色彩的颜色名称，如玫瑰红、湖蓝、土黄等。

● **明度**。明度是指色彩的明暗程度，也称为亮度。同一色彩中添加的白色越多则越明亮，添加的黑色越多则越暗。色彩的明度会影响人们对于物体轻重的判断，如当人们看到同样的物体时，若物体为黑色或低明度的色彩，会判断物体偏重；若物体为白色或高明度的色彩，会判断物体偏轻。

● **纯度**。纯度也称为饱和度，是指色彩的鲜艳程度。若一个色彩其本色（组成自身颜色的色光）的比例越高，纯度就越高；反之，则纯度越低。高纯度的色彩会带来兴奋、鲜艳、明媚等感受；低纯度的色彩会带来舒适、低调、柔和等感受。

2. 色彩对比

色彩对比能让色彩的特点和个性更加突出，主要包括色相对比、明度对比及纯度对比3种类型。

（1）色相对比

色相对比是指因色相的差别形成的对比。图1-19所示为24色相环中的颜色关系，每种颜色所占角度为15°。色相对比通常包括以下几种。

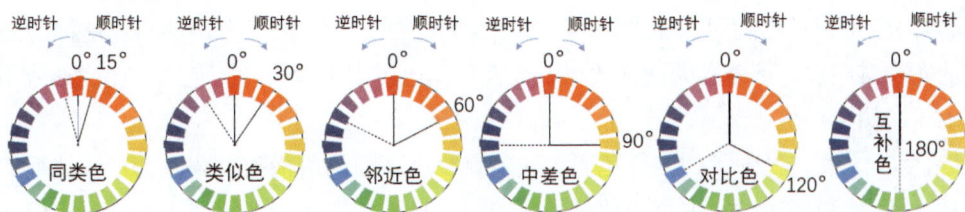

图1-19　24色相环中的颜色关系

- **同类色对比**。同类色是指24色相环中相距15°的两种颜色。同类色对比是指属于同一色系（色系是指颜色所属的系别，是一种色彩分类方式，如红色系、蓝色系等）、不同明度的颜色的对比，具有统一、平静、雅致、含蓄、稳重等特点。
- **类似色对比**。类似色是指24色相环中相距30°的两种颜色。类似色对比具有效果柔和、和谐、雅致、平静等特点。
- **邻近色对比**。邻近色是指24色相环中相距60°的两种颜色。邻近色对比容易保持画面的统一、和谐，同时又有色相上的变化。
- **中差色对比**。中差色是指24色相环中相距90°的两种颜色。相较于邻近色对比，中差色对比显得更加活泼、跳跃。
- **对比色对比**。对比色是指24色相环中相距120°的两种颜色。对比色对比可以带来醒目、有力、活泼的感觉。
- **互补色对比**。互补色是指24色相环中相距180°的两种颜色。互补色对比效果强烈、炫目，但可能带来非常刺激的视觉感受。

（2）明度对比

明度对比是色彩明暗程度的对比，也称黑白度对比，人们常将明度划分为10个阶段，而形成明度对比的配色组合便是指明度相差5个阶段及以上的配色组合，如图1-20所示。

高明度的色彩给人积极、热烈、华丽的感觉；中明度的色彩给人端庄、高雅、甜蜜的感觉；低明度的色彩给人神秘、稳定、谨慎的感觉。通常情况

图1-20 明度对比

下，明度对比较强时，视觉效果更加突出，更具有视觉展现力；而明度对比较弱时，视觉效果往往会柔和、单薄、不够明朗。

（3）纯度对比

纯度对比是色彩鲜艳程度的对比，也称饱和度对比。人们常将纯度划分为10个阶段，而形成纯度对比的配色组合便是指纯度相差7个阶段及以上的配色组合，如图1-21所示。

低纯度的色彩视觉效果较弱，适合长时间观看；中纯度的色彩视觉效果较和谐、丰富；高纯度的色彩视觉效果鲜艳明朗、富有生机。在动画作品中，

图1-21 纯度对比

通常采用高纯度的色彩来突出主题，采用低纯度的色彩来表现次要部分。

3. 色彩搭配

在色彩搭配中，人们常将画面中的色彩划分为三大类别：主色（通常占画面面积的70%）、辅助色（通常占画面面积的25%）和点缀色（通常占画面面积的5%）。这样的划分可以更好地实现有层次、不凌乱的视觉效果，但在具体运用中可适当调整色彩占比，形成不一样的视觉感受，如图1-22所示。

- **主色**。主色作为画面的核心色彩，决定着整个画面的风格和基调。为了保持视觉效果的一致性和舒适度，主色的数量一般控制在1~3种，若过多，则容易分散人们的注意力并导致视觉疲劳。

- 辅助色。辅助色具有强化主色、增添画面层次与提高丰富度的作用，使画面色彩统一而不失变化，既美观又富有吸引力。辅助色需与主色协调，避免产生冲突或突兀感。
- 点缀色。点缀色作为画面中的亮点，多为较醒目的一种或多种色彩，以少量而精致的方式出现。合理应用点缀色，可以为画面注入活力与个性，使效果更加生动。

PASTREE动画

该动画分为白天和夜晚两个场景，虽然场景中的组成元素几乎相同，但通过不同的色彩搭配体现了时间的变化。其中，白天场景以高纯度的红色为主色，以中纯度的橙色为辅助色，以白色和绿色为点缀色，主色与辅助色面积相差不大且为类似色，视觉效果和谐，共同营造出沙漠白天酷热的氛围，点缀色又为这种氛围增添了一丝凉意；夜晚场景以中纯度的绿色为主色，以高纯度的红色为辅助色，在色彩比例方面与白天场景保持一致，形成了高对比度，提升了画面的张力，白色、蓝色和橙色等点缀色又丰富了视觉效果，还巧妙地展现了夜晚沙漠中受月光影响出现的光影交错现象。

图1-22 色彩搭配

1.3.4 文字

在动画中，文字是一种既实用又富有创意的元素，它不仅能够传达信息，也可以通过字体、字号、颜色、排列等变化，创造出独特的视觉效果，还可以作为一种装饰元素来增强画面的艺术感和视觉吸引力。考虑到观众的认知习惯、动画叙事特点、视觉设计以及技术实现方式等多方面，动画中的文字字数一般较少，多用于强调关键信息、展示角色对话或提供简短的注释。

1. 文字字体

文字字体直接影响视觉效果，不同的字体具有不同的特征。

- 常用中文字体。宋体典雅大方、文艺端庄；仿宋体挺拔纤细、优雅秀丽；黑体稳重、现代化、简约时尚；圆体饱满圆润、亲和、柔韧；隶书体清秀、洒脱；楷体严谨、平和；综艺体稳重、有力、刚中带柔；琥珀体浑厚、可爱。
- 常用英文字体。新罗马体（Times New Roman）是一种衬线体，字母末端带有细小的装饰性元素（即衬线），富有节奏感、条理性、传统感；线体（Arial）是一种无衬线体，简洁有力、端庄大方；意大利体（Italic）具有倾斜的方向性动感，洒脱活泼；手写体大小不一、形态各异、自由灵活，能根据手写者的风格进行自然变化。

2. 文字排列方式

不同的文字排列方式可以带来不同的视觉效果，从而营造活泼、安静或严肃等不同氛围。文字排列方式主要包括居中对齐、两端均齐和单边对齐3类。

- 居中对齐。居中对齐是指将文字整齐地向中间集中，使文字都在画面中间显示，具有突出重点、集中视线的作用，可以牢牢抓住观众视线。

- **两端均齐**。竖排文字的上端和下端分别对齐，横排文字的左端和右端分别对齐，如图1-23所示。两端均齐可以让文字整体效果显得端正、严谨、美观、稳重、统一和整齐。
- **单边对齐**。竖排文字仅行首上对齐或行尾下对齐，横排文字仅行首左对齐或行尾右对齐，如图1-24所示。单边对齐效果比两端均齐效果更显灵活、生动。

图1-23　两端均齐　　　　　　　　　图1-24　单边对齐

3. 文字编排原则

文字编排是指详细设置与安排字体、字号、间距和色彩等文字基本属性，它主要遵循以下原则。

- **字体的编排原则**。字体的笔画外形应与配图的风格协调，如配图为卡通风格，则可选择笔画外形圆润的琥珀体、圆体等字体。
- **字号的编排原则**。文字字号的大小，一般根据版面的实际情况来设置，但建议字号不低于30号，以确保在屏幕较小的设备上播放动画时，其中的文字也能被清晰识别。此外，还需注意不同层级文字在字号上的合理区分，如标题文字字号应大于副标题文字字号，副标题文字字号应大于正文文字字号，注释文字字号通常最小。
- **间距的编排原则**。间距是指文字的字间距和行间距，字间距是字与字之间的距离，行间距是一行文字与另一行文字之间的距离。通常字间距和行间距的比例为10：12，适当的行间距会形成一条明显的水平空白带，引导人们的目光。
- **色彩的编排原则**。选择文字颜色时，可从画面中的图像、图形中取色，保持文字与这些元素在色彩上的统一，但同样需注重文字的可识别性，文字颜色应与背景颜色有一定差别。

1.3.5 音频

在动画中，音频能起到烘托情感和渲染氛围的作用，Animate和万彩动画大师等动画制作软件都支持导入音频素材，实现音画的同步制作。

1. 音频波形

声音是一种由物体振动或振荡引起的机械波，它会通过介质（如空气、水或固体）传播机械能，并引起周围分子的振动，这些振动以波的形式向外传播，最终到达人们的耳朵，被内耳中的听觉器官接收并转换为神经信号。

音频是携带信息的声音媒体，自然界中的声音属于模拟信号，通过现代科技可将模拟信号转换为数字信号，即将声音转换为音频。由于声音的传播主要通过声波进行，因此科学家们便采用从左到右呈现连续波动的波形图形来可视化音频，直观地展示音频的强度和变化。在动画制作软件中，导入的音频将以波形的样式展示其内容，如图1-25所示，编辑和处理音频实际上就是修改波形。

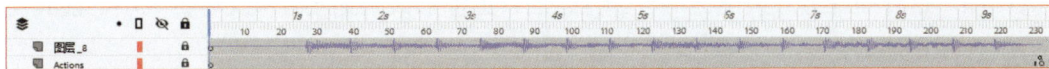

图1-25　在动画制作软件中导入的音频

2. 音频属性

将声音转换为音频后，音频将具有频率、振幅、采样率、位深度、声道等属性，修改这些属性将会对音频造成影响。

- **频率**。频率用于表示音频的音调或高低音。频率的单位是赫兹（Hertz，Hz），表示每秒振荡的周期数量。人类的听觉的频率范围为20Hz～20kHz（赫兹的千倍单位）。
- **振幅**。振幅用于描述音频波形的变化幅度，即音频的强度或音量，常使用声压级或分贝（dB）来表示，也可以使用采样值来表示。
- **采样率**。采样率是指将模拟的声音波形转换为音频时，每秒所抽取声波幅度样本的次数。它决定音频文件的频率范围，采样率越高，音频效果越好。
- **位深度**。位深度决定音频的振幅范围。采样声波时，需要为每个样本指定最接近原始声波振幅的振幅值。位深度高则会提供更多可能的振幅值，产生更大的动态范围、更低的噪声基准和更高的保真度，音频文件也越大。
- **声道**。声道决定音频的波形数量，动画制作使用的音频通常包括单声道（仅有一个音频波形）和立体声（有两个音频波形）。

3. 音频的采集方式

在动画制作中需要使用音频时，除了由客户提供音频素材以外，还可以通过以下方式采集音频。

- **通过计算机**。Windows 10操作系统中自带"录音机"程序，用于在计算机中录制声音、充当语音备忘录、捕捉外部声音源（如音乐播放器和扬声器）的输入和声音效果、转换音频格式、分享和导出录音。
- **通过手机、数码相机和摄像机**。通过手机、数码相机和摄像机采集的音频通常存储在对应设备的存储器中，可以通过数据连接线将设备与计算机相连，再将其中的文件传输到计算机中。
- **通过素材网站下载**。通过素材网站可下载各种丰富的音频，使用音频可以增强画面的真实感，营造气氛，提供视觉画面无法传达的信息。

4. 音频的文件格式

采集音频后，可将音频文件转换为常用的格式，以便应用。

- **WAV（*.wav）格式**。WAV格式是一种广泛使用的无损压缩音频文件格式，该格式的文件虽然较大，但是能够确保音频数据在传输和存储过程中不产生损失，保留音频的原始质量和细节，其被广泛应用于多媒体制作和平台。

● **MP3（*.mp3）格式**。MP3格式是一种广泛使用的有损压缩音频文件格式，可以移除人耳难以察觉的声音成分和相邻声音成分之间的冗余信息，从而实现音频数据的压缩。这种压缩方式虽然会牺牲部分音质，但能够大幅缩小音频文件的大小，使其便于存储和传输。

1.3.6 视频

视频是携带信息较为丰富、表现力较强的一种媒体形式。视频和动画都由一帧帧静态图像组成，为了提升动画的视觉效果，在动画中添加视频已屡见不鲜。

1. 添加视频的优势

添加视频具有以下优势。

● **节省制作成本和时间**。在动画制作过程中，如果想要的内容已经存在于现有的视频素材中，那么直接将这些素材融入动画将是一种高效利用资源的方式。这不仅可以节省制作成本和时间，还可以避免重复劳动。动画制作是一个复杂且耗时的过程，特别是当涉及大量复杂场景和角色时。而通过在动画中加入视频片段，可以在一定程度上简化制作流程，加快动画的制作速度。

● **提升动画的多样性和创新性**。动画与视频的结合本身就是一种创新的表现手法。通过运用新技术将两种媒体形式的优势相结合，可以创造出更加独特、新颖的动画作品。例如，可以使用视频合成技术将不同来源的视频素材与动画元素进行融合，创造出令人惊叹的视觉效果。

● **增强真实感和沉浸感**。视频往往包含实际拍摄的画面，这些画面具有强烈的真实感和强大的细节表现力。将视频片段融入动画中，可以使动画内容更贴近现实，增强观众的沉浸感和代入感，如图1-26所示。另外，有些真实场景难以完全通过手绘或3D建模来呈现，此时，通过加入相关的视频片段，可以快速、高效地丰富场景，提高动画的整体质量。

"澳瑞鲜牛奶"动画
该动画以真实的视频画面作为背景和景物，配合传统手绘动画形式，生动地展现了牛奶从源头到成品的完整生产过程，形式新颖别致，画面美观。观众通过该动画不仅可以深入了解牛奶的生产信息，还可以通过真实的室内场景，感受到牛奶与日常生活的紧密联系，增强对牛奶作为生活中常备食品的印象。这样的创意呈现可以激发观众的购买欲望，提升产品销量，最终达到促进销售的目的。

图1-26　在动画中添加视频

2. 视频的文件格式

视频和音频的采集方式基本一致。视频的文件格式除了输出动画时可采用的AVI格式、GIF格式和MP4格式外，还有以下几种。

- MOV（*.mov）格式。MOV格式是由美国苹果公司开发的一种视频文件格式，其默认的播放器是苹果的QuickTime Player。它具有较高的压缩率、较好的视频清晰度和跨平台性等优点。
- WMV（*.wmv）格式。WMV格式是一种由微软公司开发的独立编码方式，并且可以使用户在网上实时观看视频节目的文件压缩格式，ASF是其封装格式。WMV格式具有"数位版权保护"功能，还具有支持本地或网络回放、支持多语言，以及环境独立性、可扩展性等优点。
- FLV（*.flv）格式。FLV格式是一种网络视频文件格式，该格式的文件加载速度极快，主要用作流媒体格式，可以有效解决视频文件导入Flash后，再导出的SWF文件过大，导致文件无法在网络中使用的问题。

1.4　动画的应用领域

动画是一种历史悠久、蓬勃发展的艺术形式，其被广泛应用于广告宣传、动态演示、网页动效、影视包装等领域。

1.4.1 广告宣传

广告是通过各种媒介向公众传播信息的一种宣传手段。随着市场经济发展和消费者需求多样化，广告在产品销售中扮演着越来越重要的角色。

使用动画形式制作广告，或在广告中融入动画元素，能够使该广告在视觉上与其他类型的视频广告形成鲜明对比，以新颖、独特的视觉效果吸引观众的注意力。同时，动画能够将复杂的产品信息或服务概念，以简单易懂且生动形象的方式呈现给观众。这样的呈现方式不仅降低了理解门槛，使观众能够迅速了解广告的核心信息，还能够使广告在他们的脑海中留下深刻的印象，如图1-27所示。

地产广告动画

该动画以独特的手绘分镜为创意，绘制了男主人公在该地产项目中享受到的一日智能化生活的场景，从居家到运动、休闲、办公等方面带给观众沉浸式体验，引导他们展开对未来居住在该地产项目中享受美好生活的想象，树立并增强该地产项目的品牌形象，从而提高该地产项目的名气。

图1-27　广告宣传案例

1.4.2 动态演示

动态演示是指通过动画形式演示不易理解的安全知识、科学原理、教育知识和产品操作等，不仅能有效降低观众接收信息的门槛，还可以增强其学习兴趣。

动态演示以图形、图像、文字为主要构成元素，通过巧妙地组合这些元素，塑造出代表特定概念或信息的图形化展示对象，再运用移动、淡入淡出、放大缩小等多种动画效果，使该对象生动有趣、吸引人注意，如图1-28所示。同时，有些动态演示还会添加音频或视频等元素来增强演示效果，如添加背景音乐或解说配音；或将视频片段嵌入动态演示中，展示更丰富的信息。

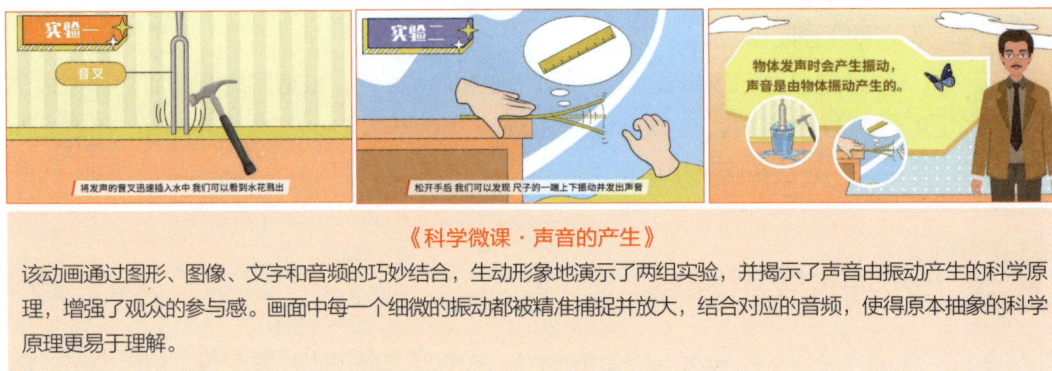

图1-28　动态演示案例

1.4.3 网页动效

网页动效是在网页中通过动画技术展现的各种动态效果，旨在提升观众交互体验、增强页面交互性并引导观众行为。随着科技的发展，各种平台越来越重视观众交互体验，而网页动效可将复杂的信息以更直观、生动的方式展现出来，帮助观众更快地理解和记忆这些信息。因此，不少网页中广泛应用动效，如图1-29所示，许多移动端软件也开始逐渐融入动效元素。

通过动画制作软件中的各种工具和功能足以设计出丰富多彩的网页动效，如网页加载动效、网页启动动效、网页背景切换动效、网页状态过渡动效等。另外，部分动画制作软件提供交互功能，可以以鼠标为媒介制作出鼠标指针悬停、移动以及鼠标滚轮滚动等行为引发的网页动效。

网页动效
这4组网页动效分别为考虫、咸鱼、多邻国、沪江网校平台的网页动效，动效主角为品牌IP形象或应用图标，动效设计简单、有趣，可以有效缓解观众等待页面加载时的无聊心情，增强观众对平台的好感度。

图1-29　网页动效案例

1.4.4　影视包装

影视包装是对电视栏目、综艺节目、影视剧甚至电视台的整体形象进行外在形式的规范和强化。随着影视行业的不断发展，影视内容呈现方式越来越多元化，动画效果作为一种重要的视觉表现手段，被广泛应用于影视包装中。

通过动画包装影视作品，可以大大提升作品的表现力，创造出虚幻和超现实的场景和元素，加强影视作品的情感表达能力，提升审美层次和艺术价值，增强视觉效果和添加亮点，并在商业层面带来更高的利润和市场价值等，如图1-30所示。

《幸福三重奏》节目片头

该节目片头的画面包含真实的节目拍摄场景和细腻的传统手绘风格动画，营造出既温馨又富有艺术感的视觉效果，极大提升了片头的精致度和美观性，使每一帧画面都仿佛在诉说嘉宾们的温馨、甜蜜而又真实的日常故事，让观众在获得视觉享受的同时，也能提前感受到节目中纯粹而深刻的幸福感，这种感觉与节目名称不谋而合。同时片头中还添加了栩栩如生的节目嘉宾手绘风格形象，巧妙揭示了嘉宾的身份，与节目内容紧密相连。

图1-30　影视包装案例

1.5　课后练习

1. 填空题

（1）动画的原理主要基于＿＿＿＿＿＿，又称＿＿＿＿＿＿。

（2）按照制作形式，可将动画分为＿＿＿＿＿＿、＿＿＿＿＿＿和＿＿＿＿＿＿。

（3）二维动画制作流程包括＿＿＿＿＿＿、＿＿＿＿＿＿、＿＿＿＿＿＿、＿＿＿＿＿＿、＿＿＿＿＿＿和＿＿＿＿＿＿6个阶段。

（4）动画的＿＿＿＿＿＿是指动画每秒内播放的帧数，它是衡量动画＿＿＿＿＿＿和＿＿＿＿＿＿的一个重要指标。

（5）色彩的类型分为＿＿＿＿＿＿和无彩色，其中＿＿＿＿＿＿只具有＿＿＿＿＿＿属性。

2. 选择题

（1）【单选】下列描述中，不属于按照创作主旨分类动画，得到的动画类型的是（　　）。

  A. 艺术动画　　　　　　　　　　B. 商业动画

  C. 实用动画　　　　　　　　　　D. 实验动画

（2）【单选】位图图像由多个（　　）构成。

  A. 像素　　　　B. 像素点　　　　C. 图元　　　　D. 分辨率

（3）【多选】将声音转换为音频后，音频将具有（　　）等属性。

    A. 频率 　　　　　B. 位深度 　　　　　C. 采样率 　　　　　D. 声道

（4）【多选】色彩对比包括（　　）。

    A. 色相对比 　　　B. 色调对比 　　　　C. 明度对比 　　　　D. 纯度对比

（5）【多选】文字在基本属性上的设置原则主要针对（　　）方面。

    A. 字体 　　　　　B. 字号 　　　　　　C. 间距 　　　　　　D. 色彩

3. 分析题

（1）图1-31所示为《哪吒传奇》动画的部分截图，请从创作主旨、制作形式、传播途径、播放形式和创作维度等角度分析该动画。

图1-31　《哪吒传奇》动画的部分截图

（2）请指出图1-32所示的一系列动画画面中的角色、静物和场景分别是什么，分析静物和场景分别起到了什么作用。

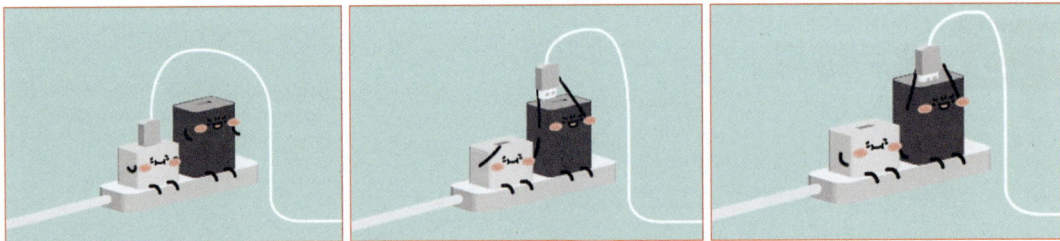

图1-32　一系列动画画面

第 2 章

Animate 基础知识

Animate 是专业的动画制作软件，其功能强大，可用于轻松绘制动画所需的场景、角色和静物，并将这些内容制作为角色动画或交互动画，为静态图像赋予活力。此外，使用 Animate 还能在动画中添加文字、声音和视频，演绎出流畅的动态效果，为观众带来生动的沉浸式视觉盛宴。

学习目标

▶ **知识目标**

◎ 熟悉 Animate 的工作界面和平台类型。
◎ 掌握 Animate 的基本操作。

▶ **技能目标**

◎ 能够使用图层，绘制和编辑图形，添加文字、声音和视频。
◎ 能够使用帧、元件和实例，创建不同类型的动画。

▶ **素养目标**

◎ 加强对专业技能的培养，提升动画制作软件应用能力。
◎ 培养良好的图形绘制和动画编辑习惯。

学习引导

STEP 1　相关知识学习　　　　　　　　　　　建议学时：___5___学时

课前预习	1. 扫码了解Animate的发展过程 2. 上网搜索并赏析使用Animate制作的优秀动画作品	课前预习
课堂讲解	1. Animate的工作界面、平台类型和基本操作 2. 使用图层，绘制和编辑图形，添加文字、声音和视频；使用帧、元件与实例，创建动画	
重点难点	1. 学习重点："时间轴"面板、图层的基本操作、图层中对象的堆叠顺序、修饰和变形图形、添加和编辑文字、帧的类型、编辑帧、元件的类型、创建与转换元件、编辑元件 2. 学习难点：制作不同类型的动画；使用"转换为元件"命令；使用元件编辑窗口	

STEP 2　技能巩固与提升　　　　　　　　　　建议学时：___1___学时

课后练习	通过填空题、选择题巩固Animate的基础知识，并通过操作题提高对Animate的基本应用能力

2.1　熟悉Animate

　　熟悉Animate是动画制作过程中的一个重要环节，只有先了解这一软件的工作界面、平台类型，并掌握一系列基本操作，才能创作出视觉效果美观、动态效果新颖有趣的动画作品。

2.1.1　Animate的工作界面

　　在计算机中双击Animate软件图标可启动该软件，但只有在新建或打开文件后才能进入Animate的工作界面。Animate的工作界面主要由菜单栏、工具栏、标题栏、场景、面板组组成，如图2-1所示（本书以Animate 2024为例进行讲解）。

1. 菜单栏

　　菜单栏由"文件""编辑""视图""插入""修改""文本""命令""控制""调试""窗口""帮助"11个菜单项组成，每个菜单项包含多个命令。若命令右侧标有▶符号，则表示该命令还有子菜单；若命令呈灰色，则表示该命令没有激活，或当前不可用。

图2-1　Animate的工作界面

2. 工具栏

工具栏中包含制作动画的常用工具，如图2-2所示。右下角有◢符号的工具表示该工具位于工具组内，将鼠标指针移至具有◢符号的工具上，按住鼠标左键不放或单击鼠标右键可展开该工具组，显示组内其他工具。

除此之外，单击工具栏上的"编辑工具栏"按钮…，可打开工具栏选项板（见图2-3），在工具栏中选择需要移除的工具，按住鼠标左键不放，可将其拖曳到工具栏选项板中。使用相同的方法也可将工具栏选项板中的工具拖曳到工具栏中。单击工具栏选项板右上角的≡按钮，在打开的下拉列表中选择"重置"选项可以将工具栏中的工具重置为默认状态。

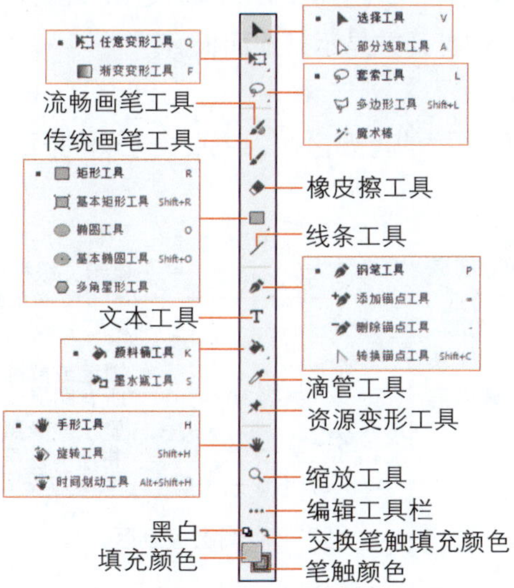

图2-2　工具栏

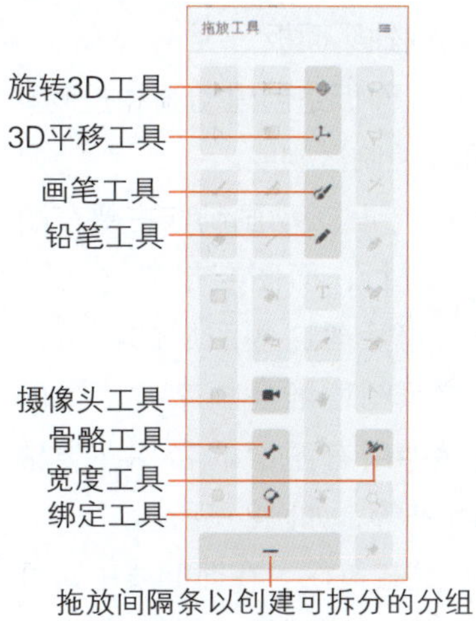

图2-3　工具栏选项板

3. 标题栏

标题栏位于菜单栏下方，用于显示已打开或已创建文件的名称和格式，以及该文件的"关闭"按钮 × 。另外，若当前文件已保存，将鼠标指针移至标题栏时，则会显示当前文件的详细存储位置。

4. 场景

场景是绘制和编辑图形、创作动画的主要区域，一个文件可以包含多个场景。场景顶部为编辑栏，中央的矩形区域为舞台，舞台的四周为粘贴板，它们分别具有不同的功能。

● 编辑栏。编辑栏包含编辑场景和元件的常用命令，如图2-4所示。

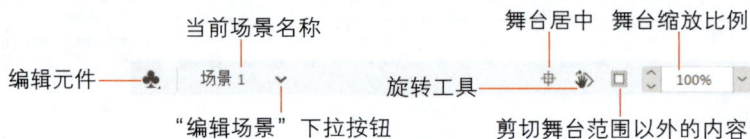

图2-4　编辑栏

● 舞台。在场景中，舞台相当于实际表演中的舞台，舞台四周的黑色轮廓线表示轮廓视图，也是舞台与粘贴板的分界线。舞台的大小便是动画文件的尺寸，只有舞台中的内容才能在最终输出的动画文件中显示出来。

● 粘贴板。舞台四周的灰色区域为粘贴板，相当于实际表演中的后台，通常为动画元素进入和离开舞台的地方。例如，当需要制作一个气球出现和消失的动画时，可以先将气球放置在舞台任意一侧的粘贴板中，然后气球会以动画形式出现在舞台中，最后将气球放置到舞台另一侧粘贴板中，即可以动画的形式展现气球从出现到消失的过程。

5. 面板组

面板组用于设置工具栏中工具的参数和舞台中对象（如图形、图像、元件、文字、实例等）的属性，其中包含多个面板，除了已默认显示在工作界面的几个面板外，还可以通过单击"窗口"菜单项，选择相应的命令，在工作界面中打开并显示其他面板。

（1）"时间轴"面板

"时间轴"面板是创建动画和控制动画播放进程的重要区域，主要由左侧的图层控制区和右侧的时间线控制区构成。

● 图层控制区。动画制作主要在图层上进行，而图层控制区正是控制和管理这些图层的区域，它按照图层堆叠顺序显示当前文件中所有图层的名称、类型和状态等，如图2-5所示。

● 时间线控制区。在时间线中，每一小格代表一帧。时间线控制区则用于选择和播放这些帧的内容，其由播放头、帧标尺、时间标尺等部分组成，如图2-6所示。

图2-5　图层控制区

图2-6　时间线控制区

（2）"库"面板

一个动画文件可包含成千上万个数据项目，如动画的组成元素和元件，要想管理这些项目就需要"库"面板，如图2-7所示。可以这样理解，该面板是保存导入素材和创作资源的区域，若需要使用其中的内容，只需要将其拖曳到舞台中。

（3）"属性"面板

"属性"面板用于调整工具、对象、帧和文档的属性，并且该面板根据调整对象划分为4个选项卡，如图2-8所示，4个选项卡的参数不固定，并且会根据当前选择内容的不同而显示不同的参数。

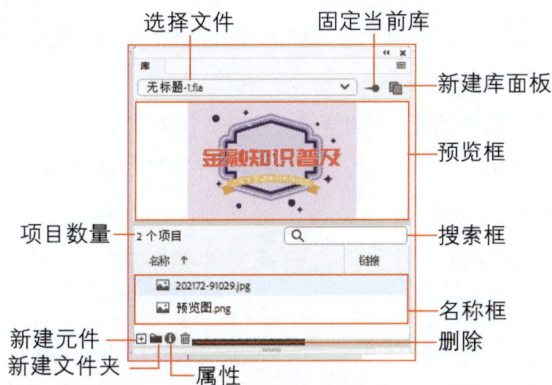

图2-7　"库"面板

图2-8　"属性"面板

2.1.2　Animate的平台类型

Animate提供了多种不同的平台类型，以适应不同播放环境的需要。选择不同的平台类型，则发布动画后会产生不同格式的动画文件。Animate的平台类型、适用环境和运行环境如表2-1所示。

表2-1　Animate 的平台类型、适用环境和运行环境

平台类型	适用环境	运行环境
HTML5 Canvas	适用于网页	跨平台、支持HTML5的浏览器
ActionScript 3.0	适用于大多数环境	跨平台、支持Flash Player
AIR for Desktop	适用于多媒体应用程序	需安装Windows操作系统

续表

平台类型	适用环境	运行环境
AIR for Android	适用于多媒体应用程序	需安装Android操作系统
AIR for iOS	适用于多媒体应用程序	需安装iOS操作系统

由于AIR for Desktop、AIR for Android、AIR for iOS这3种类型的动画必须运行在对应的环境中，不具备通用性。因此，本书主要讲解HTML5 Canvas和ActionScript 3.0类型的动画制作。

2.1.3　Animate的基本操作

只有熟练掌握Animate的基本操作，才能正确地新建和编辑动画文件，并有效利用软件提供的辅助工具，在文件中制作丰富的动画效果。

1. 新建和打开文件

新建和打开文件在不同情境下有不同的操作方法，设计人员可根据自己当前的需求和使用场景来选择具体的操作方法。

（1）新建文件

新建文件的操作方法有两种，一种是新建空白动画文件；另一种是基于Animate提供的模板来新建文件，该文件将采用模板中的内容。

- 新建空白动画文件。启动Animate后，首先在打开的界面中选择【文件】/【新建】命令；或按【Ctrl+N】组合键，打开"新建文档"对话框，选择所需的文件类型和预设尺寸，然后在详细信息区域中设置除宽、高以外的参数，最后单击 创建 按钮可创建空白动画文件。若预设尺寸区域无所需的文件尺寸，可在选择文件类型后，直接在详细信息区域中设置宽、高等参数，再单击 创建 按钮。
- 基于模板新建文件。选择【文件】/【从模板新建】命令，或按【Ctrl+Shift+N】组合键，打开"从模板新建"对话框，选择模板类别、模板选项后，在右侧可预览效果，单击 确定 按钮可基于模板新建一个文件。

（2）打开文件

选择【文件】/【打开】命令；或按【Ctrl+O】组合键，打开"打开"对话框，选择单个文件，单击 打开(O) 按钮，将打开该文件。在"打开"对话框中按住【Ctrl】键不放，依次单击要打开的文件，单击 打开(O) 按钮，将逐个打开选择的多个文件。

选择【文件】/【打开最近的文件】命令，在右侧的列表中选择需要打开的文件，可以快速打开最近使用Animate打开过的文件。

2. 导入文件

导入文件需选择【文件】/【导入】命令，在弹出的子菜单中有4个子命令，分别对应2种导入位置和2种导入情景。

- 导入到舞台。选择该子命令，将打开"导入"对话框，选择素材文件，单击 打开(O) 按钮，可直接将素材文件中的内容导入舞台中显示。

- **导入到库**。选择该子命令，将打开"导入"对话框，选择素材文件，单击 打开(O) 按钮，可将素材文件导入"库"面板中，而不在舞台中显示。

- **打开外部库**。选择该子命令，将打开"导入"对话框，选择FLA格式的文件，单击 打开(O) 按钮，可将其作为库打开并使用其中的元素。

- **导入视频**。选择该子命令，将打开"导入视频"对话框的"选择视频"向导界面，设置好导入视频的方式和选择视频文件后，依次单击 下一步> 按钮，直到打开"完成视频导入"界面，单击其中的 完成 按钮便可完成导入。

3. 测试文件

在Animate中制作完动画后，为降低动画播放时的出错率，同时审查动画效果是否符合要求，往往需要测试动画文件。

选择【控制】/【测试】命令，或按【Ctrl + Enter】组合键，若当前文件的平台类型为ActionScript 3.0，将打开一个窗口播放动画；若当前文件的平台类型为HTML5 Canvas，将打开默认浏览器，在其中播放要测试的动画，此时可以测试动画内容是否符合预期、动画能否正常加载、加载速度是否正常等。

4. 导出文件

选择【文件】/【导出】命令，在弹出的子菜单中有6个子命令，可分别将当前动画导出为图像、影片、视频/媒体、GIF动画和资源文件。

- **导出图像**。选择该子命令，可打开"导出图像"对话框，在其中可自行设置图像的颜色、透明度等参数，单击 保存 按钮，将打开"另存为"对话框，在其中可自行设置文件的名称和存储位置，单击 保存(S) 按钮可以导出当前播放头所在帧位置的内容，即使文件存在多个图层，当前播放头所在帧位置的内容都将被导出。

- **导出图像**（旧版）。选择该子命令，将直接打开"另存为"对话框，在其中只能设置导出文件的名称和存储位置参数。

- **导出影片**。选择该子命令，可打开"导出影片"对话框，在其中自行设置后，单击 保存(S) 按钮。需要注意的是，若设置的保存类型是SWF影片，则单击 保存(S) 按钮可直接导出对应文件；若设置的保存类型是JPEG、GIF、PNG或SVG序列，则单击 保存(S) 按钮后，还会打开相应的设置对话框，在其中设置参数（通常保持默认设置）后，单击 确定 按钮，方可导出对应文件。

- **导出视频/媒体**。选择该子命令，将打开"导出媒体"对话框，在其中自行设置后，单击 导出(E) 按钮，将出现内容为"已成功创建文件 + 存储地址和文件名称"的提示框，单击 确定 按钮完成视频/媒体的导出。

- **导出GIF动画**。选择该子命令，将打开"导出图像"对话框，该对话框与使用"导出图像"子命令打开的"导出图像"对话框类似，只是在右下角多了一个"动画"栏，在其中可以控制GIF动画的播放。另外，在"优化的文件格式"下拉列表中只能选择"GIF"选项。

- **将场景导出为资源**。选择该子命令，将打开"导出资源"对话框，在其中自行设置参数后，单击 导出 按钮可将动画项目中的特定场景分离出来，并保存为可用的资源。

5. 保存和关闭文件

保存和关闭文件在不同应用场景下具有不同的方法。

● **保存文件**。选择【文件】/【保存】命令，或按【Ctrl+S】组合键，打开"另存为"对话框，选定存储位置，单击 保存(S) 按钮。若要将文件以不同的名称、格式、存储路径保存，可以选择【文件】/【另存为】命令，或按【Ctrl+Shift+S】组合键，打开"另存为"对话框，在其中重新设置参数，单击 保存(S) 按钮。选择【文件】/【全部保存】命令，可依次保存当前打开的所有文件。

● **关闭文件**。选择【文件】/【关闭】命令，或按【Ctrl+W】组合键，或单击标题栏中文件名称右侧的"关闭"按钮✕，可关闭当前文件；选择【文件】/【关闭全部】命令，或按【Ctrl+Alt+W】组合键，可关闭所有文件；选择【文件】/【退出】命令，或单击工作界面右上角的✕按钮，可关闭所有文件并退出软件。

6. 设置文件属性

在"属性"面板的"文档"选项卡的"文档设置"栏中可设置文件属性，如图2-9所示。用户通过其中的参数可重新设置舞台大小、舞台颜色和帧速率，并影响当前文件的大小和帧速率。

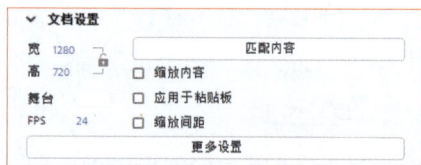

图2-9　设置文件属性

（1）设置舞台大小

修改"宽""高"数值可调整舞台的宽度和高度。单击 🔒 按钮使其呈锁定状态后，可以等比例缩放宽度和高度。选中"缩放内容"复选框，可使舞台中的内容跟随舞台一同缩放。单击 更多设置 按钮，或选择【修改】/【文档】命令，可打开"文档设置"对话框，在其中可更细致地设置文件属性。

（2）设置舞台颜色

单击"舞台"右侧的色块，在弹出的色板中可选择预设颜色作为舞台颜色，如图2-10所示，并且色板左上角会显示对应的颜色值。单击色板右上角的 🌐 按钮，打开"颜色选择器"对话框，如图2-11所示。在该对话框中拖曳颜色滑块，可改变颜色框中的颜色范围，然后在颜色框中可选取需要的颜色，颜色值将显示在右下角的"#"文本框中；也可以直接在"#"文本框中输入颜色值，颜色框中将自动选中相应的颜色，单击 确定 按钮后，可使用设置的颜色作为舞台颜色。

图2-10　选择预设颜色作为舞台颜色

图2-11　"颜色选择器"对话框

另外，选中"应用于粘贴板"复选框，可使粘贴板的颜色与舞台颜色相同。

（3）设置帧速率

修改"FPS"数值框中的数值可以调整帧速率。由于帧速率决定了每秒播放图像的数量，因此调整帧速率会导致当前文件的持续时间发生变化，从而影响动画效果。若选中"缩放间距"复选框，可按照更改比例（设置的"FPS"数值：当前帧数）来缩放帧速率，以免动画效果受到影响。

7. 使用辅助工具

当需要精准定位舞台中的对象时，可以使用辅助工具（见图2-12），如标尺、辅助线和网格来实现。

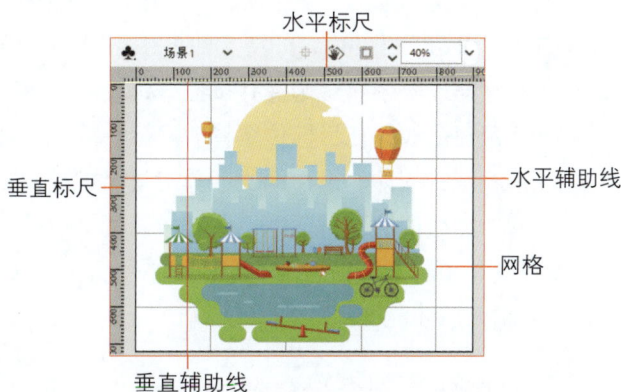

图2-12　使用辅助工具定位对象

- 标尺。选择【视图】/【标尺】命令，或按【Ctrl+Alt+Shift+R】组合键，在舞台顶部和左侧将分别显示水平和垂直标尺。再次选择该命令，或按【Ctrl+Alt+Shift+R】组合键，将隐藏标尺。

- 辅助线。将鼠标指针移至标尺上，按住鼠标左键不放并向舞台方向拖曳鼠标指针可创建辅助线。选择【视图】/【辅助线】/【锁定辅助线】命令，可锁定已创建的辅助线，防止操作时误移动辅助线的位置。选择【视图】/【辅助线】/【清除辅助线】命令，可清除已创建的辅助线。

- 网格。选择【视图】/【网格】/【显示网格】命令，舞台将自动显示网格。网格默认显示在所有对象的下面，若需要调整显示位置，可选择【视图】/【网格】/【编辑网格】命令，在打开的"网格"对话框中选中"在对象上方显示"复选框，然后单击 确定 按钮。

2.2　使用图层

制作一个动画往往需要用到很多图层，掌握图层的基本操作、调整图层中对象的堆叠顺序是制作各类动画的基础。

2.2.1　图层的基本操作

图层的基本操作包括选择、重命名、复制，以及拷贝、剪切与粘贴图层等。

- 选择图层。在"时间轴"面板中，单击图层名称可直接选择该图层，此时该图层呈现蓝底，表示该图层当前处于选中状态。按住【Shift】键的同时单击任意两个图层，可选择两个图层之间的所有图层。按住【Ctrl】键的同时单击多个不相邻的图层，可同时选中这些图层。

● **重命名图层**。双击图层名称，当图层名称呈现蓝底时，可以输入新名称。

● **复制图层**。选择【编辑】/【时间轴】/【直接复制图层】命令，或在需要复制的图层上单击鼠标右键，在弹出的快捷菜单中选择"复制图层"命令。

● **拷贝、剪切与粘贴图层**。选择图层，单击鼠标右键，在弹出的快捷菜单中选择"拷贝图层"命令或"剪切图层"命令，然后在需要粘贴图层的位置单击鼠标右键，在弹出的快捷菜单中选择"粘贴图层"命令，可将拷贝或剪切的图层粘贴到选定图层上方。该方法也可跨文件使用，如将文件A图层中所有的元素、帧、动画效果粘贴到文件B中。

● **调整图层堆叠顺序**。选择并按住鼠标左键不放以拖曳图层时，"时间轴"面板中会出现一条黑色横线，在目标位置释放鼠标左键，可调整图层堆叠顺序。

● **转换图层的属性**。选择图层，单击鼠标右键，在弹出的快捷菜单中选择"属性"命令，打开"图层属性"对话框，在其中设置参数后，单击 确定 按钮。

注意：复制图层与拷贝图层不同。复制图层将直接得到一个新图层，拷贝图层只是将内容暂存，需要粘贴后才能得到副本内容。

2.2.2　调整图层中对象的堆叠顺序

在同一个图层的同一帧中可以放置多个对象，这些对象按照添加顺序进行堆叠，若需要调整堆叠顺序，则需要选择对象，单击鼠标右键，在弹出的快捷菜单中选择"排列"命令，在打开的子菜单中，选择"移至顶层""上移一层""下移一层""移至底层"命令中的任意一个命令，可调整对应的堆叠顺序；选择"锁定"命令可将该对象锁定，即不能更改堆叠顺序；选择"解除全部锁定"命令可解除锁定。

2.3　绘制和编辑图形

在Animate中，图形既包括由笔触组成的轮廓，也涵盖由填充组成的色块，以及由笔触和填充组成的复杂元素，如图2-13所示。为了应对绘制这些图形的多样化需求，Animate不仅提供了各自专属的绘制工具与详细的编辑参数，还提供了能同时绘制和编辑笔触和填充的综合性工具。

图2-13　图形

2.3.1 绘制和编辑笔触

绘制笔触的工具主要有"线条工具" ✏、"铅笔工具" ✎、"画笔工具" ✐ 和"钢笔工具" ✐，编辑笔触的工具有"墨水瓶工具" ⬥、"宽度工具" ⬥、"橡皮擦工具" ◆ 和"部分选取工具" ▷。

（1）绘制笔触

选择绘制笔触的工具后，在"属性"面板的"工具"选项卡中可设置颜色、样式等参数，然后在舞台中便可绘制对应的笔触。

- **线条工具**。该工具用于绘制直线笔触。先在舞台中单击确定起始锚点，然后按住鼠标左键不放并拖曳鼠标指针，鼠标指针将由 ÷ 形状变为 ÷ 形状，此时将沿着拖曳轨迹绘制出笔触，释放鼠标左键便可结束绘制。

- **铅笔工具和画笔工具**。这两个工具都用于绘制外形比较自由的笔触。按住鼠标左键不放并拖曳鼠标指针，此时将沿着拖曳轨迹绘制出笔触，释放鼠标左键便可结束绘制。

- **钢笔工具**。该工具用于绘制外形比较精确的笔触。在舞台中单击确定起始锚点，移动鼠标指针，再单击可创建直线路径；若单击后，按住鼠标左键不放并拖曳鼠标指针，可创建曲线路径。当鼠标指针重回起始锚点并变为 ◁ 形状，单击该锚点可创建闭合式路径；按【Esc】键可结束开放式路径的绘制，此时路径处将出现对应的笔触，如图2-14所示。

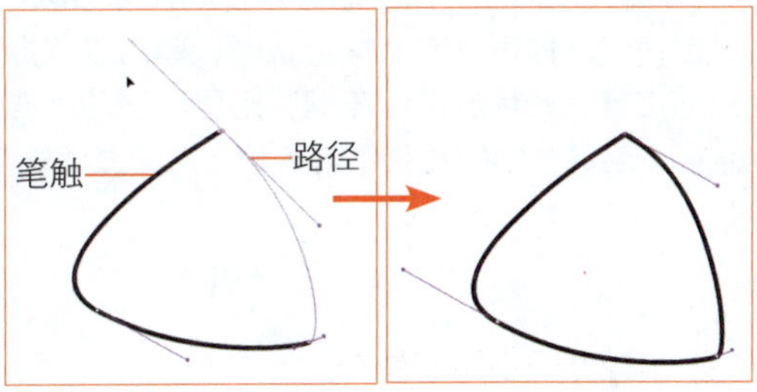

图2-14　使用钢笔工具绘制笔触

（2）编辑笔触

绘制完笔触并使用"选择工具" ▶ 选中笔触后，可以使用"属性"面板的"对象"选项卡编辑其属性（这些属性与绘制笔触时在"工具"选项卡中能设置的参数一致），还可以使用以下工具来改变笔触的粗细、颜色、样式等属性。

- **墨水瓶工具**。该工具用于修改笔触的粗细、颜色、样式等属性。选择该工具，在"属性"面板的"工具"选项卡中设置笔触的粗细、颜色、样式等属性，然后在需修改的笔触上单击，即可修改笔触的对应属性。

- **宽度工具**。该工具用于调整笔触的宽度，可使其粗细不均。选择该工具，鼠标指针将变为 ▶ 形状，将鼠标指针移至需要修改的笔触上，鼠标指针将变为 ▶₊ 形状，表示可在此处添加编辑点，在此处单击确定编辑点后，按住鼠标左键不放并拖曳鼠标指针，可调整笔触的宽度，并且在拖曳过程中将显示调整后笔触的轮廓预览图。

- **橡皮擦工具**。该工具用于擦除不需要的笔触和填充。选择该工具，在"属性"面板的"工具"选项卡中自行设置参数，在需要擦除的区域单击，按住鼠标左键不放并拖曳鼠标指针，便可擦除相应的笔触和填充。

- **部分选取工具**。在Animate中绘制的笔触都具有路径属性，使用该工具单击笔触便可显示路径和锚点，通过拖曳路径和锚点可改变笔触的位置和外形。图2-15所示为使用"铅笔工具" ✎ 绘制笔触，使用"部分选取工具" ▷ 单击笔触后，再拖曳锚点改变笔触的形状。

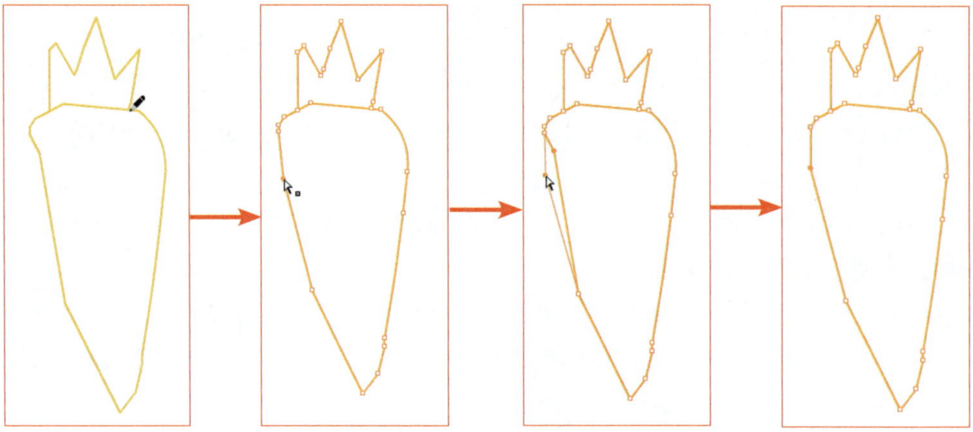

图2-15　使用"部分选取工具" ▷编辑笔触

操作小贴士

　　"选择工具" ▶用于选择和移动任意对象，选择该工具，将鼠标指针移到舞台中需要选择的对象上，当鼠标指针变为 ⊹形状时，单击以选择该对象；若按住鼠标左键不放，并拖曳鼠标指针到目标位置后，释放鼠标左键，则可以移动所选对象。而"部分选取工具" ▷主要用于编辑笔触的路径，若舞台中的对象包含笔触，可通过编辑笔触的路径的方式达到移动该对象的目的。

2.3.2 绘制和编辑填充

　　绘制填充的工具主要有形状工具组、"传统画笔工具" ✏、"流畅画笔工具" ✐，编辑填充的工具主要有"滴管工具" ✐、"颜料桶工具" ◈、"颜色"面板、"样本"面板和"渐变变形工具" ▣。

　　（1）绘制填充

　　选择绘制填充的工具后，在"属性"面板的"工具"选项卡中可设置颜色、样式等参数，然后在舞台中通过单击和拖曳鼠标指针便可绘制对应的填充。

　　● **形状工具组**。该工具组主要包括"矩形工具" ▣、"基本矩形工具" ▣、"椭圆工具" ●、"基本椭圆工具" ●和"多角星形工具" ⬡，用于绘制规则的几何图形（包括笔触和填充），如矩形、圆角矩形、圆形、三角形、多边形等。其中使用"矩形工具" ▣、"椭圆工具" ●和"多角星形工具" ⬡绘制的图形的笔触和填充并非一个整体，可以进行单独设置；而使用"基本矩形工具" ▣和"基本椭圆工具" ●绘制的图形的笔触和填充为一个整体，不可单独设置。

　　● **传统画笔工具和流畅画笔工具**。与"画笔工具" ✐相比，这两个工具能够设置的参数更详细，如可以设置画笔笔尖的形状、大小、硬度等。

　　（2）编辑填充

　　绘制完填充后，使用"滴管工具" ✐和"颜料桶工具" ◈可改变其颜色（仅限于纯色），结合"颜色"面板、"样本"面板和"渐变变形工具" ▣还可将纯色更改为渐变色。

- 滴管工具。选择该工具，单击图形或图像的颜色区域，吸取其颜色，再单击其他图形的笔触或填充区域，可将吸取的颜色复制到此处。另外，"滴管工具" 🖊 在吸取笔触颜色后，鼠标指针将变为 ᛛ 形状，表示切换到 "墨水瓶工具" 🖋；吸取填充颜色后，鼠标指针将变为 🖌 形状，表示切换到 "颜料桶工具" ◆。
- 颜料桶工具。选择该工具，在 "属性" 面板的 "工具" 选项卡中设置填充颜色，再将鼠标指针移至需要填充的区域，单击便可使用设置的颜色填充该区域。
- "颜色" 面板。该面板用于设置绘图工具笔触和填充参数的颜色，也可以用于调整当前所选图形的笔触和填充的颜色。另外，在 "填充" 色块右侧的下拉列表中可选择 "无" 选项取消填充效果；也可选择 "纯色" "线性填充" "径向渐变" "位图填充" 选项，分别使用纯色、线性渐变、径向渐变和位图填充，如图2-16所示。

图2-16　使用纯色、线性渐变、径向渐变和位图填充

- "样本" 面板。该面板的 "默认色板" 文件夹中提供了常用的纯色和渐变色，选择填充或笔触后，单击颜色色块即可使用对应的颜色。
- 渐变变形工具。该工具用于调整渐变色的范围、旋转方向、位置等属性，并且针对线性渐变和径向渐变提供不同的调整参数。

操作小贴士

　　绘制图形时，若在 "工具" 选项卡中单击 "对象绘制模式" 按钮 ▣，将开启对象绘制模式，在该模式下绘制的图形将成为独立的对象，随后在该对象处继续绘制图形，重叠的新图形仍为独立对象，两者不会融合在一起。若在非对象绘制模式下绘制两个重叠的图形，两者将融合为一体。

2.3.3　选择、修饰和变形图形

　　制作动画时，选择、修饰和变形图形是至关重要的步骤，这些步骤能够精确调整图形的外观，以满足特定的需求，并在此基础上进一步展开动效制作，提升图形的表现力和感染力。

1. 选择图形

　　使用 "选择工具" ▶ 可以选择舞台中的任意对象，包括图形，选中对象后才能进行修饰操作。而要想对图形进行变形操作，则需要使用 "任意变形工具" ⬚ 将其选中。

　　需要注意的是，使用 "选择工具" ▶ 选择在对象绘制模式下绘制的图形时，将会出现一个矩形框，表示该对象为一个独立的对象，此时双击该图形可进入内部；选择在非对象绘制模式下绘制的图形时，图形内部的图元将被选中，即使双击该图形也不能进入内部，如图2-17所示。

2. 修饰图形

在修饰图形时可以分别修饰图形中的笔触和填充。

● **平滑**。选择笔触后，选择【修改】/【形状】/【平滑】命令，Animate将自动调整笔触的形状，使其变得更加流畅、平滑。

● **将线条转换为填充**。该命令用于更加细致地调整笔触的色彩范围，也能避免缩小视图显示比例后，笔触出现锯齿的现象。选择笔触后，选择【修改】/【形状】/【将线条转换为填充】命令，Animate将自动把笔触转换为填充，选择"部分选取工具" ▷ 并单击填充，可发现选中填充的内外侧仍存在锚点，拖曳锚点可修改其形状。

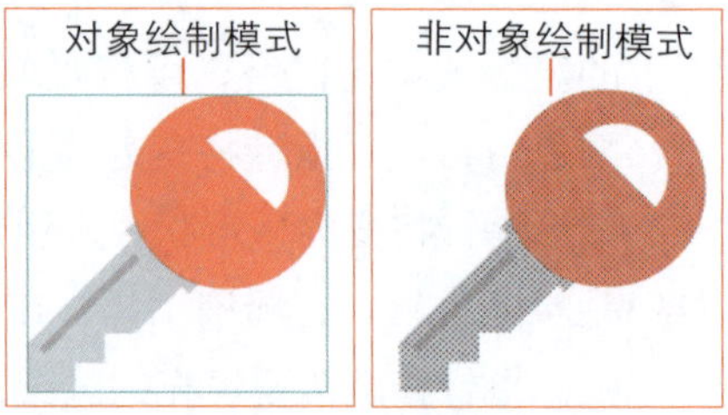

图2-17 选择图形

● **扩展填充**。该命令用于将填充颜色向内收缩或者向外扩展，提高图形绘制的便捷性。选择填充后，选择【修改】/【形状】/【扩展填充】命令，打开"扩展填充"对话框，在其中设置参数，单击 确定 按钮。

● **柔化填充边缘**。该命令可以在填充内容上产生多个透明图形，使填充具有朦胧的视觉效果。选择填充后，选择【修改】/【形状】/【柔滑填充边缘】命令，打开"柔滑填充边缘"对话框，在其中设置参数，单击 确定 按钮。

3. 变形图形

使用"任意变形工具" ⊞ 选择图形后，图形周围将出现由8个控制点组成的编辑框，利用该编辑框可实现旋转、倾斜、缩放、扭曲等变形效果。

● **旋转**。将鼠标指针移动到编辑框的任意一个控制点上，当鼠标指针变为 ↻ 形状时，按住鼠标左键并拖曳鼠标指针，可旋转图形，并且在旋转过程中可看到原图形的位置信息，以作参考，如图2-18所示。

● **倾斜**。将鼠标指针移动到编辑框的水平或垂直边缘上，当鼠标指针变为 ⇕ 形状时，按住鼠标左键并拖曳鼠标指针，可倾斜图形，如图2-19所示。

● **缩放**。将鼠标指针移动到编辑框的左上角控制点上，当鼠标指针变为 ↖ 形状时，按住【Shift】键不放，按住鼠标左键不放并拖曳鼠标指针，可等比例缩放图形，如图2-20所示；当鼠标指针变为 ↖ 形状时，直接按住鼠标左键并拖曳鼠标指针，将自由缩放图形。

● **扭曲**。将鼠标指针移动到图形（该图形必须为图元状态）的任意控制点上，按住【Ctrl】键不放，当鼠标指针变为 ▷ 形状时，按住鼠标左键不放并拖曳鼠标指针，可扭曲图形，如图2-21所示。

操作小贴士

旋转、倾斜和缩放操作同样适用于变形图像和在对象绘制模式下绘制的图形。但是，扭曲操作只适用于在非对象绘制模式下绘制的图形，也就是它仅适用于可以直接进行操作的图元。

图2-18　旋转图形　　　图2-19　倾斜图形　　　图2-20　缩放图形　　　图2-21　扭曲图形

2.3.4　合并、组合和分离图形

若需要将多个图形整合成一个整体，则可采用合并和组合功能；若需要将组合的图形重新分开，则可使用分离功能。

1. 合并图形

合并图形可将在对象绘制模式下绘制的多个图形整合为一个整体。选择两个或多个图形（这些图形需位于同一个图层中）后，选择【修改】/【合并对象】命令，在弹出的子菜单中包含"联合""交集""打孔""裁切"4个子命令。

● **联合**。选择该命令，可将选择的两个或多个图形整合为单个图形。整合后的图形将删除图形之间的重叠部分，保留可见部分，如图2-22所示。

● **交集**。选择该命令，选择的多个单独图形将产生交集效果，生成的新图形由图形的重叠部分组成，并使用排列在最上层的图形的填充和笔触，如图2-23所示。

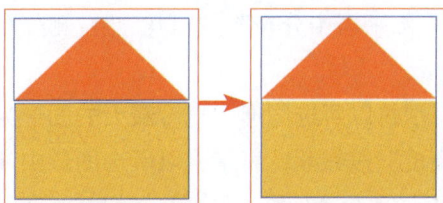 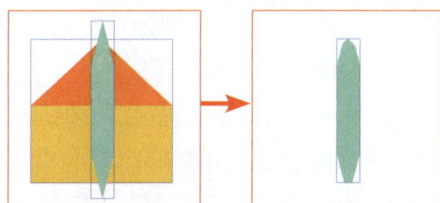

图2-22　联合　　　　　　　　　　　　图2-23　交集

● **打孔**。选择该命令，多个重叠的图形中排列在最上层的图形与下层图形的重叠部分将被删除，生成的图形仍为独立对象，不会合并为单个对象，如图2-24所示。

● **裁切**。选择该命令，将以排列在最上层的图形决定裁切区域的形状，并最终保留与排列在最上层的图形重叠的下层图形，如图2-25所示。

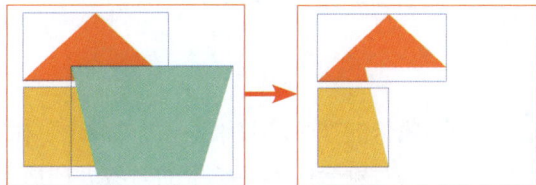 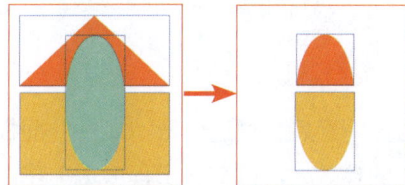

图2-24　打孔　　　　　　　　　　　　图2-25　裁切

2. 组合和分离图形

组合图形可将在任何绘制模式下生成的多个图形组合成一个整体，以便统一编辑。而分离图形可将组合后的图形重新分离，也可以分离组合图形中的单个部分。

- 组合图形。选择要组合的图形，选择【修改】/【组合】命令，或按【Ctrl+G】组合键，可将图形组合成一个整体，组合图形的重叠部分仍会保留。
- 分离图形。选择图形，选择【修改】/【分离】命令，或在图形上单击鼠标右键，在弹出的快捷菜单中选择"分离"命令，或按【Ctrl+B】组合键可分离图形。

2.3.5 对齐图形

对齐图形是指将同一画面，不同或相同图层中的图形以某种标准为参照进行排列。选择需要对齐的多个图形后，选择【窗口】/【对齐】命令，或按【Ctrl+K】组合键，打开"对齐"面板(见图2-26)，通过设置面板中的参数可以更快捷地对齐所选图形。

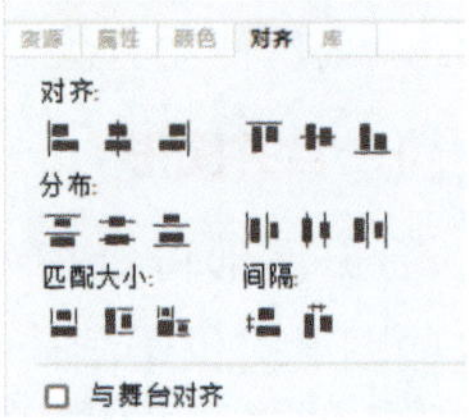

图2-26 "对齐"面板

- 对齐。该栏中的按钮用于使所选图形按照一定的次序对齐。这些按钮按照从左到右的顺序依次为"左对齐"按钮、"水平中齐"按钮、"右对齐"按钮、"顶对齐"按钮、"垂直中齐"按钮、"底对齐"按钮，它们的功能与名称一致。
- 分布。该栏中的按钮用于使所选图形在水平或垂直方向上以某种方式对齐分布。这些按钮按照从左到右的顺序依次为"顶部分布"按钮、"垂直居中分布"按钮、"底部分布"按钮、"左侧分布"按钮、"水平居中分布"按钮、"右侧分布"按钮，它们的功能与名称一致。
- 匹配大小。单击"匹配宽度"按钮，表示将以所选图形中宽度最大的图形为标准，在水平方向上等尺寸变形；单击"匹配高度"按钮，表示将以所选图形中高度最大的图形为标准，在垂直方向上等尺寸变形；单击"匹配宽和高"按钮，表示将以所选图形中高度和宽度最大的图形为标准，在水平和垂直方向上同时等尺寸变形。
- 间隔。单击"垂直平均间隔"按钮，将使所选图形在垂直方向上间距相等；单击"水平平均间隔"按钮，将使所选图形在水平方向上间距相等。
- 与舞台对齐。选中该复选框，将以整个场景为标准调整图形位置，使所选图形相对于舞台左对齐、右对齐或居中对齐等。如果取消选中该复选框，则对齐图形时将以各图形的相对位置为标准。

2.3.6 美化图形

选择图形后，通过设置"属性"面板的"帧"选项卡的"色彩效果"栏、"混合"栏、"滤镜"栏的参数，可以在一定程度上美化图形。这种方法对舞台中不同类型的对象同样适用，但需要注意的是，设置这些参数后，设置结果将对当前图形所处帧上的所有图形生效。

- "色彩效果"栏。该栏中只有一个下拉列表，其中提供"无""亮度""色调""高级""Alpha"5个选项，后4个选项的效果分别是调整图形的亮度、色调、详细色调和不透明度。

● "混合"栏。该栏中的参数用于改变叠加图形之间的不透明度和颜色关系，创造出独特的视觉效果，并且叠加图形不能位于同一个图层。

● "滤镜"栏。选择图形，单击"滤镜"栏右侧的"添加滤镜"按钮 **+**，在弹出的下拉列表中可选择"投影""模糊""发光""斜角""渐变发光""渐变斜角""调整颜色"选项来美化图形。

2.4　添加文字、音频和视频

文字、音频和视频是动画的构成元素，添加它们需要用到不同的工具和命令。

2.4.1　添加文字

"文本工具" **T** 是Animate中用于添加文字的工具。选择该工具，在"属性"面板的"工具"选项卡中可设置字号、字体、间距、色彩等基本属性。

● 输入点文字。直接在舞台上单击以插入文字定位点，此时将出现一个文本框，输入的文字（点文字）将出现在文字定位点后，该文本框的长度会随着输入文字的增加而自动延长，如图2-27所示，文字不会自动换行，需手动按【Enter】键换行。

● 输入段落文字。在舞台上按住鼠标左键不放并拖曳鼠标指针，会出现一个文本框，确定文本框的长度后，便可输入文字（段落文字），当输入的文字长度超过文本框的长度时，文字会自动换行，如图2-28所示。

图2-27　输入点文字　　　　　　　　图2-28　输入段落文字

另外，输入文字后，单击文本框以外的区域，文本框将消失，表示此时已完成文字的输入，并且文字处于不能编辑的状态。若要编辑文字，需使用"文本工具" **T** 单击文字所在区域，重新显示文本框，然后在其中框选要编辑的文字。

1. 设置文字的类型

在Animate中，文字有3种类型，分别有不同的作用。输入文字时，在"属性"面板的"工具"选项卡的"实例行为"下拉列表中可选择"静态文本""动态文本""输入文本"3个选项，来输入对应类型的文字。

● 静态文本。静态文本是一种普通文本，其在动画播放期间不能被编辑，即不能动态更新静态文本内容。

● 动态文本。动态文本是指可以通过脚本程序来改变其内容的文本。在动画播放过程中，可输入或修改动态文本的内容。

● **输入文本**。选择"输入文本"选项后，在输入文本后会创建一个表单，可通过脚本程序来获取观众输入的文本（HTML5 Canvas类型的动画不支持输入文本）。在动画播放过程中，观众可输入文本，产生交互效果。

2．变形文字

变形文字是指对文字进行倾斜、旋转、缩放、扭曲等变形操作，其与变形图形有异曲同工之处。当文字的数量超过1个时，变形还可以分为整体变形和局部变形。

● **整体变形**。使用"任意变形工具" ↙可以整体变形文字，但不能进行扭曲操作。

● **局部变形**。选择文字，选择两次【修改】/【分离】命令，或按两次【Ctrl+B】组合键（这是因为第一次操作用于将文字分离成单个对象，第二次操作用于统一分离单个对象），将它们分别分离为图元形式的单个文字，如图2-29所示，然后使用"任意变形工具" ↙或"部分选取工具" ▷对需要变形的单个文字进行操作，此时的局部变形可以进行扭曲操作。

图2-29　分离文字为图元形式的单个文字

设计大讲堂

　　在Animate中，使用"文本工具" **T** 输入的文字实际上是采用一系列计算机指令来描述和记录的"点"，只不过这些点被精心编排、组合成了人类可识别的文字。鉴于此，Animate提供了"分离"命令，可将文字从可编辑的形式分离为最初的形式——图元，并为文字提供了变形、填充和描边等功能。该功能不仅是对传统文字设计的一种数字化延伸，更体现了传统设计元素在现代技术环境下的演变。

3．填充和描边文字

在Animate中，使用"文本工具" T 输入的文字是无描边的纯色文字，若需要为其填充渐变或添加描边，都需要额外操作。

● **填充文字**。若想要为文字填充线性渐变、径向渐变、位图，就需要先将文字分离为图元形式，再结合"颜色"面板和"颜料桶工具" ◆为其填充线性渐变、径向渐变、位图。

● **描边文字**。若要为文字添加描边，需要先将文字分离为图元形式，再使用"墨水瓶工具" ◆单击文字的边缘区域，为其赋予线条属性，即描边。

2.4.2　添加音频

添加音频的方法与导入文件到舞台或库的方法一致，只不过将音频直接导入舞台时，应在顶部图层中没有内容的情况下操作，否则会造成添加的音频与顶部图层中已有内容同时处于一个帧的情况，这样后续在对此帧制作动画效果时会严重影响最终效果的呈现。

因此添加音频时，通常先将其导入"库"面板中，在"库"面板中选择该音频文件，可在预览框中查看声音的波形和声道，预览框右上角将出现"播放"按钮▶和"停止"按钮■，如图2-30所示。单击"播放"按钮▶，可播放声音，并且"停止"按钮■变为■状态，此时单击"停止"按钮■可停止播放声音。

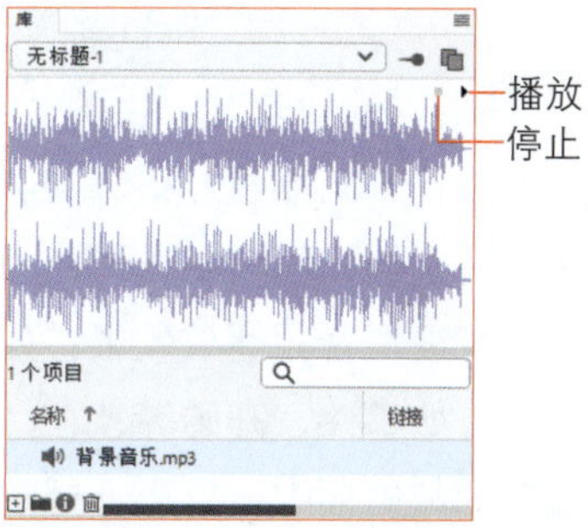

将音频文件从"库"面板中拖曳到舞台上，该音频将被自动添加到"时间轴"面板的顶部图层中（应处于未锁定状态），并且显示出音频波形，按【Enter】键可播放声音。

图2-30　在"库"面板中选择音频文件

1. 音频的表现方式

添加音频后，音频在动画文件中有两种表现方式，即事件音频和流式音频。

● **事件音频**。事件音频由动画中发生的动作触发。例如，单击某个按钮元件，或者时间指示器播放到某个设置音频的关键帧时，开始播放事件音频。事件音频在播放之前，必须先被下载到观众的接收媒介上，这样重复播放动画时，才不用重复下载，以将该事件音频作为循环的背景音乐。

操作小贴士

　　事件音频一旦播放，就会从头播放到尾，而不管动画文件是否放慢速度或重新播放，以及其他事件音频是否正在播放，甚至观众已经浏览到动画的其他内容时，事件音频仍会继续播放，以至于会出现重音、音画不同步的情况。另外，无论事件音频的时长有多少，其都只会被插入一个关键帧中。

● **流式音频**。流式音频随着动画的播放而载入，通常与动画内容同步播放。即使流式音频的时长较长，但只下载很小一部分的音频文件之后就可以顺利播放。流式音频只会在它所在的帧中播放，若没有播放到该帧或已播放过该帧，就会停止播放。

2. 编辑音频

若添加的音频不符合心理预期，可以将其替换或删除，还可以通过设置音频播放效果、音频同步方式、音频播放次数等来编辑音频。

（1）替换或删除音频

替换或删除音频需要使用"属性"面板的"帧"选项卡，如图2-31所示。

● **替换声音**。将用于替换的音频文件添加到"库"面板中，在"时间轴"面板中选择已添加声音的帧，然后在"属性"面板中的"帧"选项卡的"声音"栏的"名称"下拉列表中选择替换的声音。

图2-31　"属性"面板的"帧"选项卡

- **删除音频**。在"时间轴"面板中选择已添加音频的帧，再在"属性"面板中的"帧"选项卡的"声音"栏的"名称"下拉列表中选择"无"选项。

（2）设置音频播放效果、音频同步方式和音频播放次数

在"时间轴"面板中选择已添加音频的帧，在"属性"面板的"帧"选项卡的"效果"下拉列表中可设置音频播放效果，如左声道、淡入、淡出等；在"同步"下拉列表中可设置音频同步方式，如事件、开始等；在"同步"下拉列表下方的下拉列表中选择"重复"选项后，可以在其后的数值框中设置声音播放次数，选择"循环"选项将循环播放音频。

（3）调整音频的持续时间和音量

在"时间轴"面板中选择已添加音频的帧，在"属性"面板的"帧"选项卡中单击"编辑声音封套"按钮 ，打开"编辑封套"对话框，在其中可以调整音频的持续时间和音量。

（4）设置音频属性

若要设置音频属性，控制音频文件的导出质量和大小，需要在"库"面板中双击声音文件图标 ，打开"声音属性"对话框，其中显示了音频文件的相关信息，如图2-32所示，通过修改这些信息可设置属性。

如果设计人员没有在"声音属性"对话框中设置音频属性，那么导出动画文件时，Animate将使用"发布设置"对话框中默认的参数设置导出音频，当然设计人员也能在其中自定义音频参数。

图2-32　"声音属性"对话框

2.4.3　添加视频

使用"导入视频"命令打开"导入视频"对话框（见图2-33），通过设置其中的参数，有两种方法在舞台中添加视频。

- **使用计算机上已有的视频**。该方法需要单击 浏览 按钮，打开"打开"对话框，选择视频文件，单击 打开(O) 按钮。此时可返回"导入视频"对话框，并且将出现新的 转换视频 按钮，单击该按钮将弹出一个提示框，

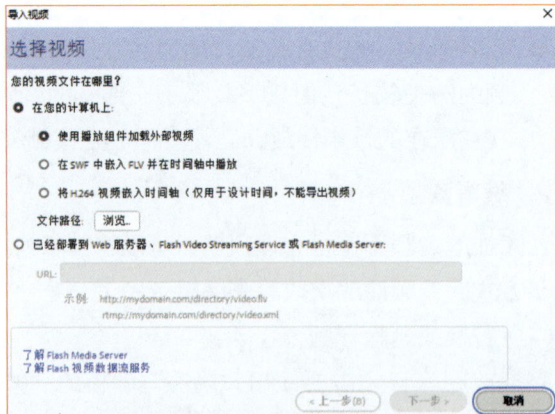

图2-33　"导入视频"对话框

并打开Adobe Media Encoder软件，以转换视频的编码标准。

- **使用已经部署到Web服务器、Flash Video Streaming Service或Flash Media Server的视频**。如果想添加的视频位于Web服务器、Flash Video Streaming Service或Flash Media Server中，则需要选中"已经部署到Web服务器、Flash Video

Streaming Service或Flash Media Server"单选项，激活"URL"（URL的英文全称为Uniform Resource Locator，中文全称为统一资源定位符，其是互联网上用于标识和定位资源的地址，资源可以是网页、图像或文件等）文本框，在该文本框中输入视频链接，将以流文件或渐进式下载文件的形式添加视频。

若想要使用计算机上已有的视频，选择视频文件后，还需要选中 浏览 按钮上方的3个单选项中的任意一个，确定添加视频的方法。这3个单选项分别具有不同的作用，对应较为常用的视频添加方法。

1. 使用播放组件加载外部视频

选中"使用播放组件加载外部视频"单选项，将进入"设定外观"向导界面，如图2-34所示，设置其中的参数后，添加的视频将创建FLVplayback组件的实例以控制回放，若在其他计算机或平台中播放该视频，需要先下载该视频，才能正常播放。

图2-34　"设定外观"向导界面

- **外观**。该下拉列表用于设置视频外观，当选择"自定义外观ULR"选项时，将激活下方的"URL"文本框；当选择"无"选项时，视频下方将不会出现播放条。
- **颜色**。该按钮用于设置播放条的颜色和颜色不透明度。

2. 在SWF中嵌入FLV并在时间轴中播放

选中"在SWF中嵌入FLV并在时间轴中播放"单选项，将进入图2-35所示的"嵌入"向导界面，其中各参数介绍如下。

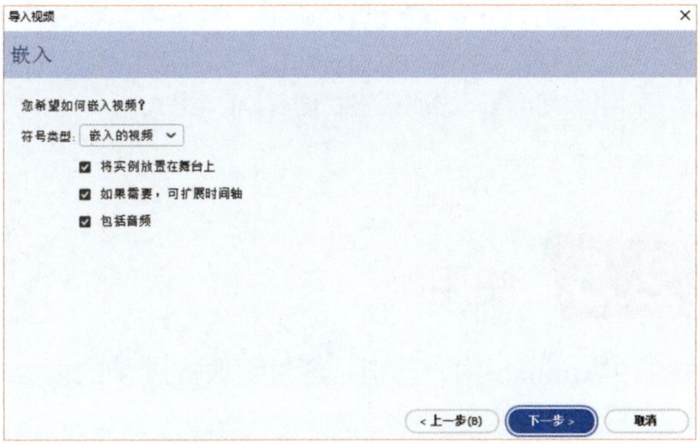

- **符号类型**。该下拉列表用于设置将视频嵌入文件的类型。若选择"嵌入的视频"选项，可以将视频放置在时间轴中，看到时间轴中每个帧代表的视频帧内容。若选择"影片剪辑"选项，可将视

图2-35　"嵌入"向导界面

频置于影片剪辑元件中，此时观众能与影片进行交互。若选择"图形"选项，可将视频嵌入图形元件中，此时观众无法与图形交互。
- **将实例放置在舞台上**。选中该复选框，嵌入的视频将同时放置在舞台和"库"面板中；取消选中该复选框，嵌入的视频将仅放置在"库"面板中。
- **如果需要，可扩展时间轴**。选中该复选框，当视频的帧数多于当前动画文件的帧数

时，可以增加动画文件的帧数以完全显示视频内容；取消选中该复选框，将不能增加动画文件的帧数，仅以当前动画文件的帧数显示视频内容。

● **包括音频**。选中该复选框，嵌入的视频若包含音频，则可以正常播放该音频；取消选中该复选框，嵌入的视频仅能播放视频画面，音频则被删除。

采用嵌入视频的形式添加视频时，视频文件的数据都将被添加到动画文件中，因此会导致动画文件和生成的SWF文件较大，为避免出现播放卡顿等情况，应注意以下要点。

● 由于添加的视频由图层中的帧表示，因此，视频和动画文件必须被设置为相同的帧速率。如果使用不同的帧速率，会造成视频和动画运动速度不一致的情况。

● 将时长超过10秒的视频添加到动画中后，播放时通常也会存在视频和动画效果不同步的问题，为此Animate要求添加的视频的时长不能超过当前动画文件的16000帧。

● 如果要播放嵌入在SWF文件中的视频，则必须先下载整个视频文件，再开始播放该视频。如果嵌入的视频文件过大，则可能需要先花费很长时间下载完整个SWF文件，然后才能开始播放视频。

3. 将H.264视频嵌入时间轴

选中"将H.264视频嵌入时间轴（仅用于设计时间，不能导出视频）"单选项，也将进入"嵌入"向导界面，但是该界面会新增"匹配文档FPS（将根据需要删除或重复视频中的帧）"复选框，选中该复选框后，添加的视频将根据当前文件的帧速率来调整视频帧速率，调整的方式是删除某些视频帧或重复某些视频帧。最终嵌入时间轴的H.264视频只能在制作动画时使用，不能随动画一起导出。

✎ 设计大讲堂

　　H.264是一种视频编码标准，也被称为高级视频编码（Advanced Video Coding，AVC）。它通过压缩数字视频信号，可以将视频数据编码为更小的文件，同时保持较高的视觉质量，常见的采用H.264编码的视频格式便是MP4格式。

2.5 使用帧

在Animate中，动画是通过更改连续帧的内容来创建的，因此帧是制作动画的关键。

2.5.1 帧的类型

根据用途的不同，帧可以分为关键帧、空白关键帧和帧（狭义）3种类型，如图2-36所示。

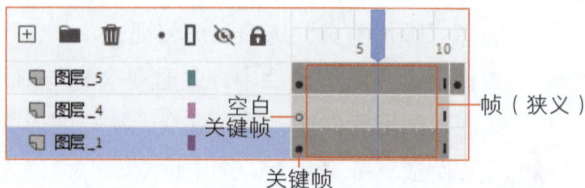

图2-36　帧的类型

● **关键帧**。关键帧是决定动画内容的帧，也是可以在舞台上直接编辑内容的帧。在时间轴上，实心圆点■表示关键帧，前一个关键帧与后一个关键帧之间用黑色线段■来划分区间。

- **空白关键帧**。空白关键帧是指在舞台上没有内容的关键帧，可用于清除前一个关键帧保留的内容或增添新内容。在时间轴上，空心圆点◎表示空白关键帧。

- **帧（狭义）**。帧又称普通帧、过渡帧，是狭义上的帧（后文与广义上的帧不做区分），是指在舞台上能显示对象，但不能编辑的帧，常用于延续前方关键帧的内容，是Animate利用推算算法自动生成的。在时间轴上，纯色小方格■表示帧。

2.5.2 插入和转换帧

创建新图层时，新图层的第1帧将自动被设置为空白关键帧，向该帧添加内容后，该帧将转换为关键帧。之后，按【F5】键可在其后一帧插入帧；按【F6】键，则会将其后一帧转换为关键帧；再按【F7】键，则会将其后一帧转换为空白关键帧，如图2-37所示。若保持第1帧为空白关键帧，后续帧未添加实质内容，则按【F5】键仍可在其后一帧插入帧；按【F6】键或【F7】键都会将其后一帧转换为空白关键帧，如图2-38所示。

图2-37　在关键帧后插入与转换帧　　　图2-38　在空白关键帧后插入与转换帧

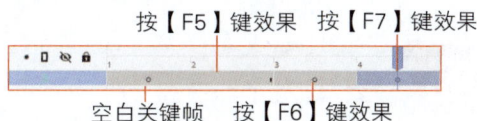

另外，选择关键帧后，单击鼠标右键，在弹出的快捷菜单中选择"清除关键帧"命令，可将其转换为帧。总而言之，【F5】键用于在当前帧后方插入帧；【F6】键或【F7】键用于根据前方是否有关键帧来转换后续帧的类型。

2.5.3 编辑帧

通过选择帧、移动帧、复制和粘贴帧等编辑操作，设计人员可以更好地调整每一帧上的内容，制作出符合需求的动画。

- **选择帧**。若需要选择单个帧，只需将鼠标指针移至所要选择的帧上并单击；若需要选择多个连续的帧，可单击帧范围的第1帧，按住鼠标左键不放并拖曳鼠标指针框选需要选择的帧；若需要选择多个不连续的帧，可单击其中1帧，然后在按住【Shift】键的同时单击其余的帧；若需要选择所有帧，可单击其中1帧，然后单击鼠标右键，在弹出的快捷菜单中选择"选择所有帧"命令，或按【Ctrl + Alt + A】组合键。

- **移动帧**。选择要移动的单个或多个帧，按住鼠标左键不放，拖曳鼠标指针到目标位置后释放鼠标左键。

- **复制和粘贴帧**。可将鼠标指针移至所要复制的帧上，按住【Alt】键不放，用鼠标拖曳该帧到需要粘贴的位置，可将该帧粘贴到该位置；也可将鼠标指针移至所要复制的帧上，单击鼠标右键，在弹出的快捷菜单中选择"复制帧"命令，然后将鼠标指针移至其他位置，单击鼠标右键，在弹出的快捷菜单中选择"粘贴帧"或"粘贴并覆盖帧"

命令，可将复制的帧粘贴到当前位置。

- 剪切帧。选择要剪切的帧，单击鼠标右键，在弹出的快捷菜单中选择"剪切帧"命令。
- 删除帧。选择要删除的帧，单击鼠标右键，在弹出的快捷菜单中选择"删除帧"命令，或按【Shift + F5】组合键。
- 翻转帧。翻转帧是指颠倒多个帧的顺序，从而使开头的帧移至结尾，结尾的帧移至开头，如图2-39所示。选择所要翻转的多个帧，单击鼠标右键，在弹出的快捷菜单中选择"翻转帧"命令。

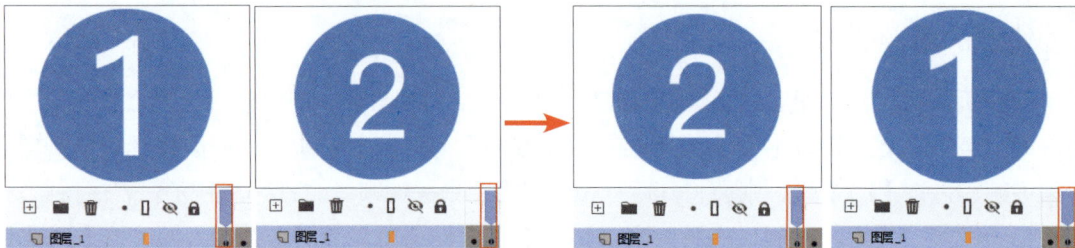

图2-39　翻转帧的前后对比效果

2.6　使用元件与实例

元件与实例之间的关系是衍生关系，实例由元件演化而来，而元件则基于动画的构成元素创建，它们都是构成动态效果的中坚力量。

2.6.1　元件的类型

在Animate中，元件是由多个独立的元素和动态效果合并而成的整体，每个元件都有单独的时间轴和舞台，以及多个图层。元件有图形元件、影片剪辑元件和按钮元件3种类型。

- 图形元件。图形元件是构成动画的基本元素之一，常用于创建可重复利用的、与主场景的时间线控制区有关联的运动对象，图标为 。由于图形元件与主场景的时间线控制区同步，因此，改变图形元件的任意参数都会影响主场景中已使用该元件的实例。
- 影片剪辑元件。影片剪辑元件具有独立的时间线控制区，不受主场景的时间线控制区影响，常用于创建包含图像、音频或视频内容的运动对象，图标为 。另外，返回主场景后，按【Enter】键预览动画内容时，不会播放影片剪辑元件的动态效果，只有使用"测试影片"命令、"库"面板，或导出动画内容后才能查看该元件的动态效果。
- 按钮元件。按钮元件是用于响应鼠标单击、滑过和其他动作的交互式按钮，包含"弹起"、"鼠标指针经过"、"按下"、"点击"4种状态，图标为 。另外，在这4种状态下创建的关键帧都可以使用影片剪辑元件来创建变化多样的动态按钮。

2.6.2　创建与转换元件

在Animate中，元件的产生有两种途径，一种是先创建空白元件，再在其中添加内容；

另一种则是将舞台中已存在的对象转换为元件。无论是创建还是转换，元件都将会被存储在"库"面板中，选择元件后，若元件内部包含两帧及以上内容，在预览框右上角将出现"播放"按钮▶和"停止"按钮■，以便查看元件内容。

● **创建元件**。选择【插入】/【新建元件】命令，打开"创建新元件"对话框，设置元件名称和类型后，单击 确定 按钮，可打开一个空白元件的场景，在该场景的舞台中添加元件内容后，便可完成元件的创键。

● **转换元件**。在舞台中选择对象后，单击鼠标右键，在弹出的快捷菜单中选择"转换为元件"命令，打开"转换为元件"对话框，设置元件名称和类型，单击 确定 按钮。

2.6.3　编辑元件

创建元件后，可以编辑元件的类型和内容。

1. 编辑元件的类型

在"库"面板中选择要编辑的元件，单击鼠标右键，在弹出的快捷菜单中选择"属性"命令，可打开"元件属性"对话框。在"类型"下拉列表中选择元件类型选项后，单击 确定 按钮，便可将元件的类型更改为对应的类型。

2. 编辑元件的内容

创建好的元件是一个整体，使用工具和命令可以对其进行旋转、缩放、翻转等编辑操作，但是若要编辑元件的内容，则需要先进入元件编辑窗口，即进入元件编辑模式。进入元件编辑窗口有以下5种方式。

● 双击舞台中的元件实例。

● 在舞台中选择需要编辑的元件实例，然后选择【编辑】/【编辑元件】命令。

● 在舞台中的元件实例上单击鼠标右键，在弹出的快捷菜单中选择"编辑元件"命令。

● 在"库"面板中双击需要编辑元件左侧的图标。

● 在"库"面板中选择需要编辑的元件，在其名称上单击鼠标右键，在弹出的快捷菜单中选择"编辑"命令。

2.6.4　创建与编辑实例

元件的使用范围只有动画的幕后区。元件只有在"库"面板中叫作元件，将其从该面板中拖曳到舞台中，舞台中显示的则是相应元件实例。实例是指在舞台中或嵌套在另一个元件内的元件副本，可视为元件在舞台上的具体表现。

实例具有元件的一切特性，编辑元件会影响舞台中该元件的所有实例，如图2-40所示；但若在舞台中修改实例的形状或大小等，则不会对"库"面板中这一实例的元件产生影响，如图2-41所示。

在本书中为了统一，从2.7节开始不对元件和实例做称呼上的区分，而是将它们统一称为元件。

图2-40　更改元件的方向

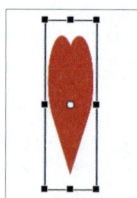

图2-41　更改实例的形状

创建实例后，选择该实例，在"属性"面板的"对象"选项卡中可设置实例的色彩效果、实例名称等参数。并且根据所选实例的元件类型不同，该选项卡会显示不同的参数，图2-42所示为选择元件类型为"图形"的实例后，该实例的"属性"面板的"对象"选项卡中的参数。

图2-42　实例的"属性"面板

2.7　创建动画

设计人员利用前文所讲操作可以制作各种类型的动画。Animate支持逐帧动画、补间动画、骨骼动画和交互动画这四大类型。其中，补间动画通过结合一些特定功能和工具，还可以衍生出遮罩、引导、摄像头和资源变形等类型的动画，足以满足绝大多数设计人员的创作需求。

2.7.1　创建逐帧动画

逐帧动画是由多个连续帧组成，通过改变每帧的内容所形成的一种动画。常见的动态表情、GIF动图、定格动画大都属于逐帧动画。在Animate中，创建逐帧动画的方法有以下3种。

1. 将已有帧转换为逐帧动画

选择要转换为逐帧动画的帧，单击鼠标右键，在弹出的快捷菜单中选择"转换为逐帧动画"命令后，在弹出的子菜单中选择所需命令，可依据选择的帧内容自动创建其他关键帧，然后通过调整新关键帧中的内容制作出逐帧动画。

2. 导入GIF动图

使用"导入到舞台"命令导入GIF动图后，Animate会自动将GIF动图中的每一帧静态图像逐一放置在连续的关键帧中，如图2-43所示，从而还原GIF动图的视觉效果。同时，这些静态图像也会被放置在"库"面板中与GIF动图同名的文件夹里。通过这样的形式，GIF动图便被转换为Animate中的逐帧动画。

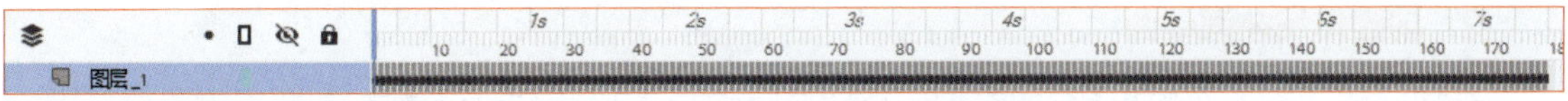

图2-43 导入GIF动图到舞台

使用"导入到库"命令导入GIF动图后，GIF动图中的每一帧静态图像也将被放置在"库"
面板中与GIF动图同名的文件夹里，并
且还将自动创建一个影片剪辑元件，如
图2-44所示，该元件内部包含GIF动图所
有帧，即在该元件的内部实现了逐帧动画
的效果。这样，通过影片剪辑元件的封
装，GIF动图就被完整地转换为Animate
中可编辑和重复使用的逐帧动画。

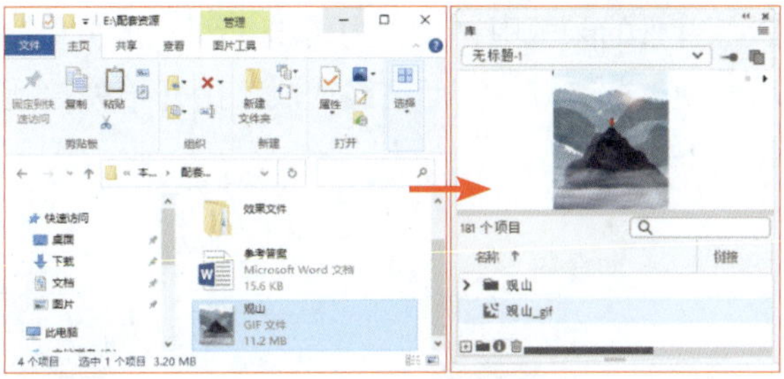

图2-44 导入GIF动图到库

3. 导入名称具有连续编号的图像素材

使用"导入到舞台"命令，在"导入"对话框中选择名称具有连续编号的图像素材（如选
择名称末尾带有数字1、2、3……的素材），然后单击 打开(O) 按钮，Animate将弹出内容为"此
文件看起来是图像序列的组成部分。是否导入序列中的所有图像"的提示框。单击 是 按钮，
可将剩余名称具有连续编号的图像素材一同导入，并且Animate会自动按照导入图像素材的顺
序，依次将图像素材转换为关键帧，从而形成逐帧动画。

2.7.2 创建补间动画

在一个图层的两个关键帧之间建立位置、形状、颜色等变化关系时，Animate会在这两个
关键帧之间自动生成补充两个关键帧中内容的显示变化的画面（这些显示变化的画面便是过渡
帧上的画面），形成流畅的动态变化效果，这就是补间动画的原理。补间动画通常分为两类，
一类是补间形状动画，针对的对象为矢量图形；另一类是动画补间动画，其又分为传统补间动
画和补间动画（狭义）两种类型，针对的对象为元件。

1. 创建补间形状动画

在动画的开始关键帧和结束关键帧中添加外观不同的矢量图形，然后在两个关键帧之间单
击鼠标右键，在弹出的快捷菜单中选择"创建补间形状"命令，开始关键帧与结束关键帧之间
的过渡帧会呈现出黑色箭头和橙色背景（具有橙色背景的帧范围，又称为补间形状范围），代
表已成功创建补间形状动画。此时拖曳播放头可发现，过渡帧的画面已经变成从开始关键帧图
形逐渐分解，再逐步聚合成结束关键帧图形的效果，如图2-45所示。

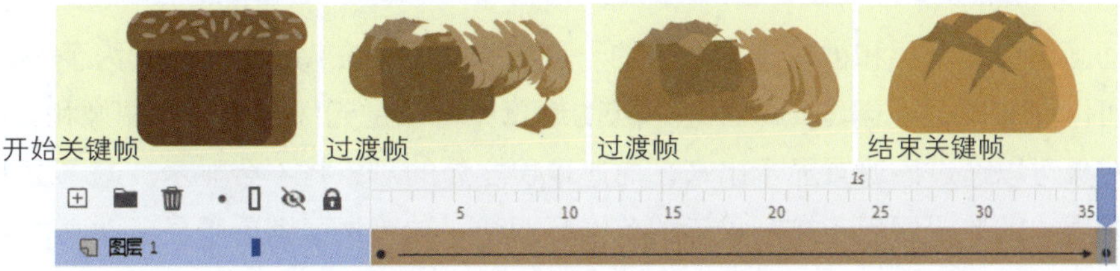

图2-45 创建补间形状动画

2. 创建传统补间动画

在动画的开始关键帧和结束关键帧中放入同一个元件，在两个关键帧之间单击鼠标右键，在弹出的快捷菜单中选择"创建传统补间"命令，然后调整两个关键帧中对象的大小和旋转方向等属性。此后，开始关键帧与结束关键帧之间的过渡帧会呈现出黑色箭头和紫色背景（具有紫色背景的帧范围，又称为传统补间范围），表示传统补间动画已完成创建。此时拖曳播放头可发现，过渡帧的画面已经变成了由开始关键帧图形形态调整成结束关键帧图形形态的过程，如图2-46所示。

图2-46　创建传统补间动画

3. 创建补间动画（狭义）

在动画的开始关键帧中放置元件，然后单击鼠标右键，在弹出的快捷菜单中选择"创建补间动画"命令，再多次插入带有属性的关键帧（单击鼠标右键，在弹出的快捷菜单中选择"插入关键帧"命令，在弹出的子菜单中选择其中的命令即可），制作该属性的补间动画。

补间动画在"时间轴"面板中显示为连续的具有黄色背景的帧范围，开始关键帧中的黑色圆点表示补间范围分配有目标对象，黑色菱形表示结束关键帧和任何其他属性的关键帧，并且元件在舞台上将显示运动路径，如图2-47所示。

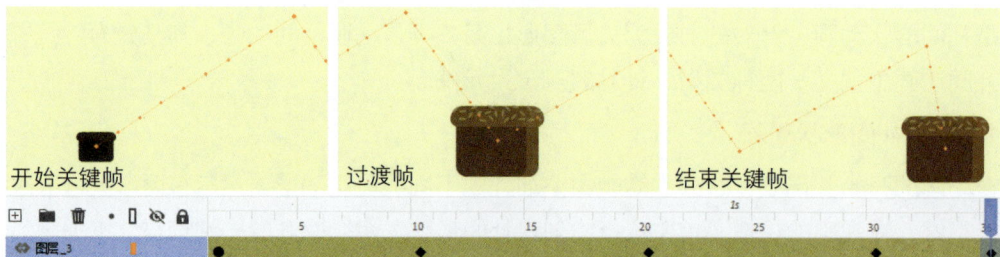

图2-47　创建补间动画

2.7.3 创建遮罩动画

遮罩动画是由遮罩层和被遮罩层组成的一种特殊动画。在Animate中，为了得到特殊的显示效果，可以在遮罩层中创建一个任意形状的遮罩（可以是元件、图形、图像和文字），遮罩层下方的对象可以通过该遮罩显示出来，而遮罩层之外的对象将不会显示。遮罩层下方的图层称为被遮罩层，即遮罩层用于控制显示的范围及形状；被遮罩层则用于显示动画内容。

1. 创建遮罩层

选择要作为遮罩层的图层，单击鼠标右键，在弹出的快捷菜单中选择"遮罩层"命令，便可将该图层转换为遮罩层，下方的图层自动转换为被遮罩层，并且两个图层都将被锁定，如图2-48所示。一个遮罩层可以作为多个图层的遮罩层，此时，若想将其他普通图层作为被遮罩层，只需将这些图层拖曳到遮罩层下方，如图2-49所示。

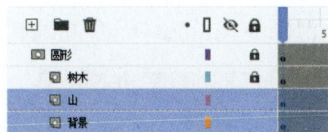

图2-48　创建遮罩层　　　　　　图2-49　将其他普通图层作为被遮罩层

若需要将遮罩层转换为普通图层，可在遮罩层上单击鼠标右键，在弹出的快捷菜单中选择"遮罩层"命令；若需要取消遮罩动画，可在遮罩层上单击鼠标右键，在弹出的快捷菜单中选择"删除图层"命令。

2. 为遮罩制作动态效果

绘制和创造出的遮罩层原本是静止不动的，无法形成动态效果。此时，可利用补间动画原理为遮罩制作动态效果，甚至为被遮罩层中的内容制作动态效果，只有这样才能完成遮罩动画的制作。图2-50所示为利用传统补间动画原理为遮罩制作动态效果。

图2-50　利用传统补间动画原理为遮罩制作动态效果

2.7.4　创建引导动画

引导动画常用于制作对象按特定路径运动的效果，其由引导层和动画层组成，引导层中有引导线，且引导线在最终发布时不会显示，动画层中的动画只能是传统补间动画。

1. 创建引导层

创建引导动画的关键是创建引导层，在Animate中有以下两种方式可以创建引导层。

● **将图层转换成引导层**。选择需要转换为引导层的图层，单击鼠标右键，在弹出的快捷菜单中选择"引导层"命令，可将该图层转换为引导层，图层名称将保持原状，但名称前将显示 ⌐ 符号，如图2-51所示。此时引导层下方还没有动画层，可将其他图层拖曳到引导层下方，使其自动转换为动画层，并且引导层的图层名称前的符号将变为 ⌒，如图2-52所示。

● **为图层创建引导层**。选择需要创建引导层的图层，单击鼠标右键，在弹出的快捷菜单中选择"添加传统运动引导层"命令，可为该图层创建一个引导层，同时该图层将转换为动画层。此时引导层的图层名称为"引导层：+所选图层名称"，如图2-53所示。

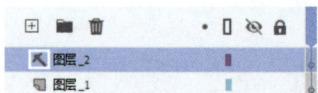

图2-51　将图层转换成引导层　　图2-52　将图层转换为动画层　　图2-53　为图层创建引导层

创建引导层后，便可以使用绘制笔触的工具在其中绘制一条笔触作为引导线。需要注意的是，引导线应为一条从头到尾不中断、不封闭的线段，线段的转折不宜过多，不能出现交叉、重叠，以免Animate无法准确判断对象的运动路径。

2. 创建动画层动态效果

在动画层中，为了确保被引导对象能够沿着引导线运动，必须将该对象的中心点（即选择该对象时，出现在对象中间的空心圆）精确地放置在引导线的开头和结束位置上。具体而言，在为动画层中的元件制作传统补间动画时，开始关键帧和结束关键帧的元件应分别在引导线的开头和结束位置上，如图2-54所示。

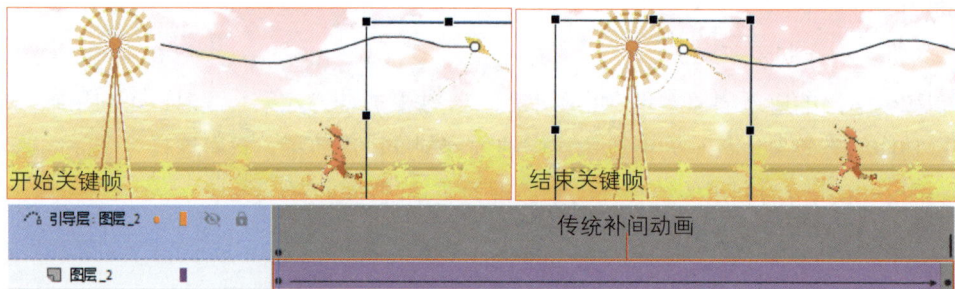

图2-54　创建动画层动态效果

2.7.5　创建摄像头动画

摄像头动画是一种通过"摄像头工具" 🎥 实现虚拟的摄像头，来移动展示舞台画面的动画。使用该动画不仅可以近距离放大我们感兴趣的画面，或缩小画面以查看更大范围的效果，还可以切换动画场景。创建摄像头动画的关键是创建摄像头图层和编辑摄像头。

1. 创建摄像头图层

首先确保在动画文件的"文档设置"对话框中，已选中"使用高级图层功能"复选框，开启了高级图层功能。然后在工具栏中选择"摄像头工具" 🎥，或在"时间轴"面板中单击"添加摄像头"按钮 🎥，此时在"时间轴"面板中将出现名为"Camera"的摄像头图层，表示已经成功创建摄像头图层，并且舞台与粘贴板的分界线的颜色将与摄像头图层的轮廓颜色相同，表示舞台已成为摄像头，分界线已成为摄像头边框，舞台下方将出现摄像头控件。

2. 编辑摄像头

创建摄像头图层后，在该图层上插入关键帧，并通过缩放、旋转和平移等操作编辑摄像头，控制每帧摄像头画面的显示效果。然后在关键帧之间创建传统补间动画，便可创建摄像头动画，如图2-55所示。

图2-55　创建摄像头动画

编辑摄像头的操作主要在摄像头控件（见图2-56）和"属性"面板的"工具"选项卡的"摄像机设置"栏中（见图2-57）进行。

图2-56　摄像头控件

图2-57　"摄像机设置"栏

2.7.6　创建资源变形动画

资源变形动画依赖"资源变形工具" ✦ 和补间形状动画或传统补间动画进行制作。选择"资源变形工具" ✦，单击图形或者图像的一部分添加第1个关节点。继续单击以添加更多的关节点，并在两点之间创建关节，可以通过拖动关节点来调整关节的位置和形状，从而对该图像或图形的外形进行变形操作。

创建资源变形动画需要创建两个关键帧，其中第2个关键帧需要在第1个关键帧的关节点和关节的基础上进行调整，然后在两个关键帧之间创建补间形状动画或传统补间动画，如图2-58所示。

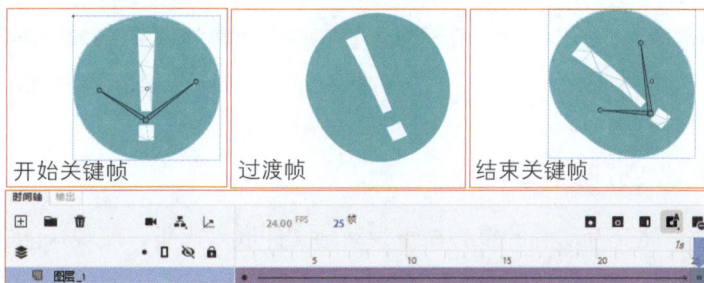

图2-58　创建资源变形动画

2.7.7　创建骨骼动画

骨骼动画使用骨骼关节结构对一个对象或彼此相关的一组对象进行动画处理，与资源变形动画类似。在骨骼动画中，骨骼之间的连接点称为关节，当一个骨骼移动时，通过关节与其相连的骨骼也会进行相应的移动。创建骨骼动画需要添加骨骼、添加姿势帧和调整骨骼。

1.　添加骨骼

使用"骨骼工具" ✧ 可以为元件和图像添加骨骼。添加骨骼后，"时间轴"面板中所有添加骨骼的对象所在的图层将自动合并成一个骨架图层，该图层呈现绿色背景，同时图层中的关键帧将转换为菱形的关键帧（即姿势帧）。

- **为元件添加骨骼**。选择"骨骼工具" ✦ ，单击要成为骨架的尾部或头部的元件，然后将其拖曳到其他元件中，此时两个元件之间显示一条连接线，表明成功添加一个骨骼。继续使用"骨骼工具" ✦ ，从第一个骨骼的尾部拖曳鼠标指针到下一个元件上再添加一个骨骼，重复该操作可将所有元件都用骨骼连接在一起，且所有元件所在图层都将被合并。
- **为图像添加骨骼**。为图像添加骨骼时，需要先选择并分离图像为图元，再使用"骨骼工具" ✦ 在图像内部拖曳鼠标指针以添加第一个骨骼，继续使用"骨骼工具" ✦ ，移动鼠标指针至第一个骨骼的尾部，当鼠标指针由 ✦ 形状变为 ✦ 形状时，按住鼠标左键不放并拖曳鼠标指针以添加下一个骨骼。另外，该图像所在图层也会变为骨骼图层。

2. 添加姿势帧和调整骨骼

制作骨骼动画时首先需要在骨架图层中添加姿势帧，以改变动画的时长，然后在不同的姿势帧中调整骨骼，如移动、旋转等，使添加骨骼的对象具有不同姿势，如图2-59所示。Animate会在每个姿势之间自动创建过渡效果。

图2-59　添加姿势帧和调整骨骼

2.7.8 创建交互动画

创建交互动画的核心在于为动画文件嵌入代码，使观众能够控制动画的播放进程，而非仅仅遵循时间轴上的帧顺序自动播放。嵌入代码时，设计人员要先选择一个媒介，它可以是图像、图形、文字或元件，然后按【F9】键打开"动作"面板，在其中输入代码。需要注意的是，若嵌入代码的媒介是元件，需要先为其设置实例名称，再嵌入代码。

Animate为了降低交互动画的制作难度，还提供了"代码片断"面板，在其中针对不同平台类型的文件提供了ActionScript与JavaScript两类通用型代码，它们都基于对象和事件驱动，并具有相对安全的客户端脚本语言。

- **ActionScript型代码**。这类通用型代码常用于ActionScript 3.0、AIR for Desktop、AIR for iOS或AIR for Android平台类型的文件中。ActionScript提供了一系列命令，可以让动画响应观众的动作，如使用这些命令播放音频、跳转到某个指定关键帧或计算某些数值。
- **JavaScript型代码**。这类通用型代码常用于HTML5 Canvas平台类型的文件中，可以使Web页面响应观众的动作。

　　设计人员只需要双击所需代码，便可将其添加到"动作"面板中，并且图层的上方将会新建一个"Actions"图层，"Actions"图层相应帧的上方会添加一个 α 符号。若嵌入的代码不需要观众执行特定动作，而是由Animate根据代码内容自动执行，那么嵌入代码后，只会在添加代码的媒介所在帧上方添加一个 α 符号。

　　图2-60所示为模拟菜单交互动画的"时间轴"面板，为"背景"图层中的图像嵌入"stop();//暂停播放"代码，Animate能根据该代码内容自动执行，因此在添加代码的媒介所在帧上方添加了 α 符号；为"按钮"图层中的元件嵌入需要观众单击才能响应的代码，因此新建了"Actions"图层，并在与按钮所在帧对应的帧上方添加了 α 符号。

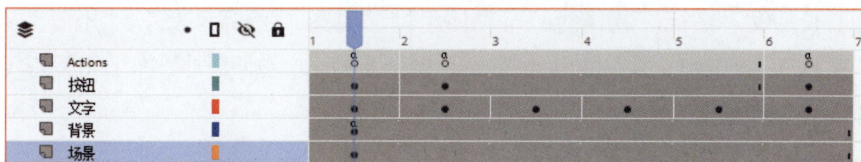

图2-60　模拟菜单交互动画的"时间轴"面板

2.8 课后练习

1. 填空题

　　（1）Animate的11个菜单项中包含多个命令，若右侧标有 ▸ 符号，表示该命令还有_____；若命令呈灰色，则表示_____或_____。

　　（2）在场景中，舞台相当于实际表演中的舞台，舞台四周的黑色轮廓线表示_____，也是舞台与_____的分界线。

　　（3）_____是保存导入素材和创作资源的区域，若需要使用其中的内容，只需要将其拖曳到舞台中。

　　（4）使用"选择工具"选中在_____模式下绘制的图形，将会出现一个矩形框，表示该图形为一个独立的对象。

　　（5）根据用途的不同，帧可以分为_____、_____和_____3种类型。

2. 选择题

　　（1）【单选】按（　　），将会打开"新建文档"对话框，在其中可进行新建空白动画文件的操作。

　　　　A.【Ctrl + N】组合键　　　　　　　　B.【Ctrl + Shift + N】组合键

　　　　C.【Ctrl + Alt + N】组合键　　　　　　D.【Ctrl + O】组合键

　　（2）【单选】若需要删除多个重叠图形中的最上层图形与下层图形重叠的部分，可以使用（　　）命令。

　　　　A. 联合　　　　　B. 交集　　　　　　C. 打孔　　　　　　D. 裁切

　　（3）【单选】若需要将"诚实守信"点文字分离为图元形式的单个文字，需要使用（　　）"分离"命令。

    A. 1次   B. 2次   C. 3次   D. 4次

（4）【多选】元件包括（　　）类型。

    A. 图形   B. 图像   C. 影片剪辑   D. 按钮

（5）【多选】遮罩层中的遮罩可以是（　　）。

    A. 元件   B. 图形   C. 图像   D. 文字

3. 操作题

（1）某科技公司准备制作一个季度总结演示动画，需要在其中添加一个象征收益每月增长的动态图标。制作时，可先使用帧、图层、"线条工具"、"矩形工具"和"文本工具"制作图标的静态效果，再利用帧和逐帧动画制作上月到下月收益增长的动态效果，参考效果如图2-61所示。

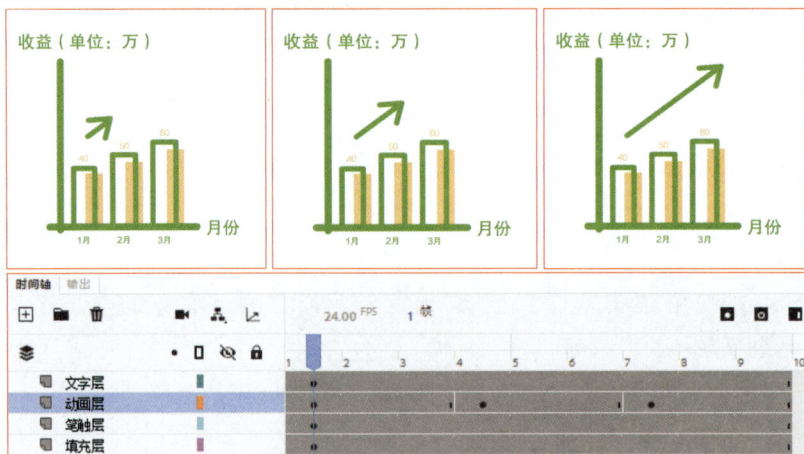

图2-61　动态图标的参考效果

（2）某动物园为了吸引更多游客，计划制作一个创意十足的广告宣传动画，其中一幕的情节设计为清晨时分大象在草地上悠然行走，太阳逐渐移动到大象身后。制作时，可先打开本书提供的素材文件，导入场景图像素材，转换元件，然后根据传统补间动画原理进行制作，参考效果如图2-62所示。

图2-62　大象行走在草地上的参考效果

An

第 3 章

广告动画制作

广告是商业领域中较为重要的营销手段，随着技术的日益发展，以及人们对广告的创意、内容呈现等的需求上升，兼具独特视觉表现力和创意空间的动画为广告提供了全新的呈现方式，并且被深入应用到产品广告、宣传广告、公益广告等多个领域。优秀的广告动画应兼具美观性和实用性，能够在有限的时间内充分表达出核心内容，并在人们脑海中留下深刻印象。

学习目标

▶ **知识目标**

◎ 掌握广告动画的类型。
◎ 掌握广告动画的设计要点。

▶ **技能目标**

◎ 能够使用 Animate 绘制矢量图形素材。
◎ 能够以专业手法设计不同类型的广告动画。
◎ 能够借助 AI 工具辅助广告动画的制作。

▶ **素养目标**

◎ 锻炼逻辑思维，保证思路清晰、连贯，合理安排广告动画情节。
◎ 提升创新意识和想象力，增强广告动画的创意表现力。

学习引导

STEP 1　相关知识学习　　　　　　　建议学时：　2　学时

课前预习
1. 扫码了解广告动画的概念，建立对广告动画的基本认识
2. 上网搜索广告动画案例，通过欣赏广告动画作品提升广告动画审美水平

课前预习

课堂讲解
1. 广告动画的类型
2. 广告动画的设计要点

重点难点
1. 学习重点：不同类型广告动画的内容
2. 学习难点：广告动画类型的区分方法

STEP 2　案例实践操作　　　　　　　建议学时：　2　学时

实战案例
1. 制作露营地宣传广告动画
2. 制作饮品交互广告动画

操作要点
1. "导入"命令、任意变形工具、资源变形工具、传统补间动画的"属性"面板；设置音频同步方式、编辑音频封套
2. 钢笔工具、形状工具组、"颜色"面板、渐变变形工具、按钮元件、"动作"面板、"代码片断"面板

案例欣赏

STEP ③ 技能巩固与提升　　　　建议学时：___2___ 学时

拓展训练	1. 制作优惠活动网页横幅广告动画 2. 制作交通安全公益广告动画
AI 辅助设计	1. 使用网易天音生成电动牙刷广告曲 2. 使用通义万相获取广告动画角色设计灵感
课后练习	通过填空题、选择题、操作题巩固理论知识，并提升制作动画的实操能力

3.1 行业知识：广告动画基础

广告动画是采用动画这一独特而富有创意的表现形式来创作广告的一种广告形式。它不仅融合了视觉艺术、叙事技巧与数字技术，更将产品、服务、公益理念、社会责任等广告信息，以生动、有趣且引人入胜的方式展现给观众。

3.1.1 广告动画的类型

广告动画是一种创意营销手段，在营销宣传中发挥着重要作用，因其核心内容、目的和传播渠道的不同可划分为不同类型。

1. 根据核心内容和目的划分

根据核心内容和目的的不同，可将广告动画划分为以下类型。

● **产品广告动画**。产品广告动画主要围绕某一特定产品，通过动画的形式生动、直观地展示产品的外观、特点、功能、使用场景等，旨在吸引观众注意，帮助观众快速了解产品并激发他们的购买欲望。这种动画针对特定的产品进行宣传，能够精准地传达产品信息，还可以通过各种创意表现手法增加广告的趣味性，有效维持观众的观看兴趣，提升广告的传播效果。图3-1所示的电动牙刷的产品广告动画，以创意性的画面展示产品外观、功能，添加富有动感的广告曲营造新潮的视听效果，能给观众带来新奇的体验，增加他们对产品的好感度。

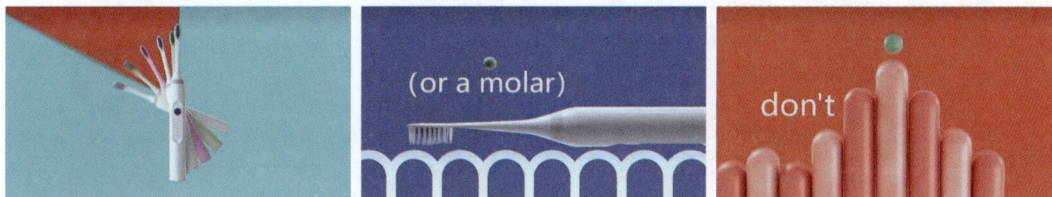

图3-1　电动牙刷的产品广告动画

● **品牌广告动画**。品牌广告动画旨在树立企业的品牌形象，其内容通常包含品牌名称、品牌标志、品牌宣传口号、品牌文化、品牌理念等。品牌广告动画通过传递积极向上的价值观，与观众建立情感联系，引发观众的情感共鸣，并且能够在不同时间段和传播渠道上持续传播，确保品牌信息深入覆盖更多潜在观众群体，具有较长的生命周期。图3-2所示为Spotify流媒体音乐平台的品牌广告动画，该动画将Spotify品牌名称反复展示在画面中，以加深观众对该品牌的印象。

图3-2　Spotify流媒体音乐平台的品牌广告动画

● **活动广告动画**。活动广告动画旨在详尽传达各类活动的具体信息，为观众提供全面的活动概览，帮助观众深度了解活动并激发观众参与活动的兴趣，如图3-3所示。随着技术的发展，活动广告动画越来越注重与观众的互动，通过在动画中设置互动环节、扫码参与等内容，增强观众的参与感和体验感，提高活动广告动画的转化率。

中国移动的活动广告动画

该动画以夸张的手法展示呼朋唤友参与由中国移动举办的办理宽带即可领取奖品的活动场景，并通过文字展示活动具体信息，以便观众通过该广告了解该活动的参与条件。

图3-3　中国移动的活动广告动画

● **公益广告动画**。公益广告动画以传播公益理念、倡导社会正能量为核心内容，覆盖环境保护、动物保护、社会救助、健康教育等多个领域，通过动画的形式呼吁公众关注并积极参与公益行动。公益广告动画通过正面、积极的形象和富有启发性的故事，引导公众树立和明确正确的价值观和行为准则，具有较高的传播价值和社会影响力，能够在社会上引起广泛关注和讨论，如图3-4所示。

《梦娃送吉祥，梦娃送美德》公益广告动画

该动画以中国传统艺术泥塑为角色设计灵感，融入窗花、剪纸等艺术手法，形象展示了中国文化特色和中国娃对中国梦的期待。

图3-4　《梦娃送吉祥，梦娃送美德》公益广告动画

2. 根据传播渠道划分

根据传播渠道的不同，可将广告动画划分为以下类型。

- **影视广告动画**。影视广告动画主要通过电视剧、电影等传统影视媒介进行传播，常见的有电影播放前的插播广告动画、电视台播放的广告动画（见图3-5）、电视剧中的视频贴片广告动画等。影视广告动画结合影视媒介的广泛覆盖力，能够迅速吸引观众的注意力，并且其类型丰富多样（如故事叙述型、产品展示型、情感共鸣型等）、画面质量高、视觉效果震撼，能够深入传达品牌信息或产品特性。

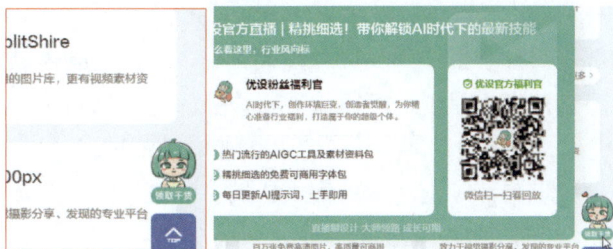

图3-5　电视台播放的广告动画

- **网络广告动画**。网络广告动画依托互联网技术进行传播，覆盖从社交媒体、视频分享平台到其他各类网站和应用程序的广泛领域。常见的网络广告动画类型包括App开屏广告动画（打开App时，出现在App主界面加载之前的全屏广告动画，展示时长通常为4～5秒）、网页横幅广告动画（横跨于网页上的矩形公告牌，通常出现在网页的顶部、底部或中间位置，以横幅的形式展现）、图标广告动画（又称按钮式广告动画，主要位于网页中，尺寸偏小，表现手法较简单，如图3-6所示）、弹出式广告动画（打开一个网页时强制插入的一个广告页面或弹出广告窗口，如图3-7所示）等。网络广告动画具有灵活性高、定向精准、互动性强等特点，且能够根据网络用户的行为和偏好进行实时调整和优化。

图3-6　图标广告动画　　　　　　　　图3-7　弹出式广告动画

设计大讲堂

随着移动互联网的广泛普及，以及智能手机、平板电脑等移动设备的便捷性提高，App开屏广告动画、弹出式广告动画等网络广告动画在移动端中的应用更加普遍。移动端中的网络广告动画简短、精炼，更侧重内容的直观呈现和与观众的交互，设计人员应注意关注行业发展，保持敏锐的洞察力和进行持续不断的学习，与时俱进，提升自己的创作能力。

3.1.2 广告动画的设计要点

掌握广告动画的设计要点可以确保动画作品能够准确传达广告信息，吸引目标观众，并实现预期的市场效果。广告动画的设计要点具体如下。

- **具有针对性**。广告动画的内容必须体现广告动画的主题诉求，即广告动画的制作目的。举例来说，若广告动画的制作目的是推广新产品或改进原有产品，则广告动画的内容可展示新产品的"新"、原有产品改进的内容，以及与市面上其他同类产品有什么不同，加深观众对产品的印象；若广告动画的制作目的是提升产品的销量，则应将广告动画的设计重点放在引导观众购买上，充分展示产品的卖点、使用场合等。

- **遵守法律法规**。广告动画必须遵循《中华人民共和国广告法》，不能使用以中华人民共和国国旗、国徽、国歌为原型的图形图像；不能使用"国家级""最高级""最佳"等用语；不能妨碍社会安定和危害人身、财产安全，损害社会公共利益；不能妨碍社会公共秩序和违背社会良好风俗；不能含有淫秽、迷信、恐怖、暴力等内容；不能含有民族、种族、宗教、性别歧视的内容；不能妨碍环境和自然资源保护；不能出现法律、行政法规规定禁止的其他情形。

- **保持一致性**。广告动画的整体风格需保持高度一致，从视觉元素到情感传达都应紧密围绕广告动画主题展开。色彩、字体、动作节奏乃至背景音乐都应相互协调，确保观众在短时间内就能识别并记住广告动画信息，提高广告动画的识别度和记忆度。

- **简洁明了**。广告动画的设计应遵循"少即是多"的理念，做到内容精炼、信息点明确，避免冗长和复杂的情节；通过简洁有力的画面和直接有效的信息传递，快速抓住观众眼球，实现高效沟通。

- **注重互动性**。随着技术的发展，越来越多的广告动画开始融入互动元素，如点击、滑动、语音交互等。设计人员应充分考虑观众的参与感和体验感，创造有趣的互动场景，使观众主动参与到广告动画中。

- **考虑适配性**。不同平台和设备的屏幕尺寸、分辨率及交互方式各异，广告动画需具备良好的适配性，确保在各种环境下都能完美呈现，不影响观看体验。这包括对不同分辨率的适配、动画播放流畅性的优化，以及针对不同操作系统的兼容性测试。

- **融入情感**。优秀的广告动画应深入挖掘目标观众的情感需求，通过故事情节、角色塑造或场景营造，激发观众的情感共鸣，使广告动画内容更加深入人心。

- **应用新技术**。随着增强现实（Augmented Reality，AR）、虚拟现实（Virtual Reality，VR）、AI等新技术的发展，广告动画的设计也应紧跟时代步伐，积极探索新技术在广告动画中的应用。新技术的创新应用可以为广告动画增添更多创意，使其为观众提供更加沉浸、个性化的观看体验，进一步提升广告动画的传播力和影响力。

3.2　实战案例：制作露营地宣传广告动画

案例背景

在快节奏的现代生活中，人们常常日复一日地在繁忙的都市中穿梭，与自然的关系似乎日渐疏远。为了重新搭建人与自然之间的桥梁，找回那份久违的宁静与自由，露营活动逐渐兴起，并成为热门的休闲方式。林语露营地为了提升品牌知名度和扩大品牌影响力，准备制作广告动画并投放在当地电视台。具体要求如下。

（1）广告动画内容应能展示出露营地的美丽景色。

（2）广告动画尺寸为1280像素×720像素，平台类型为ActionScript 3.0，帧速率为25。

（3）广告动画时长为10秒左右，要添加醒目的宣传语、品牌名称和服务信息。

设计大讲堂

影视广告动画的时长设置非常灵活，5秒～10秒时长的广告动画通常用于快速传达广告核心信息，适用场景为节目播放前后间隙；15秒时长是影视广告动画中常见的时长，该时长的广告动画常用于呈现品牌信息、演示产品功能等，适用于大多数场景；30秒时长是传统影视广告动画的标准时长之一，为广告主提供了更多时间来详细介绍产品、服务或活动，以及构建情感联系和进行故事叙述，由于成本较高，适用于黄金时段节目、周末或节假日特别节目播放前后间隙等场景。

设计思路

（1）画面设计。采用扁平风格的露营地矢量手绘风格素材作为场景图，通过蓝天白云和郁郁葱葱的植被，保证视觉吸引力，营造自然和宁静的氛围。

（2）文字设计。为了提升宣传语的视觉效果，使用在其他软件中制作的PNG格式的文字素材，该素材的文字笔画较粗，信息醒目，然后在Animate中绘制该素材的装饰框，使其与场景图进行区分，确保其效果突出。品牌名称和服务信息采用相同的设计思路，放置在同一个区域，保证其易识别。

效果预览

（3）动画设计。以补间动画为主，通过移动、旋转、缩放素材等操作设计动画效果。为保证服务信息较为突出，可将其动画效果安排在整体动画效果较为平和的后半段，通过逐帧动画形式逐一展示露营地的服务信息。

（4）音频设计。选用由欢快风格的背景音乐和宣传露营地的配音组成的音频素材，通过视觉和听觉的双重刺激，加深观众对该广告动画的记忆。在音频效果的编排上，先以背景音乐吸引观众，再逐渐融入配音，使观众在轻松、愉悦的氛围中接收广告动画传达的信息。

本例的参考效果如图3-8所示。

图3-8　露营地宣传广告动画参考效果

操作要点

（1）使用"导入"命令的不同子命令导入文件到不同位置，使用任意变形工具调整画面内容。

（2）通过资源变形工具、传统补间动画的"属性"面板制作动画效果。

（3）设置音频同步方式和编辑音频封套，处理音频素材。

操作要点详解

3.2.1　导入AI和PNG文件

微课视频

场景素材选用AI文件，保证缩放操作不会影响画面清晰度；宣传语素材选用PNG文件，PNG格式支持透明背景，使宣传语素材与场景素材的融合不突兀。不同格式的文件都可以使用"导入"命令导入，其具体操作如下。

（1）打开Animate，按【Ctrl+N】组合键打开"新建文档"对话框，在"预设栏"中选择"高清"选项，在"详细信息"栏中修改帧速率为"25"，单击 创建 按钮。然后按【Ctrl+S】组合键打开"另存为"对话框，选择文件存储位置后，设置文件名为"露营地宣传广告动画"，单击 保存(S) 按钮。

（2）选择【文件】/【导入】/【导入到舞台】命令，打开"导入"对话框，选择"场景素材.ai"文件，单击 打开(O) 按钮后，在打开对话框的"将图层转换为"下拉列表中选择

"Animate"选项，选中"将对象置于原始位置"复选框，单击 导入 按钮。

（3）在保持导入素材被全部选中的状态下，选择"任意变形工具" ▭，此时所有素材将被同一个调整框包围，按住【Shift】键不放并拖曳调整框右上角的调整点等比例缩小素材，使素材右下角的部分占据舞台，如图3-9所示。

（4）使用【文件】/【导入】/【导入到库】命令，将"宣传语.png"文件导入"库"面板备用，如图3-10所示。

图3-9　等比例缩小素材效果　　　　图3-10　导入素材到"库"面板

3.2.2 编辑图层和帧

导入素材后，场景素材位于同一个图层，不便于制作动画，此时可以将舞台中的不同对象分散到不同图层上，再将其转换为图形元件来制作动画效果所需的关键帧。其具体操作如下。

（1）使用"任意变形工具" ▭ 选择汽车对象，按【Ctrl＋Shift＋D】组合键将其分散到"图层_2"图层上，再单击图层名称，修改名称为"汽车"，以便识别。

（2）按照与步骤（1）相同的方法依次将热气球、蓝天分散到其他图层，并调整图层顺序，如图3-11所示。全选所有图层，在第250帧处按【F5】键插入帧，延长动画时长。

（3）使用"选择工具" ▸ 选择"蓝天"图层第1帧，按【F8】键打开"转换为元件"对话框，设置类型为"图形"，单击 确定 按钮。重复操作，依次将当前所有图层第1帧中的对象都转换为图形元件。

（4）使用"选择工具" ▸ 选择"热气球"图层第1帧，并拖曳至第61帧处。单击"新建图层"按钮 ⊞ 新建图层，修改图层名称为"宣传语"，在第151帧处按【F7】键将该帧转换为空白关键帧，将"库"面板中的"宣传语.png"素材拖曳到舞台上，使空白关键帧转换为关键帧，接着按照步骤（3）的方法将该帧中的对象都转换为图形元件，此时的"时间轴"面板如图3-12所示。

图3-11　调整图层顺序　　　　　　图3-12　编辑帧后的"时间轴"面板

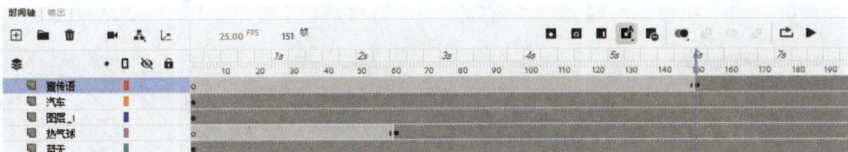

3.2.3 制作场景素材的动画效果

微课视频

目前，舞台展示的对象仅为场景素材的一角，为了丰富视觉效果，可制作场景素材缩放动画，展示出场景素材的其他部分；制作汽车行驶和热气球飞行动画作为辅助效果，减少场景素材缩放动画带来的单调感。其具体操作如下。

（1）按住【Ctrl】键不放，依次单击"蓝天""图层_1"图层的第122帧，按【F6】键将所选帧转换为关键帧。保持选中状态，按住【Shift】键不放，使用"任意变形工具" ▭ 缩放画面，然后依次选择"蓝天""图层1"图层的第5帧，单击鼠标右键，在弹出的快捷菜单中选择"创建传统补间"命令，效果如图3-13所示。

图3-13　场景素材缩放动画效果

（2）按照步骤（1）的方法，将"汽车"图层第122帧转换为关键帧，并调整该帧中汽车的大小和位置，接着调整第1帧中汽车的大小和位置，创建传统补间动画，使其呈现出汽车行驶到帐篷前的视觉效果，如图3-14所示。

图3-14　汽车行驶动画效果

（3）将鼠标指针移至"宣传语"图层右侧，当出现 ▭ 按钮时单击该按钮，隐藏该图层内容。按照步骤（1）的方法，将"热气球"图层第250帧转换为关键帧，并调整该帧中热气球的大小和位置，接着调整第61帧中热气球的大小和位置，创建传统补间动画，使其呈现出热气球由地面飞向天空、体积逐渐变小的视觉效果，如图3-15所示。

图3-15　热气球飞行动画效果

3.2.4　制作动态装饰框

　　为增强广告动画中宣传语的可识别性，可为其绘制装饰框。此外，为了增强视觉效果，可为装饰框制作出场动画效果。其具体操作如下。

　　（1）在"汽车"图层上方新建图层并重命名为"装饰框"，然后选择"铅笔工具" ✐，在"属性"面板的"工具"选项卡中设置笔触颜色为青色"#33FF99"、笔触大小为"70"，在该图层第111帧处插入空白关键帧，在舞台中涂抹绘制装饰框。

　　（2）选择"资源变形工具" ✖，单击装饰框的任意一处，将显示图3-16所示的控制线，再不断单击控制线添加关节，如图3-17所示。

　　（3）单击关节点并向内拖曳，使装饰框向内收缩，如图3-18所示。接着在第171帧处插入关键帧，向外拖曳关节点，使装饰框向外扩展，如图3-19所示。

　　（4）在"装饰框"图层的两处关键帧之间创建传统补间动画。单击第111帧，在"属性"面板的"帧"选项卡中的"色彩效果"下拉列表中选择"Alpha"选项，拖曳下方滑块，使其数值为"0"，效果如图3-20所示。

图3-16　控制线

图3-17　添加关节

图3-18　向内拖曳关节点

图3-19　向外拖曳关节点

图3-20　装饰框出场动画效果

3.2.5　制作文字出场动画

制作完宣传语后，还需在广告动画中添加服务信息。为这些文字制作出场动画，可以丰富该广告动画的视觉效果。其具体操作如下。

（1）选择"宣传语"图层，将第151帧移至第131帧，使用"任意变形工具" 旋转并移动该帧的对象，使其显示在舞台外。接着移动对象的中心点至调整框左上角，在第170帧处插入关键帧，在保持中心点不变的情况下，旋转该帧的对象，接着创建传统补间动画，如图3-21所示。

图3-21　宣传语出场动画效果

操作小贴士

在Animate舞台中，每一个对象都拥有各自独立的中心点，该点不仅是对象进行旋转、缩放和变形的基准点，还影响着补间形状动画中形状变形的路径与最终效果。即使对于同一个对象，若其中心点位置不同，在制作同一类型的动画时，所产生的动态效果也会有所差异。设计人员可以巧妙地利用中心点的这一特性来精心设计和创造独特的动态效果。

（2）选择传统补间动画过渡帧中的任意一帧，打开"属性"面板，在"帧"选项卡的"补间"栏中设置效果为"Cubic Ease-Out"，旋转为"逆时针"，旋转次数为"1"，使宣传语素材能够以先快后慢的速度旋转一周，如图3-22所示。

图3-22　编辑宣传语出场动画效果

（3）在"宣传语"图层上新建图层并重命名为"服务信息"，在第171帧处插入空白关键帧，选择"文本工具" T，设置字体为"方正大黑_GBK"，颜色为白色"#FFFFFF"，大小为"35"，输入"林语露营地"文字，旋转方向后，将该文字转换为图形元件。

（4）双击文字进入元件编辑窗口，分别在第20帧、40帧、60帧处插入关键帧，并依次修改内容为"可派车接送""仅收管理费""对宠物友好"，在第130帧处按【F5】键插入帧。返回主场景，效果如图3-23所示。

图3-23　编辑其他文字出场动画效果

3.2.6　设置音频同步方式和编辑音频封套

微课视频

为广告动画添加音频，可有效吸引观众的注意力。音频由背景音乐和配音组成，需要分别设置音频同步方式来协调音频和动画的播放过程，并保证导出动画时有音频。由于背景音乐的时长大于动画时长，为避免动画播放结束时比较突兀，需编辑音频封套来调整该素材时长，同时调整结束部分的音量，使其具有淡出效果。其具体操作如下。

（1）新建图层并重命名为"背景音乐"，将播放头移至第1帧，导入"背景音乐.mp3"文件到舞台。选择该图层的任意一帧，在"属性"面板的"帧"选项卡的"声音"栏的"同步"下拉列表中选择"数据流"选项，如图3-24所示。

> **操作小贴士**
>
> Animate对导入的音频有严格限制，即使音频格式为MP3和WAV，但若采样率未设置成11025千赫、22050千赫或44100千赫，位深度未设置成8位或16位，依旧会提示导入失败。这时，设计人员可使用格式转换软件，如格式工厂、魔影工厂、Audition等处理音频的属性，使其达到要求后，再被导入Animate中。

（2）单击"编辑声音封套"按钮 ，打开"编辑封套"对话框。单击"帧"按钮 将刻度单位更改为帧，单击"缩小"按钮 将配音波形完整显示在波形窗口中，拖曳右侧滑块至时长线处，在"效果"下拉列表中选择"淡出"选项，向右拖曳音量控制点缩短淡出时长，如图3-25所示，单击 按钮。

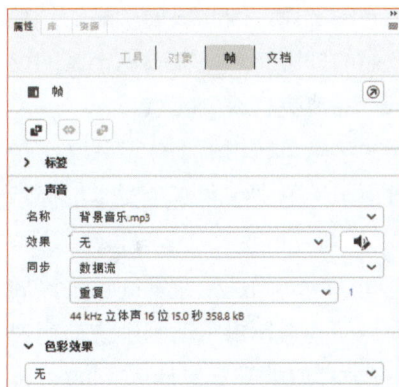

图3-24　设置音频同步方式

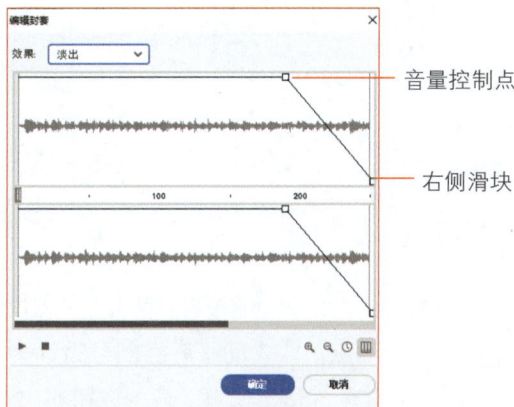

图3-25　编辑音频封套

（3）新建图层并重命名为"配音"，在第31帧处插入空白关键帧，导入"配音.mp3"文件到舞台，如图3-26所示，此时"同步"下拉列表将自动选择"数据流"选项。按【Ctrl+Enter】组合键测试音频效果，满意后按【Ctrl+S】组合键保存文件。

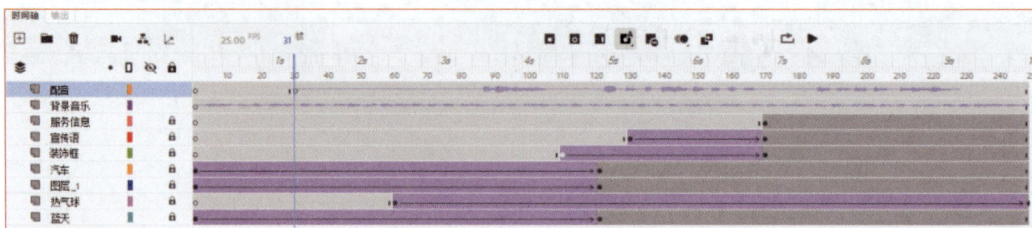

图3-26　导入配音素材

3.3　实战案例：制作饮品交互广告动画

案例背景

果绮是一个饮品品牌，近日隆重推出一款专为夏日打造的梦幻果香饮品——樱桃味气泡水。为了迅速提升该产品的知名度和销量，品牌决定制作广告动画并发布到各大互联网平台中。同时品牌计划在广告动画末尾添加交互设计，让观众看完该广告动画后，单击按钮领取专属优惠券，享受购买樱桃味气泡水的特别优惠。具体要求如下。

（1）气泡水的广告动画形象可在实拍图的基础上进行艺术性处理，保留标志性特点。

（2）广告动画能传达产品的卖点，如口感清甜、香浓诱人、清爽解渴。

（3）广告动画尺寸为1280像素×720像素，平台类型为ActionScript 3.0，帧速率为24。

（4）广告动画时长为11秒左右，视觉冲击力强，具有交互设计。

设计思路

（1）产品形象设计。根据现实产品的外观特点来设计广告动画中的产品形象，如红色窄长瓶身，瓶身上有浅黄色标签、标签上有两个樱桃标识，白色瓶盖，瓶身材质具有反光性，等等。

（2）画面设计。由于需要表现出产品的外观特点和不同的卖点，因此根据产品的外观特点和卖点收集相关素材构建场景，如在渐变色场景中展示产品的外观特点，在颜色丰富的场景中展示产品香浓诱人的卖点，在添加空调的室内场景中展示产品清爽解渴的卖点。

（3）文字设计。文字内容多为产品的卖点，利用较大的字号、较粗的字体增强文字带给观众的冲击力，加深观众对卖点的印象。广告动画末尾通过提示性的文字和深色文本框提示观众领取优惠券。

（4）动画设计。广告动画前面部分通过遮罩动画、补间形状动画、传统补间动画等展示产品的外观特点和卖点；广告动画后面部分设计为交互动画，使观众单击（动画中统一用日常更常见的说法"点击"来表示"单击"）按钮时出现优惠券已被领取的交互设计。

（5）音频设计。添加欢快的背景音乐，渲染动感氛围，增强广告动画的感染力。

本例的参考效果如图3-27所示。

效果预览

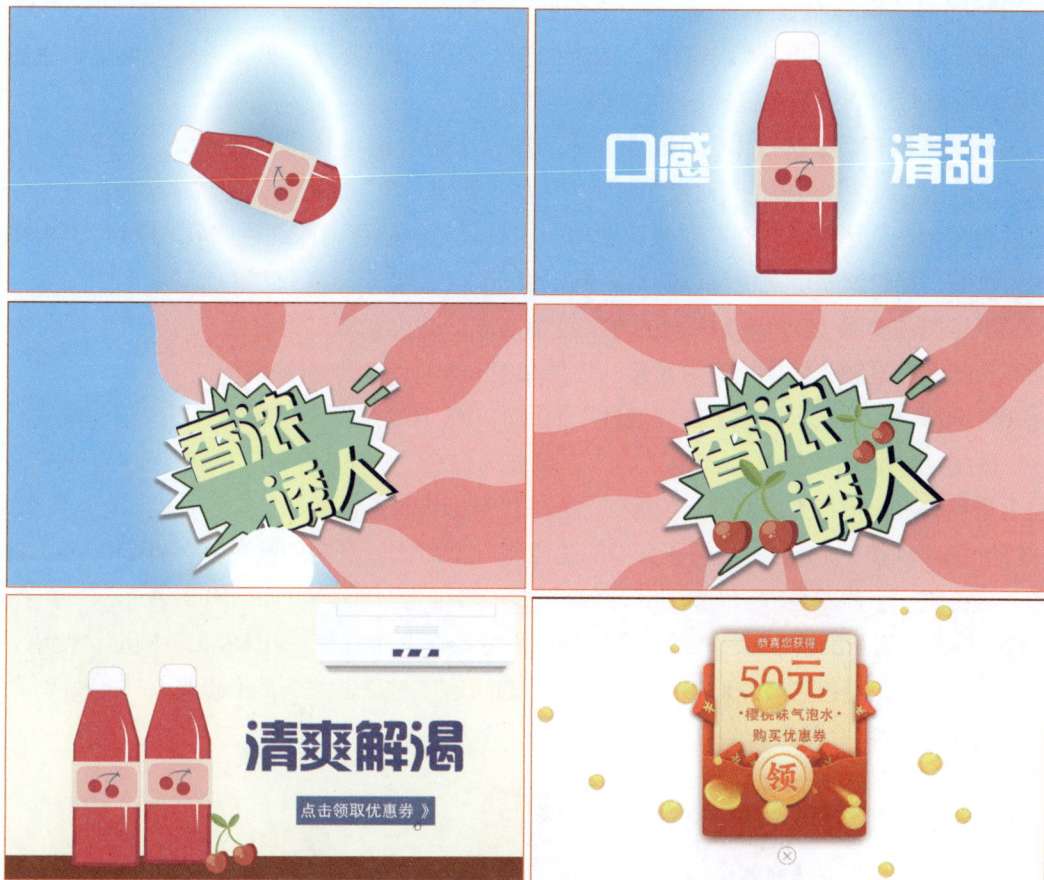

图3-27　饮品交互广告动画参考效果

操作要点

操作要点详解

（1）使用钢笔工具和形状工具组绘制产品形象。

（2）使用"颜色"面板和渐变变形工具制作渐变色背景。

（3）使用按钮元件、"动作"面板和"代码片断"面板制作交互动画。

3.3.1　绘制产品形象

微课视频

根据产品形象设计思路，先使用"钢笔工具" 绘制出瓶身的阴影、高光和主体部分，再使用形状工具组绘制瓶盖和标签。其具体操作如下。

（1）新建名称为"饮品交互广告动画"、尺寸为"1280像素×720像素"、平台类型为"ActionScript 3.0"、帧速率为"24"的文件。

（2）选择"钢笔工具" ✏️，在"属性"面板的"工具"选项卡中设置笔触颜色为黑色"#000000"，单击舞台创建第1个锚点，单击并拖曳鼠标指针创建第2个锚点，此时两个锚点间会出现曲线笔触，按照这样的操作绘制出图3-28所示的笔触，当鼠标指针回到第1个锚点处，并且鼠标指针为 ✎ 形状时，单击该锚点闭合笔触。

（3）选择"颜料桶工具" 🪣，在"属性"面板的"工具"选项卡中设置填充为红色"#E52553"，单击轮廓内部填充颜色，效果如图3-29所示。使用"宽度工具" ✎ 单击瓶底笔触，添加调整点后向下拖曳鼠标指针，调整笔触粗细。

（4）选择填充，依次按【Ctrl+C】和【Ctrl+V】组合键将其与笔触分离，保持选中填充的状态，单击"属性"面板的"对象"选项卡中的"创建对象"按钮 ▣，使其转换为独立对象，方便后期组合。全选笔触，在"对象"选项卡中设置笔触颜色为深红色"#C61744"，再将其转换为对象，接着调整填充位置，使其呈叠加状态。

（5）按照与步骤（2）（3）相同的方法绘制高光，并设置填充为白色"#FFFFFF"，然后删除高光的所有笔触，转换填充为对象，效果如图3-30所示。

（6）选择"矩形工具" ▢，在"属性"面板的"工具"选项卡中单击"对象绘制模式"按钮 ▣，设置笔触颜色为灰色"#CCCCCC"，填充为白色"#FFFFFF"，笔触大小为"3"，矩形左上角和右上角半径为"40"，在瓶身上方拖曳鼠标指针绘制瓶盖。

（7）按照步骤（6）的方法在瓶身中部先绘制一个略比瓶身宽的浅黄色"#F2E6D6"直角矩形，再绘制一个浅粉色"#F9B7C1"圆角矩形（半径为"30"），如图3-31所示。

（8）选择"椭圆工具" ⬭，在浅粉色圆角矩形处绘制两个红色"#E52553"圆形；使用"钢笔工具" ✏️ 绘制深绿色"#006666"曲线笔触，选择这些对象，并选择【修改】/【合并对象】/【联合】命令使其合并为一个对象，效果如图3-32所示。

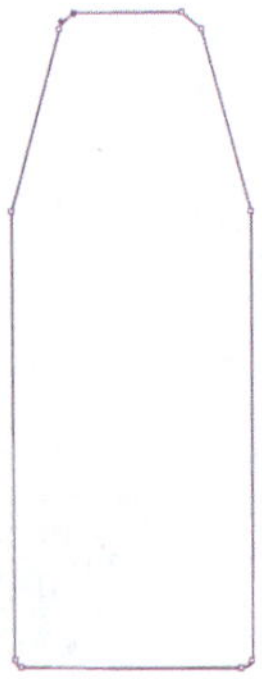

图3-28　绘制笔触　图3-29　填充笔触 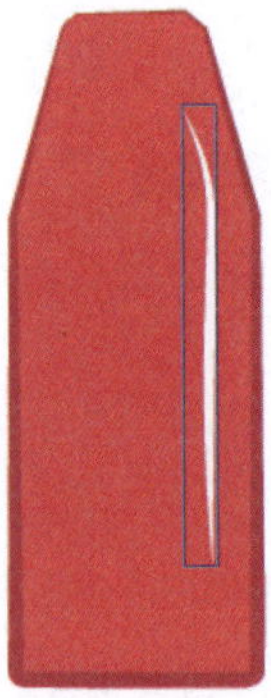　图3-30　绘制高光 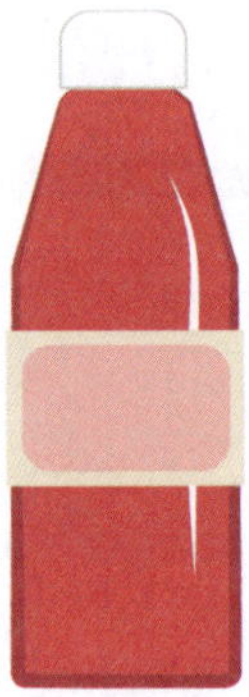　图3-31　绘制矩形 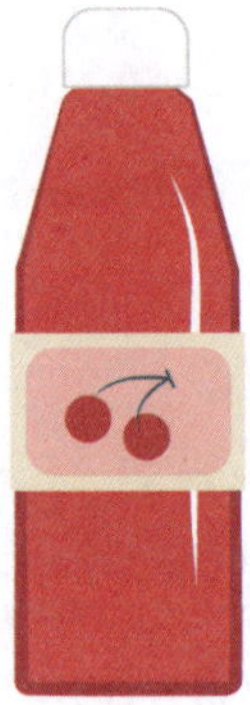　图3-32　绘制樱桃

操作小贴士

Animate中有画笔模式和对象绘制模式两种模式，默认使用画笔模式，在此模式下，在同一图层的同一帧中绘制的所有笔触和填充重叠时，它们会相互影响，如相互覆盖或产生剪切效果。在对象绘制模式下绘制的所有笔触和填充都是独立的对象，这些对象可以重叠放置且不相互影响，每个对象都可以单独被选中、移动、编辑或删除。

3.3.2　制作渐变色背景

　　产品形象由纯色图形组成，为了强调画面的反差感，可使用"颜色"面板和"渐变变形工具" ■ 为背景制作渐变色效果。其具体操作如下。

微课视频

　　（1）新建图层并将其移至产品形象图层下方。选择"矩形工具" ■，选择【窗口】/【颜色】命令，打开"颜色"面板，在"填充"右侧的下拉列表中选择"径向渐变"选项，单击渐变条左侧色标，设置颜色为浅蓝色"#29DAFF"；单击渐变条中间新增色标，设置颜色为白色"#FFFFFF"；单击渐变条右侧色标，设置颜色为蓝色"#16CCFF"。

　　（2）使用"矩形工具" ■ 绘制一个比舞台略大的矩形，如图3-33所示。

　　（3）选择"渐变变形工具" ■，单击舞台中间部分，在出现的渐变编辑器中调整渐变范围，向外拖曳 ⊞ 控制点，扩大渐变范围；向内拖曳 ◉ 控制点，缩小渐变范围，如图3-34所示。

图3-33　绘制矩形 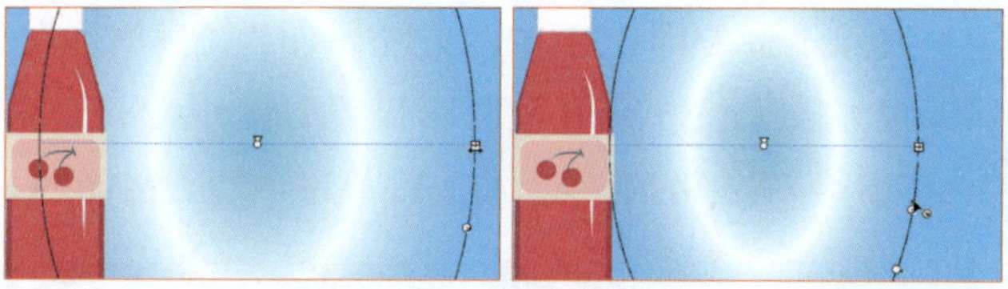　　　　　　　　图3-34　调整渐变范围

3.3.3　添加与编辑产品介绍文字

微课视频

　　目前，产品形象和渐变色背景都已绘制和制作完毕，下面利用渐变色背景中间的白色光圈区域制作产品从中钻出的动画效果，然后使用文本工具和"属性"面板添加与编辑产品介绍文字。其具体操作如下。

　　（1）全选产品形象图层的所有对象，按【F8】键转换为图形元件。延长所有图层的帧至240帧处，在产品形象图层上方新建图层，再将其转换为遮罩层，使用"椭圆工具" ● 绘制任意颜色、能够完整遮盖图形元件的遮罩。

　　（2）在被遮罩层（即产品形象图层）第25帧处插入关键帧，并调整图形元件的大小、位置和角度；调整第1帧图形元件的大小、位置和角度，接着在两个关键帧之间创建传统补间动画，制作出斜向移动、逐渐变大的动态效果。

　　（3）在遮罩层第25帧处按【F7】键将帧转换为空白关键帧。在被遮罩层第40帧、45帧、50帧、55帧处插入关键帧，并调整图形元件的大小、位置和角度，在两两关键帧之间创建传统补间动画，制作出摇摆着逐渐竖立的动态效果，如图3-35所示。

图3-35　摇摆着逐渐竖立的动态效果

（4）新建图层，在第50帧处按【F7】键将帧转换为空白关键帧。选择"文本工具"**T**，设置字体为"方正汉真广标简体"，颜色为淡黄色"#FFFF99"，大小为"130"，输入"樱桃味气泡水"产品名称文字，将文字转换为图形元件。

（5）单击鼠标右键，在弹出的快捷菜单中选择"创建补间动画"命令，缩小第50帧元件，设置Alpha为"0"；在第65帧处插入关键帧，放大元件，设置Alpha为"100"；在第85和95帧处插入关键帧，缩小第95帧元件，设置Alpha为"0"，如图3-36所示。

图3-36　制作产品名称文字出场动画

（6）按照步骤（4）（5）中的方法添加"口感清甜"产品卖点1文字，并制作补间动画，其中第95帧为第1帧，需缩小元件，设置Alpha为"0"；在第110帧处放大元件，设置Alpha为"100"；在第130帧处略微放大元件；在第140帧处缩小元件，设置Alpha为"0"，如图3-37所示。

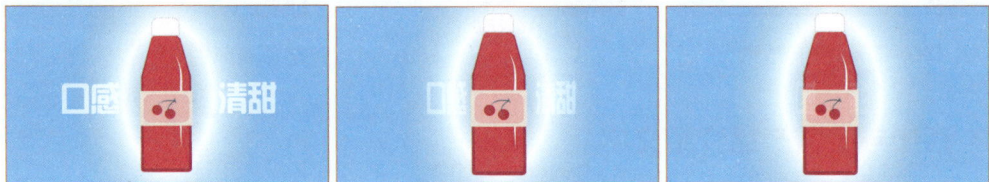

图3-37　制作产品卖点1文字出场动画

3.3.4 制作产品卖点转场动画

产品卖点2是"香浓诱人"，为了充分展现这一卖点，可制作打开瓶盖后产品散发出浓郁香气的场景。此外，还可以巧妙地利用香气作为转场元素，为该场景与产品卖点3场景的切换作铺垫。其具体操作如下。

微课视频

（1）在被遮罩层的第130帧、140帧处插入关键帧，制作产品躺下动态效果。将第142帧转换为空白关键帧，使用"椭圆工具 ●"，按照产品形象的颜色绘制3个圆形，制作出瓶身的俯视效果；新建图层，在第142帧处使用"椭圆工具 ●"，按照产品形象的颜色绘制一个圆形充当瓶盖，如图3-38所示。

（2）将绘制的瓶身和瓶盖都分别转换为图形元件，在各自图层的第150帧、156帧、159帧、165帧处插入关键帧，并调整元件的大小和位置，制作出不断缩放的传统补间动画。接着在瓶盖图层第170帧处插入关键帧，将元件移出舞台，制作受瓶身缩放影响，瓶盖受到压力后蹦出的效果，如图3-39所示。

（3）在瓶盖图层下方新建图层，将第166帧转换为空白关键帧，导入"香气.ai"文件到舞台，将其转换为元件。进入元件内部，在第2～6帧处新建关键帧，然后在每个关键帧上复制和粘贴"香气.ai"文件中的素材，制作出素材旋转并铺满舞台的效果，将第6帧对象转换为元件，在第90帧处插入关键帧并调整元件角度，制作香气喷发的动态效果，如图3-40所示。

图3-38　绘制俯视的瓶身和瓶盖　　　　　图3-39　制作瓶身和瓶盖的动态效果

图3-40　制作香气喷发的动态效果

（4）新建图层，将第2帧转换为空白关键帧，导入"框.png"文件到舞台。选择"文本工具" **T**，保持字体不变，设置颜色为深蓝色"#000033"，大小为"140"，输入"香浓诱人"产品卖点2文字；再输入颜色为"#FFFF99"、大小为"135"的同内容文字，通过移动位置形成具有厚度感的文字错位效果。

（5）将框和两个文字一同转换为图形元件，在第10帧和第15帧处插入关键帧，并调整元件的大小，制作产品卖点文字缩放效果，如图3-41所示。

图3-41　制作产品卖点文字缩放效果

（6）新建图层，将第15帧转换为空白关键帧。导入"樱桃.ai"文件，将其转换为元件，在元件内部再转换为图形元件，通过在第10帧和第15帧处插入关键帧并调整元件大小制作缩放动画，在第70帧处插入帧。单击←按钮返回香气元件内部，通过复制、粘贴操作复制1个樱桃元件，调整元件大小和角度，布局画面，制作强调香气来源于樱桃的动态效果，如图3-42所示。

图3-42　制作强调香气来源于樱桃的动态效果

3.3.5 绘制室内场景和静物

微课视频

产品卖点3为"清爽解渴"，可以设计在夏日室内开空调、喝饮品的惬意场景来表现该卖点，通过导入新素材、绘制新场景和静物、添加产品形象的方式来构建画面。其具体操作如下。

（1）单击←按钮返回主场景，在渐变色背景图层第212帧处插入关键帧，在"颜色"面板中修改填充为"纯色"，颜色为米黄色"#FFFDE9"。选择被遮罩层第55帧，按【Ctrl＋Alt＋C】组合键复制帧，在第212帧处按【Ctrl＋Alt＋V】组合键粘贴帧。

（2）在香气元件图层第212帧和第219帧处插入关键帧，调整第219帧元件的大小，设置Alpha为"0"，创建传统补间动画，制作切换到室内场景的效果，如图3-43所示。隐藏除产品形象图层和场景图层以外的所有图层，锁定产品形象图层，导入"空调.ai"文件到舞台，此时会自动新建图层，通过剪切和粘贴操作将空调对象粘贴到场景图层的第212帧，删除新建图层。

图3-43　制作切换到室内场景的效果

（3）使用"矩形工具"■在场景图层第212帧绘制一个与舞台等宽的褐色"#993300"矩形，充当桌子。解除产品形象图层的锁定状态，调整产品形象大小，再复制、粘贴一个产品形象，效果如图3-44所示。

（4）显示所有图层，在香气元件图层第220帧处插入空白关键帧，将元件9（内容为樱桃缩放动画的元件）从"库"面板中拖曳到舞台上，调整大小和位置；选择"文本工具"**T**，保持字体不变，设置颜色为蔚蓝色"#40478A"，大小为"135"，输入"清爽解渴"产品卖点3文字，如图3-45所示。

图3-44　布局室内画面　　　　　　　　图3-45　添加樱桃元件和文字

（5）将文字转换为图形元件，使用"任意变形工具"◻调整该元件中心点至左侧调整框上，然后在第233帧处插入关键帧，缩放第220帧元件并调整文字，制作文字逐渐展开的动态效果，如图3-46所示。

图3-46　制作文字逐渐展开的动态效果

3.3.6　制作按钮元件交互动画

此时广告动画还需添加交互性设计，可先制作出按钮元件，编辑按钮元件状态，设置实例名称后添加代码，以响应观众单击按钮元件的操作。然后添加优惠券动画，通过代码控制只有观众单击按钮元件才会跳转到优惠券画面中，否则将会在室内场景停止播放。其具体操作如下。

（1）新建图层，在第233帧处将帧转换为空白关键帧，使用"矩形工具"■在产品卖点文字下方绘制蔚蓝色"#40478A"矩形。选择"文本工具"▼，设置字体为"方正黑体_GBK"，颜色为白色"#FFFFFF"，大小为"40"，在矩形处输入"单击领取优惠券 》"提示文字。

（2）将矩形和提示文字一同转换为按钮元件，进入元件内部，分别在鼠标指针经过、按下、单击状态提示词下插入关键帧，依次修改矩形颜色为"#40669D""#FF0000""#990000"。返回场景，在"属性"面板的"对象"选项卡中，设置实例名称为"an11"，如图3-47所示。

图3-47　编辑按钮元件

（3）在场景图层第233帧处插入关键帧，按【F9】键打开"动作"面板，输入"stop(); //暂停播放"代码，选择按钮元件，单击"动作"面板中的"代码片断"按钮 <>，在打开的"代码片断"面板中依次展开"ActionScript""时间轴导航"文件夹，双击"单击以转到帧并播放"选项。

（4）此时将切换到"动作"面板，将"gotoAndPlay(5)"代码中的"5"修改为"241"，如图3-48所示。在场景图层第241帧处插入空白关键帧，打开"优惠券.fla"文件，将舞台中的对象复制、粘贴到"饮品交互广告动画.fla"文件的舞台中，若弹出"解决库冲突"对话框，可选中"将重复的项目放置在文件夹中"单选项，再单击 确定 按钮。

（5）调整粘贴的优惠券对象的大小和位置，在场景图层的第265帧处插入关键帧，在"动作"面板中输入"stop(); //暂停播放"代码。

（6）新建图层，将播放头移至第1帧，导入"背景音乐.mp3"文件，设置音频同步方式并编辑音频封套，使音频在按钮元件出现前便已播放完毕。按【Ctrl+Enter】组合键测试效果，如图3-49所示，确认效果无误后保存文件。

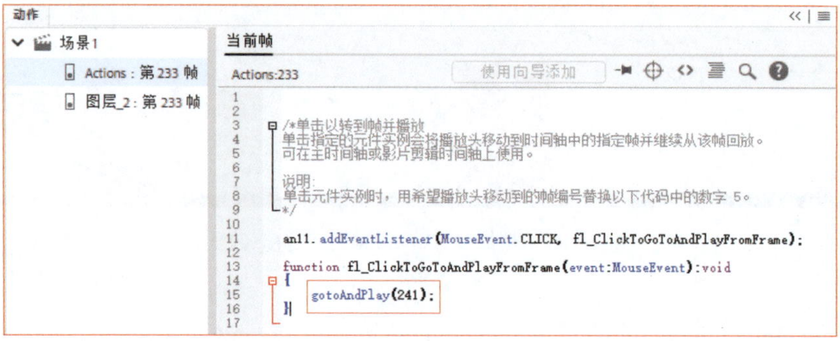

图3-48　修改代码

图3-49　制作单击按钮元件的交互效果

3.4 拓展训练

实训 1　制作优惠活动网页横幅广告动画

实训要求

（1）为某影业官网制作优惠活动网页横幅广告动画，时长为5秒。

（2）优惠活动网页横幅广告动画尺寸为728像素×90像素，平台类型为HTML5 Canvas，帧速率为25。

（3）优惠活动网页横幅广告动画主题为周末电影促销，需展示具体的优惠信息。

操作思路

（1）导入PSD格式的素材到舞台中，然后通过形状工具组和"渐变变形工具" ■绘制渐变色背景和橙色文本框。

（2）使用"文本工具" T 在新建的图层上输入优惠信息文字，并将橙色文本框及上方文字都转换为元件，再将除背景以外的元素分别转换为元件。

（3）使用"钢笔工具" 绘制4个梯形并转换为一个元件，在该元件内部第5帧处插入关键帧，使用"任意变形工具" 分别变形4个梯形，以形成动态效果。

（4）新建两个图层并添加同一个动态元素素材。利用传统补间动画、移动

效果预览

和缩放操作制作舞台各元素的出场动画。

具体设计过程如图3-50所示。

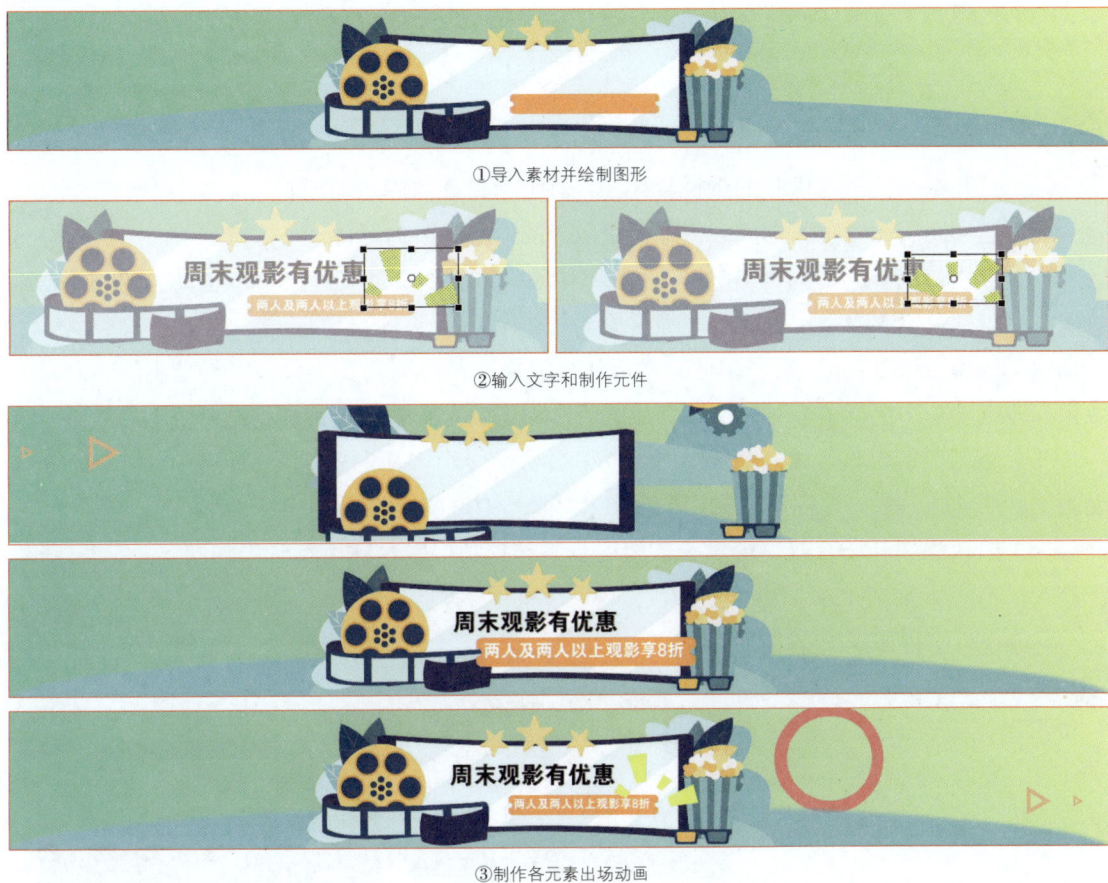

①导入素材并绘制图形

②输入文字和制作元件

③制作各元素出场动画

图3-50　优惠活动网页横幅广告动画设计过程

设计大讲堂

网页横幅广告动画的类型多种多样，常见的有大型横幅广告动画（尺寸为728像素×90像素、468像素×60像素、970像素×90像素等）、中型横幅广告动画（尺寸为300像素×250像素、336像素×280像素等）、垂直横幅广告动画（尺寸为160像素×600像素、120×600像素等）。网页横幅广告动画的时长可以控制在5秒～30秒，尽量简短、精练，以便在有限的时间内吸引观众的注意力并传达广告动画信息。

实训 2　制作交通安全公益广告动画

实训要求

（1）为交通管理部门制作一个《安全上下车》交通安全公益广告动画，内容为提示市民在上下公交车时注意来往的电动车和自行车，防止被意外撞倒。

（2）交通安全公益广告动画尺寸为1280像素×720像素，平台类型为ActionScript 3.0，帧速率为25。

（3）交通安全公益广告动画展现交通场景，视觉效果现代、美观，核心内容简单易懂，时长为10秒。

操作思路

（1）打开提供的FLA格式的素材，再导入其他素材到"库"面板。

（2）运用图层和帧布局画面，将除天空以外的对象转换为元件。

（3）运用传统补间动画、"属性"面板和移动操作制作交通安全公益广告动画的前期动画效果，涵盖站台、人物、房子、草地等对象。

（4）运用传统补间动画、"属性"面板和缩放操作制作交通安全公益广告动画的中期动画效果，即电动车、自行车等对象持续缩放的警示动态效果和公交车行驶到站台的动态效果。

（5）运用传统补间动画、"属性"面板和移动操作制作交通安全公益广告动画的后期动画效果，即提示语的出场效果和场景整体的缩放效果。

效果预览

（6）依次添加开场音效、警示音效和配音素材到图层中，并设置音频的同步方式，丰富动画的听觉层次。

具体设计过程如图3-51所示。

①制作交通安全公益广告动画的前期动画效果

②制作交通安全公益广告动画的中期动画效果

③制作交通安全公益广告动画的后期动画效果

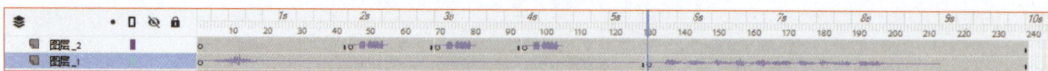

④添加并编辑音频

图3-51 交通安全公益广告动画设计过程

3.5 AI辅助设计

网易天音 **生成电动牙刷广告曲**

网易天音是网易推出的一站式AI音乐创作平台,具有AI编曲、AI一键写歌、AI作词三大功能。设计人员只需要输入关键词和随笔文字,网易天音便可在短时间内智能生成旋律、节奏、配器等素材,形成协调且富有表现力的编曲,还可以指定AI歌手演唱歌曲。

- **AI编曲**。设计人员选择该功能将打开"新建编曲"对话框,在其中可选择"自由创作"模式来手动编曲,也可选择音乐风格生成编曲,具有较高自由性;选择"基于曲谱创作"模式,可通过导入曲谱来快速生成编曲,专业性较强;选择"上传歌曲"模式,将基于上传的歌曲特点生成具有对应风格的编曲。
- **AI一键写歌**。设计人员选择该功能将打开"新建歌曲"对话框,在其中的"关键字灵感"选项卡中输入2~4个关键词,便可生成歌词并演唱;在"写随笔灵感"选项卡中输入随笔文字,将会基于文字内容创作歌词。
- **AI作词**。设计人员选择该功能将打开"创建歌词"对话框,选择"自由创作"模式可以以设计人员为主、以AI工具为辅来创作歌词;选择"AI歌词"模式,将根据设计人员输入的文字编写歌词。

例如,使用网易天音生成电动牙刷广告曲。

使用方式:输入文字

关键词描述方式:主题描述+使用场合+音乐风格+其他要求。

示例1

模式:AI一键写歌 \ 关键词灵感。

关键词描述:电动牙刷 + 广告曲 + 有刷牙声 + 欢乐曲调 + 重复旋律 + 使用便捷。

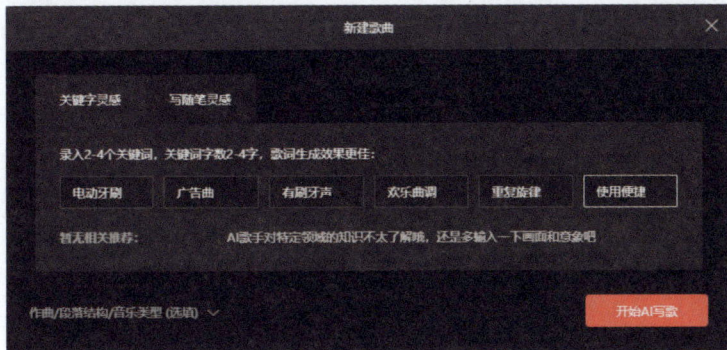

示例效果1：

示例2

模式：AI一键写歌 \ 写随笔灵感。

关键词描述：清晨，一位准备上班的人正兴高采烈地拿着电动牙刷在洗漱室刷牙，洗漱室不时地传出愉快的歌声，同时电动牙刷高效、舒适的使用感受并未让人有任何不适，电动牙刷运作的声音伴随着歌声形成美妙的乐曲。

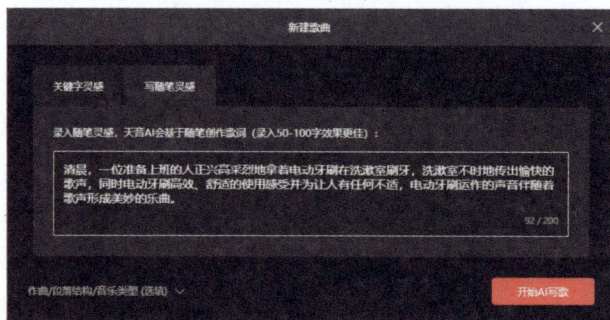

示例效果2：

通义万相　获取广告动画角色设计灵感

通义万相是阿里云推出的通义系列中的AI绘画创作大模型，旨在通过机器学习、深度学习以及自然语言处理技术，为设计人员提供强大的图像生成与编辑能力，可辅助进行图像创作，具备丰富的风格预设、光线预设、材质预设、渲染预设、色彩预设、构图预设、视角预设等。通义万相主要包含以下三大核心模式。

- **文本生成图像**。该核心模式即文字作画，设计人员只需输入文字描述，模型就能生成与描述相符的图像，这极大地方便了不具备专业绘图技能的设计人员创造个性化的视觉内容。
- **相似图像生成**。该核心模式能够基于设计人员提供的参考图像，生成风格、布局或内容相似但又有所变化的新图像，适用于快速迭代设计或探索不同变体。
- **图像风格迁移**。该核心模式允许设计人员将一种艺术风格应用到另一张图像上，实现跨风格的图像转换，如将图像风格转换成油画、水彩画等风格，增加了图像处理的趣味性和创造性。

例如，使用通义万相的"文字作画"模式获取广告动画角色设计灵感。

使用方式：文生图

> 功能：输入咒语书（即关键词）+添加咒语预设（选用）+设置参数。
>
> 咒语书描述方式：主体+主体描述+风格描述。
>
> 咒语书预设：风格、光线、材质、渲染、色彩、构图、视角。
>
> 参数类型：创意模板（风格、形象）、微调强度、参考图（选用）、尺寸。

示例1

模式：文字作画。

咒语书描述：角色设计，不同品种狗狗，卡通形象，外型可爱，全身形象。

参数设置：风格＼黑白漫画；微调强度＼1；尺寸＼1：1。

示例效果1：

示例2

模式：文字作画。

咒语书描述：角色设计，狗狗卡通形象，彩色图，配色丰富。

参数设置：风格＼复古漫画；微调强度＼1；尺寸＼1：1。

示例效果2：

通过通义万相的AI绘画功能，设计人员可以得到广告动画角色的轮廓图和上色图，这些作品可以用作辅助参考，经过设计人员的绘制，得到更优质的效果。

👆 **拓展训练**

请参考上文提供的方法，通过设置不同的参数和选择不同的咒语书描述，尝试生成其他生物的卡通角色设计效果，提升AI工具应用能力。

3.6 课后练习

1. 填空题

（1）产品广告动画主要围绕某一特定_____展开制作。

（2）公益广告动画以_____和_____为核心内容。

（3）广告动画的设计应遵循_____的理念，做到内容精简、信息点明确，避免_____和_____的情节。

（4）根据传播渠道可将广告动画划分为_____和_____。

（5）使用网易天音生成带有歌词和曲谱的歌曲时，可使用_____功能的_____或_____选项卡中的设置。

（6）为广告动画添加交互行为时，可使用_____和_____面板。

2. 选择题

（1）【单选】如果需要制作一个影视广告动画来快速传达广告核心信息，且适用场景为节目播放前后间隙，那么该广告动画的时长宜为（　）。

    A．5秒～10秒　　　　　　　　　　B．60秒

    C．15秒　　　　　　　　　　　　D．30秒

（2）【单选】如果需要将舞台中的对象分散到图层，应按（　）。

    A．【Ctrl＋C】组合键　　　　　　B．【Ctrl＋Shift＋D】组合键

    C．【Ctrl＋Alt＋D】组合键　　　　D．【Ctrl＋Shift＋D】组合键

（3）【单选】按（　）可将所选帧转换为关键帧。

    A．【F5】键　　　　　　　　　　B．【F6】键

    C．【F7】键　　　　　　　　　　D．【F8】键

（4）【多选】常见的网络广告动画包括（　）类型。

    A．App开屏广告动画　　　　　　B．网页横幅广告动画

    C．图标广告动画　　　　　　　　D．弹出式广告动画

（5）【多选】广告动画的设计要点包括（　）。

    A．自由奔放　　B．注重互动性　　C．融入情感　　　D．注重反差

（6）【多选】制作交互动画时常会用到（　　）的操作。

　　A. 制作按钮元件　　　　　　　B. 设置按钮元件名称

　　C. 使用"代码片断"面板中的代码　　D. 自行在"动作"面板中输入代码

3. 操作题

（1）为易舒App制作植树节当天使用的App开屏广告动画，要求时长为5秒。通过导入素材并分散到各图层，将树苗对象转换为元件，制作种树动态效果；运用"资源变形工具"和传统补间动画原理制作花朵摇动效果；添加文字并绘制装饰框，制作文字出场动画效果，参考效果如图3-52所示。

效果预览

图3-52　植树节主题App开屏广告动画

（2）为萃易商场的购物节活动制作一个时长为5秒的活动广告动画。要求将AI格式的素材导入舞台，再分散各对象到不同图层；添加活动信息文字、绘制遮罩和箭头图形；运用形状工具组和"资源变形工具"制作活动广告动画的前期动态效果；运用帧、元件和传统补间动画原理制作活动广告动画的中、后期动态效果；添加和编辑音频素材，参考效果如图3-53所示。

效果预览

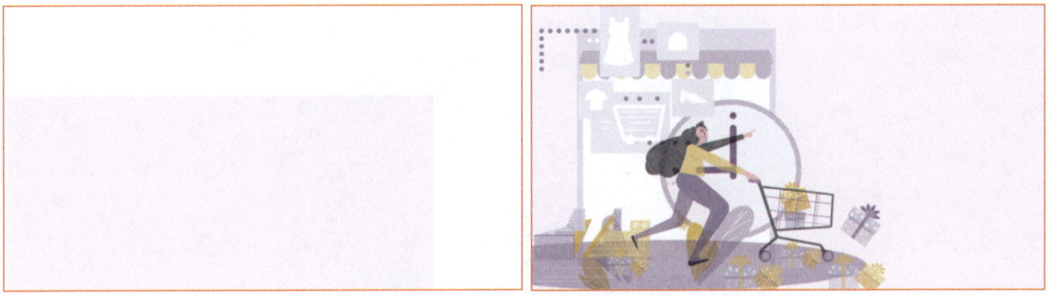

图3-53　购物节活动广告动画

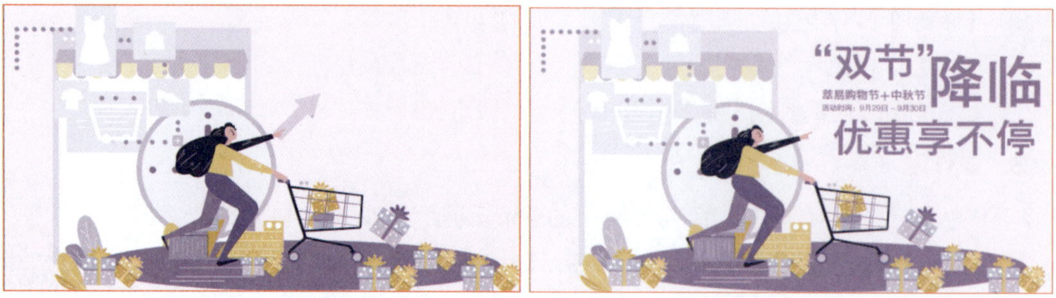

图3-53 购物节活动广告动画（续）

（3）使用通义万相获取为一家面包店的活动广告动画生成室内外场景的设计灵感，要求场景图采用吉卜力风格，色彩清新、布局合理，参考效果如图3-54所示。

图3-54 面包店室内外场景设计灵感

An

第 章

演示动画制作

演示动画凭借其生动的视觉表现力和新颖的演示方式，被广泛应用于教育、交通、医疗、建筑、科技等多个领域，并细分出产品演示动画、科学演示动画、安全演示动画、教育演示动画等多种类型。出色的演示动画不仅追求美观性和创意性，更注重内容的实用性和传达效率，其可以在有限的时间内以直观易懂的形式精准地传达内容信息，使观众能充分理解并吸收。

学习目标

▶ **知识目标**

◎ 掌握演示动画的类型和结构设计。
◎ 掌握演示动画的制作流程
◎ 掌握演示动画的设计原则。

▶ **技能目标**

◎ 能够分析演示动画的结构。
◎ 能够以专业手法设计不同类型的演示动画。
◎ 能够借助 AI 工具辅助完成演示动画的制作。

▶ **素养目标**

◎ 具备团队协作精神和良好的沟通能力。
◎ 敢于突破自我和尝试新的创作手法。

学习引导

STEP 1 相关知识学习   建议学时：___2___ 学时

| 课前预习 | 1. 扫码了解演示动画的概念与作用，建立对演示动画的基本认识
2. 上网搜索演示动画案例，通过分析不同类型的演示动画作品，提升演示动画审美 | 课前预习
 |

| 课堂讲解 | 1. 演示动画的类型及对应的结构特点
2. 演示动画的制作流程
3. 演示动画的设计原则 |

| 重点难点 | 1. 学习重点：不同类型演示动画的核心内容
2. 学习难点：不同类型演示动画的结构设计 |

STEP 2 案例实践操作   建议学时：___5.5___ 学时

| 实战案例 | 1. 制作文具产品演示动画
2. 制作科学现象演示动画
3. 制作生物讲解演示交互动画 | 操作要点 | 1. "场景"面板、"对齐"面板、辅助工具、文本工具、"转换为逐帧动画"命令、橡皮擦工具
2. 补间形状动画的"属性"面板、"直接复制"命令、导入GIF动图
3. "组件"面板、"组件参数"面板、画笔工具 |

案例欣赏

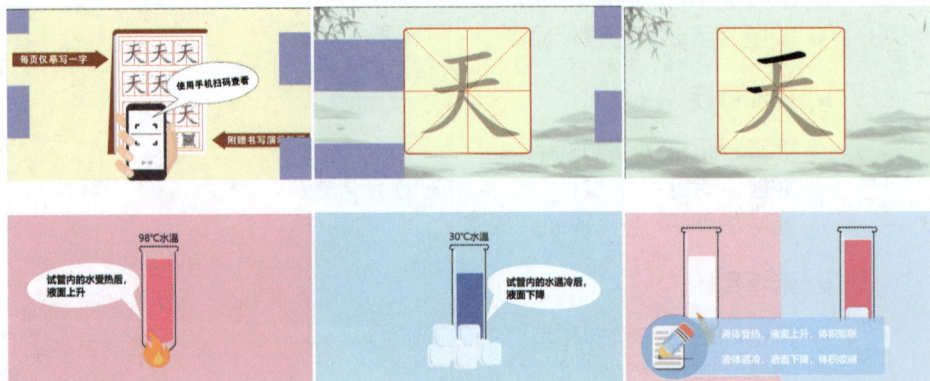

案例欣赏

STEP 3　技能巩固与提升　　　　　建议学时：　3.5　学时

拓展训练
1. 制作古诗交互演示动画
2. 制作数学概念演示动画
3. 制作行车安全演示动画

AI 辅助设计
1. 使用讯飞智作生成演示动画配音
2. 使用即梦AI生成视频素材

课后练习　通过填空题、选择题、操作题巩固理论知识，并提升制作动画的实操能力

4.1　行业知识：演示动画基础

　　演示动画是一种通过图形化的动态效果来展示文字、图示等内容的动画。演示动画是综合性较强的动画，需要设计人员充分利用动画的各构成元素，以全面而生动地诠释某一概念或事物，使观众更易理解。

4.1.1　演示动画的类型

　　演示动画主要在商业、科技、公共安全和教育领域中应用较为广泛，根据核心内容可分为以下类型。

1. 产品演示动画

　　产品演示动画与产品广告动画在内容上有一定的相似性，但二者的侧重点不同。产品广告动画侧重于展示产品卖点，以直接激发观众的购买欲望，一些产品广告动画中添加产品演示内容仅为了增强产品的说服力。而产品演示动画重在演示产品的内部结构、工作原理和操作流程等，以清晰地传达产品的功能特性、技术细节及优势亮点，旨在帮助观众建立起对产品的深度信任，进而激发观众产生购买欲望，如图4-1所示。

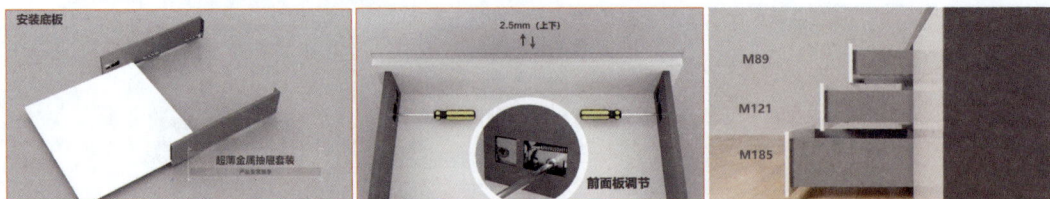

家居五金配件产品演示动画

该动画通过三维建模充分演示了使用家居五金配件安装抽屉的全过程，既能够指导观众自行使用该产品，又可以展现该产品的质量、型号、安装简便等优势。在这个动画中，观众可以先了解安装过程的每一个细节，再观看写实的材质测试，最后了解型号、承重方面的内容，以直观地感受该产品的坚固耐用和卓越品质，有效建立起对该产品的信任。

图4-1　产品演示动画

为了能够清晰地演示产品的内部结构、工作原理和操作流程，产品演示动画在结构设计上具备多个显著特点。

- **透视性**。产品演示动画通过动画形式逐层揭示产品的内部结构，通过透视效果展示各个部件之间的连接方式和相互关系，让观众深入了解产品的构造和细节。
- **翔实性**。产品演示动画详细展示产品的每一个功能特性和操作细节，以帮助观众全面了解产品的性能。
- **灵活性**。产品演示动画具有高度的灵活性，设计人员可以根据需要调整画面内容、动态效果及表现形式等，使其能够适用于不同的观众群体和展示场合。

2. 科学演示动画

科学演示动画基于扎实的科学知识，对某一科学现象、实验过程或理论模型进行全面且生动的诠释和解析。这类演示动画将原本晦涩难懂的信息转换为更直观的动态演示效果，降低观众的理解难度，使他们以更加轻松和高效的方式掌握其内容，如图4-2所示。

《阿U学科学 一滴水中有多少奇妙的生命》科学演示动画

该动画采用剧集形式，每集都聚焦于一个具体的科学知识点进行诠释，这恰恰符合科学演示动画的核心特征，即通过创意性方式展示科学内容。这部动画以文字和图像相结合的形式，将平日里看似平凡无奇的一滴未经煮沸的自来水中的微观世界呈现在观众眼前，生动形象地揭示了未经煮沸的自来水中含有的细菌，还以寓教于乐的方式引导观众认识到这些细菌对人体健康的潜在威胁。

图4-2　科学演示动画

科学演示动画内容严谨，具有较高的学术价值，在结构设计上具有以下特点。

- **问题导入**。科学演示动画通过提出一个问题，引发观众思考，并为后续解答问题作铺垫。
- **原理阐述**。科学演示动画通过动画展示科学原理或实验过程，并辅以文字和音频进一步说明。

- ● **结果展示**。科学演示动画展示实验或研究结果，并验证正确性。
- ● **总结讨论**。科学演示动画最后会对整个科学原理或实验过程进行总结，加深观众的记忆，其有时也会留下一个新问题引发观众的讨论和思考。

🖋 设计大讲堂

　　在制作科学演示动画时，务必确保内容诠释的准确无误，避免添加个人主观臆断的内容，要以理性、严谨的态度设计动态效果。为了进一步增强科学演示动画的吸引力和演示效果，设计人员还可在其中添加交互设计，如设置问题、引导思考等形式，来激发观众的好奇心和探索欲，促使他们主动参与对科学知识的探索。

3. 安全演示动画

　　安全演示动画的主要目的在于深入教导观众严格遵守安全规定、预防事故的发生，并在紧急情况下能迅速做出正确应对。这类演示动画尤其适用于交通、建筑、医疗等具有独特工作性质、潜在高风险及与社会安全息息相关的行业。

　　安全演示动画的内容通常需要根据不同行业的特定需求、工作环境和风险点进行定制开发。例如，在交通行业，安全演示动画可能聚焦于如何理解交通规则、提升驾驶技术、避免交通事故的发生；而在建筑行业，安全演示动画则可能展示安全帽的正确佩戴方式、高空作业时的安全措施、施工机械的安全操作流程等，如图4-3所示。

《建筑工程施工入场安全须知》安全演示动画

该动画由广西壮族自治区住房和城乡建设厅精心制作并发布，旨在通过图文并茂的形式详细讲解建筑工程施工中的安全条例与规范，有效提升建筑工人在施工过程中的安全意识，使他们严格遵守各项安全规定，确保人身安全。在角色、场景、静物设计方面，该动画以真实的建筑工地环境和工人形象为参考，较大限度地让观众仿佛置身于真实的施工环境中，真实性较强；在内容方面，该动画通过动态演示的形式将工人入场前需了解的安全知识、施工过程中的安全操作流程及应对突发事件的应急措施转换为生动的画面，使工人在轻松、愉快的氛围中掌握安全知识，提高自我保护能力。

图4-3　安全演示动画

　　安全演示动画在结构设计上紧密围绕观众展开。例如，以某一安全事故为内容的安全演示动画，在结构设计上需要先再现事故发生的过程，让观众有直观的感受；再深入分析事故发生的原因，揭示事故的根源；然后详细展示应急处理方法和预防措施，为观众提供切实可行的指导和建议；最后进行总结并强调关键点，加深观众对安全知识的记忆和理解。

　　另外，交通、建筑、医疗等行业鉴于自身的特殊性质，往往会制订一系列详尽的安全条例来指导实际工作。这些安全条例虽然数量不一，但结构都非常严谨。设计人员为这些安全条例制作安全演示动画时，应依据条例内容的逻辑层级进行精心设计。具体而言，可将同逻辑层级的主副标题采用统一的方式呈现，而将正文内容以多样化的形式进行制作，如图文并茂、纯图展示等，旨在丰富视觉效果的同时，确保整体风格的统一与和谐。

4. 教育演示动画

教育演示动画是一种利用数字技术和多媒体手段制作的，旨在辅助教学的动画形式，如图4-4所示。它集成了图形、图像、音频、文字和视频等多种元素，借助动态和交互设计，以直观、生动的方式呈现书本中抽象的概念、复杂的理论体系等内容，能够增强课堂的趣味性和互动性。教育演示动画的常见形式之一便是教学课件，其部分内容与科学演示动画内容类似。

《大熊的储藏室》教育演示动画

该动画以鼠标为媒介进行交互设计，构思出由观众控制鼠标来拖曳动画画面中的食物到不同篮子中进行分类的教学活动。这一设计不仅增强了观众在学习过程中的参与感和实践性，还使观众在实际操作中加深了对分类概念的理解。

图4-4　教育演示动画

教育演示动画的结构设计具有一系列特点，这些特点共同决定了其辅助教学的功能。

● **逻辑清晰，条理分明**。教育演示动画的结构通常按照教学内容的逻辑顺序进行编排，从引言、主体到结论，层层递进，条理清晰。这种结构有助于使观众跟随动画的引导，逐步深入理解知识点，掌握知识点的内在逻辑和联系。

● **模块化设计**。为了应对不同教学场景和需求，教育演示动画往往采用模块化设计，即将整个动画内容划分为若干个相对独立的模块或单元，每个模块或单元聚焦于一个或几个具有内在联系的知识点。

● **灵活性强**。教育演示动画的灵活性体现在多个方面。首先，教师可以根据教学内容的不同对动画进行定制和修改；其次，教师可以根据教学进度和观众的掌握情况灵活地调整动画的播放速度和顺序；最后，教育演示动画还可以与其他教学工具（如PPT、板书等）结合使用，以满足不同教学场景的需求。

4.1.2　演示动画的制作流程

演示动画的制作流程是一个综合性较强和花费精力较多的流程。按照在该流程中设计人员所需进行的行动，可将演示动画的制作流程分为脚本设计阶段、素材收集与绘制阶段、制作阶段。

● **脚本设计阶段**。脚本是设计人员根据演示动画的内容精心构思并编写的，它可以采用纯图或图文结合的形式来展现。脚本设计阶段的具体任务包括根据内容构思画面、安排结构、组织素材、初步构思动态效果，如图4-5所示。脚本的存在不仅可以使设计人员在制作过程中做到心中有数，也方便设计人员与客户商谈动画内容。因此，这一阶段对于制作一个优秀的演示动画是非常必要的。

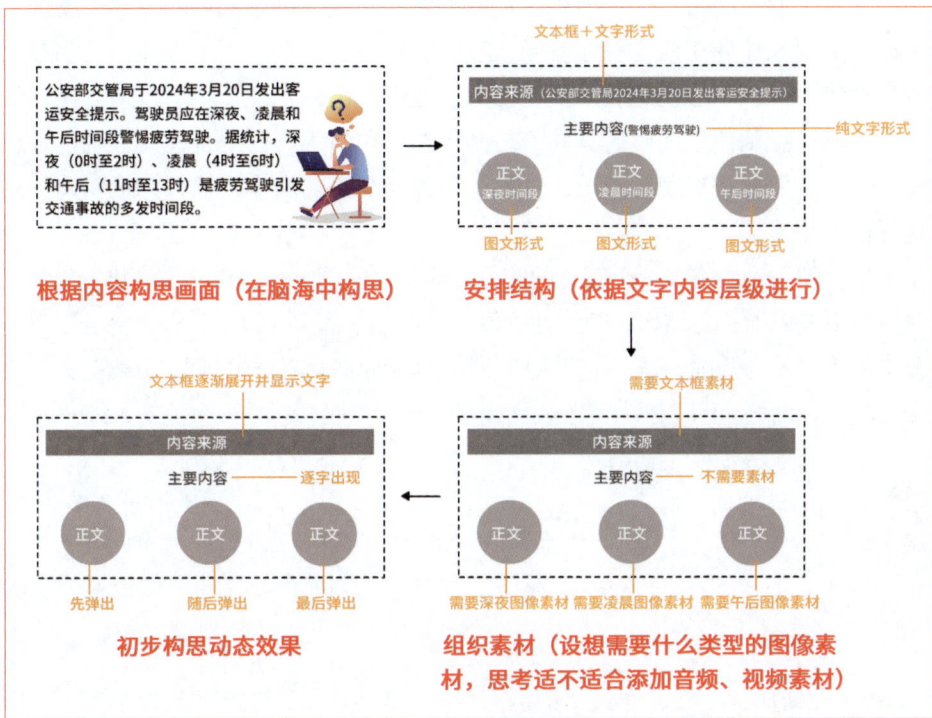

图4-5　脚本设计阶段

● **素材收集与绘制阶段**。设计好脚本后，设计人员便可以根据画面展开素材的收集与绘制工作，具体包括收集与绘制所需的角色、静物和场景，收集所需的视频和音频素材，以及收集画面版式的参考图，等等。该阶段有助于确保画面中元素的风格一致，画面构成元素丰富多彩，画面排版效果协调美观。

● **制作阶段**。在制作阶段，设计人员可先根据脚本排版画面中的元素，保证脚本中的内容都无遗漏地呈现在动画画面中，随后可根据脚本中初步构思的动态效果展开相应的制作，最后根据制作流程中的实际情况来调整和优化动态效果。

4.1.3　演示动画的设计原则

演示动画由于其内容的独特性，在设计时应严格遵守以下原则。

● **科学性和真实性**。演示动画中关于知识点、技能、科学原理和专业术语的呈现必须准确无误，以免误导观众，使其产生错误的理解。对于产品演示动画而言，关于产品的真实性能和参数的描述也必须准确无误，严禁夸大其词或误导观众。另外，动画中所用的名称应保持统一，文字和图片需具有良好的可识别性，需要充分、恰当且适时地展示核心内容。

● **逻辑性**。演示动画的内容呈现顺序需要符合逻辑，确保每个步骤的安排都恰当、合理。画面元素的布局需精心设计，以符合观众的自然阅读习惯，从而帮助观众顺畅地跟随演示动画，深入理解相关内容。

● **美观性**。美观性在演示动画设计中至关重要，它体现在演示动画设计的方方面面，包括文字、图形、动画、提示信息、菜单布局及交互按钮等元素的处理和安排上。简单来说，美观性体现在语言叙述流畅，字体选择得当，字号大小合适，文字颜色和背景颜色对比明显；图形视觉效果美观，大小适中，排列合理；动态效果明显，动作连贯无突兀感；提示信息明确、具体，与操作过程和内容紧密配合，其位置也合理；交互设计中的按钮样式美观、突出，位置布局符合观众的操作习惯，并且明确标注功能，确保操作便捷。

● **整体性**。演示动画作为一个完整的作品，通常紧密围绕一个核心内容进行设计。设计人员应全面考虑动画的结构，明确其主要分成哪几个部分，以及每一个部分下可能包含的分支内容。更为关键的是，设计人员要精心规划部分与部分之间、分支与分支之间的衔接与转场，确保演示动画内容既独立成章又相互关联，形成一个流畅、统一的整体。

4.2 实战案例：制作文具产品演示动画

案例背景

智慧墨香企业新研发了一款"100常用楷体字"字帖产品，该产品尺寸小巧，可以让观众随身携带，充分利用碎片化时间进行书写练习。此外，该字帖独具匠心，每页仅设计1个字的临摹，同时页面底部还添加了二维码，观众可以扫码查看本页文字的书写演示动画。为挖掘该产品的潜力和价值，该企业准备制作该产品的演示动画，详细讲解该产品的功能特性和优势亮点。具体要求如下。

（1）演示动画分为两部分，第1部分需全面演示该产品的尺寸特点和内页用法；第2部分以"天"字为例，演示该文字的书写方法，并对文字笔画的重点内容做出标注和讲解。

（2）演示动画尺寸为1280像素×720像素，平台类型为ActionScript 3.0，帧速率为24。

（3）演示动画视觉效果美观，布局合理，动态效果流畅。

设计思路

（1）画面设计。演示动画第1部分采用纯色为场景，字帖为角色，书和手拿手机的图形为静物，通过组合和添加不同画面元素逐一演示产品的尺寸特点和内页用法。演示动画第2部分采用米字格（即内部印有米字状线条的方格，由横实线、竖实线和两条对角虚线组成）为画面的静物，米字格采用黄底色、红线条，营造出字帖的既视感，强化书写演示动画的专业感，场景采用水墨风格的图像，角色设定为"天"字。

（2）文字设计。为了强化文字的视觉效果，可选择外形敦厚的"方正大黑_GBK"为主要字体。在演示动画第1部分中使用字帖外皮颜色即棕色作为文字颜色，强化统一感。在第2部分的书写演示动画中，应根据"天"字的笔画顺序、长短、粗细，以及各部分之间的相对位置关系，确定其在米字格中的位置，并采用黑色为文字颜色来演示其书写方法；讲解文字时则使用"方正大黑_GBK"字体和白色的文字颜色，并搭配橙色文本框，在视觉上做强调处理。

（3）动画设计。演示动画第1部分以补间动画为主，为画面中的不同元素制作出场和退场动画，如先制作文字的出场动画，以文字内容引发观众对演示动画内容的好奇心，再制作字帖和静物的出场、退场动画，以逐一演示产品特点。第2部分以逐帧动画为主，通过编辑每帧的笔画外形，模拟出文字一笔一划书写出来的效果，为了确保视觉效果的真实性与美观性，需保证显现的笔画具有圆滑、流畅的形态。同时，为了减少两部分动画之间的突兀感，可在其中间添加转场动画。

效果预览

本例的参考效果如图4-6所示。

图4-6　文具产品演示动画参考效果

操作要点

（1）使用"场景"面板新增场景，并在新场景中使用"对齐"面板调整场景图，使用辅助线等辅助工具定位画面元素。

操作要点详解

（2）使用文本工具输入文字，结合"转换为逐帧动画"命令、复制和粘贴帧操作分解文字。

（3）使用橡皮擦工具擦除不同关键帧中的笔画，制作出拆分笔画的效果。

4.2.1　制作场景1动画

在场景1（作为演示动画第1部分）动画中，为充分演示产品特点，智慧墨香企业提供了专门绘制的图形素材，以提升动画效果和制作效率。制作时，先将这些素材逐一添加在舞台中，并根据实际需求添加文字、制作动画。其具体操作如下。

微课视频

（1）新建尺寸为"1280像素×720像素"，平台类型为"ActionScript 3.0"，帧速率为"24"的文件。按【Ctrl+S】组合键保存该文件，设置名称为"文具产品演示动画"。在"属性"面板的"文档"选项卡中设置舞台颜色为淡黄色"#FFF9CD"。

（2）选择"文本工具" **T**，设置字体为"方正大黑_GBK"，颜色为棕色"#993300"，大小为"90"，在舞台左侧输入"想写一手好字"文字。新建图层，使用相同的工具和参数在舞台右侧输入"你需要一本"文字。分别将这两个文字转换为图形元件，选择第1帧创建补间动画，再在第10、25、30帧处插入关键帧，分别调整第1帧和第30帧文字的位置，使其位于邻近的粘贴板处，制作出文字出场和退场动画。

（3）新建两个图层，分别重名为"外皮""内页"。打开"文具素材.fla"文件，将其中的两个字帖素材分别放置在对应名称的新图层中，然后将素材转换为图形元件。分别将这两个图层的第1帧移至第23帧，并在第30帧处插入关键帧，调整第23帧元件大小和在"对象"选项卡中设置Alpha为"0"，再创建传统补间动画，如图4-7所示。

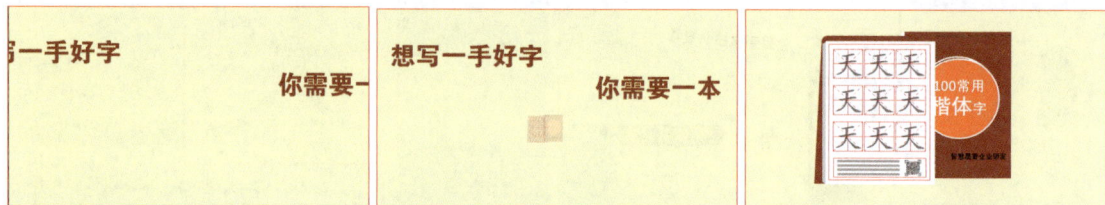

图4-7　制作字帖出场动画

（4）分别在两个字帖所在图层第60帧处插入关键帧，在"外皮"图层第65帧处插入关键帧，调整元件大小和位置，在"内页"图层第63帧处插入关键帧，调整元件大小和位置，在"对象"选项卡中设置Alpha为"0"，创建传统补间动画。

（5）在"内页"图层第65帧处插入空白关键帧，将"文具素材.fla"文件中的书素材移至该帧的舞台上，将其转换为图形元件，在元件编辑窗口中使用"线条工具" ✎，在"工具"选项卡中设置笔触样式为"虚线"，笔触大小为"1"，绘制两条黑线。选择"文本工具" **T**，设置字体为"方正大黑_GBK"，颜色为棕色"#993300"，大小为"70"，在黑线之间输入"尺寸小巧"文字；设置颜色为白色"#FFFFFF"，大小为"40"，在书上输入"A4书本大小"文字。

（6）返回主场景，分别在书素材所在图层"外皮"图层第89帧和第93帧处插入关键帧，将第93帧上的元件均左移，在"对象"选项卡中设置Alpha为"0"，创建传统补间动画，如图4-8所示。在书素材所在图层的第73帧处插入关键帧，将第65帧的元件均右移，在"对象"选项卡中设置Alpha为"0"，创建传统补间动画。

（7）在书素材所在图层的第94帧处插入空白关键帧。将"库"面板中的内页字帖元件移至舞台上。在"外皮"图层第94帧处插入空白关键帧，使用"多角星形工具" ⬡和"矩形工具"■绘制棕色箭头图形，使用"文本工具"$\textbf{T}$ 输入"每页仅摹写一字"文字，文字字体、颜色和字号皆与"A4书本大小"文字字体、颜色和字号一致。

图4-8　制作字帖尺寸演示动画

（8）将文字和棕色箭头图形一同转换为图形元件。新建"文字"图层，在"库"面板中直接复制该元件，修改复制所得的元件，如修改文字内容为"附赠书写演示动画"、翻转棕色箭头图形等。再将元件移至新图层第96帧。在"内页""外皮""文字"图层第100帧处插入关键帧，调整第96帧上所有元件的位置和内页元件大小，在"对象"选项卡中设置Alpha为"0"，再创建传统补间动画。

（9）新建"手机"图层，将第118帧转换为空白关键帧，将"文具素材.fla"文件中的手机和气泡框素材移至该帧的舞台上，使用"文本工具"$\textbf{T}$ 输入"使用手机扫码查看"文字，设置字体为"方正大黑_GBK"，颜色为黑色"#000000"，大小为"40"，将该帧上的元素一同转换为图形元件，在第124帧处插入关键帧，分别调整第118帧和第124帧上元件的位置和大小，再创建传统补间动画，如图4-9所示。

图4-9　制作字帖内页扫码演示动画

（10）新建"音乐"图层，将播放头移至第1帧，导入"背景音乐.mp3"文件到舞台，单击"编辑声音封套"按钮🔊，打开"编辑封套"对话框，在其中调整音频开头处的波形。"时间轴"面板中调整背景音乐的前后效果如图4-10所示。

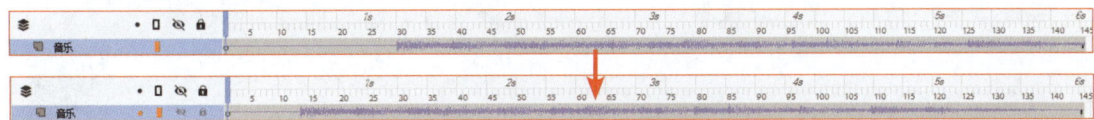

图4-10　"时间轴"面板中调整背景音乐的前后效果

4.2.2　新增场景2并绘制米字格

对于"天"字的书写演示动画，可新增场景2（作为演示动画第2部分）进行制作，并在其中将静态的场景图导入舞台作为背景，使用"对齐"面板调整其大小，使其与舞台大小一致；

使用辅助工具定位米字格所在位置，然后使用"线条工具" ╱ 和"矩形工具" ▇ 绘制米字格。其具体操作如下。

（1）选择【窗口】/【场景】命令，打开"场景"面板，单击"添加场景"按钮 ➕ 新建场景2，同时舞台也将切换到场景2的舞台。导入"场景图.png"文件到舞台，选择【窗口】/【对齐】命令，打开"对齐"面板，选中"与舞台对齐"复选框，依次单击"水平中齐"按钮 ▙、"垂直居中分布"按钮 ☰ 和"匹配宽和高"按钮 ▙▙，该图像将与舞台大小一致，并紧密贴合。

（2）选择【视图】/【标尺】命令显示标尺，通过拖曳上方标尺到左侧标尺的90刻度处创建水平辅助线，确定米字格的顶部所在位置；拖曳左侧标尺到上方标尺的640刻度处创建垂直辅助线，确定米字格的中心所在位置，如图4-11所示。

（3）选择"矩形工具" ▇，在"工具"选项卡中单击"对象绘制模式"按钮 ▣，设置填充为黄色"#FFFFCC"，笔触颜色为暗红色"#DF0000"，笔触大小为"5"，边角半径为"20"，按住【Shift】键不放从左上水平辅助线处拖曳鼠标指针绘制一个正圆角矩形，单击"对齐"面板中的"水平中齐"按钮 ▙。使用"任意变形工具" ⊡ 选择矩形，其顶部正好位于水平辅助线处，且中心点与垂直辅助线重合，如图4-12所示。

（4）选择"线条工具" ╱，在"工具"选项卡中设置笔触样式为"虚线"，笔触大小为"2"，围绕矩形的对角绘制两条斜线；在"工具"选项卡中设置笔触样式为"实线"，参考垂直辅助线位置绘制竖线，参考3条线的汇合点绘制横线。选择【视图】/【辅助线】/【清除辅助线】命令，删除场景中的辅助线，效果如图4-13所示。

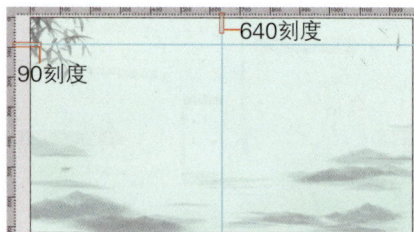

图4-11　添加辅助线　　　　图4-12　绘制正圆角矩形　　　　图4-13　删除辅助线

4.2.3　添加文字并修改字号和位置

绘制完米字格后，便可以在其中添加楷体的"天"字，然后通过上网搜索"天"字笔画相关资料，确定其在米字格中的位置和大小，再通过修改字号和位置，使其位置更加精准。其具体操作如下。

（1）新建图层，选择"文本工具" T，设置字体为"楷体"，颜色为黑色"#000000"，大小为"450"，在米字格内输入"天"字。

（2）浏览"天"字笔画相关资料后，使用"选择工具" ▶ 选择文字，在"属性"面板的"对象"选项卡中设置大小为"480"，移动文字位置，如图4-14所示。

（3）将文字图层重命名为"虚色"图层，复制该图层，将新图层重命名为"实色"图层，以作区分。锁定"实色"图层后，将其隐藏，在"对象"选项卡中设置Alpha为"40"，如

图4-15所示。

（4）新建图层，重命名为"标注"。选择"文本工具" **T**，设置字体为"方正大黑_GBK"，颜色为黑色"#000000"，大小为"50"，在米字格右侧输入"两横平行"标注文字，其样式将作为后续标注文字的参考样式，如图4-16所示。

图4-14　修改字号和位置	图4-15　更改文字不透明度	图4-16　输入标注文字

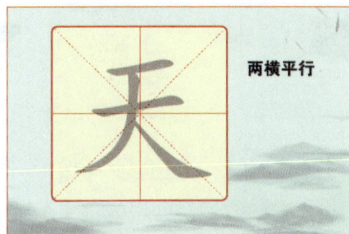

4.2.4　分离与擦除文字

　　书写演示动画需要在"虚色"图层的文字内部填充颜色，达到书写的演示效果，为此需要将已输入的"实色"图层文字分离成图元，再擦除每个关键帧中的部分内容。其具体操作如下。

微课视频

　　（1）锁定"虚色"图层。解锁并显示"实色"图层，选择该图层，按【Ctrl＋B】组合键分离文字，如图4-17所示。

　　（2）选择"线条工具" ╱，在"属性"面板的"工具"选项卡中设置笔触大小为"0.1"，在笔画连接处绘制线条，通过线条分离笔画，如图4-18所示，此时选择文字可发现其已被分为5部分。

图4-17　分离文字	图4-18　分离笔画

　　（3）框选所有图层的第215帧，按【F5】键插入帧，选择"实色"图层的第1帧，单击鼠标右键，在弹出的快捷菜单中选择【转换为逐帧动画】/【每三帧设为关键帧】命令，使每个关键帧上的文字形态都为图元。

　　（4）将播放头移至实色图层的第1帧位置，依次选择除短黑色横笔画外的其他部分并按【Delete】键将其删除，再按【Ctrl＋Alt＋C】组合键复制该帧，依次选择第2、3、4个关键帧，按【Ctrl＋Alt＋V】组合键粘贴帧，使前4个关键帧中只保留相同的横笔画。

　　（5）选择"橡皮擦工具" ◆，在"属性"面板的"工具"选项卡中单击"橡皮擦类型"按钮 ◆，在弹出列表中选择"第2个"选项，设置笔触大小为"0.1"，拖曳鼠标指针擦除笔画，若擦除不干净可选择对应的部分，按【Delete】键删除，效果如图4-19所示。

（6）按照与步骤（5）相同的方法擦除第2个和第3个关键帧中的笔画，使第1～4个关键帧呈现出逐渐填充颜色的笔画效果，如图4-20所示。

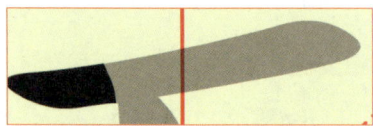

图4-19　擦除第1个关键帧中的笔画　　　　图4-20　擦除第2个和第3个关键帧中的笔画

（7）选择第5个关键帧，按照步骤（4）的方法先只保留横笔画，再复制粘贴该关键帧至第6～9个关键帧；按照步骤（5）的方法依次擦除第5～8个关键帧中的笔画，如图4-21所示，使第5～8个关键帧呈现出逐渐填充颜色的笔画效果。

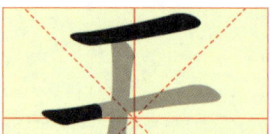

图4-21　擦除第5～8个关键帧中的笔画

（8）选择第10个关键帧，按照步骤（4）的方法先仅删除捺笔画和连接捺、撇笔画的线条，再复制粘贴该关键帧至第11～17个关键帧；按照步骤（5）的方法先擦除第10个关键帧两个横笔画之间的撇笔画，再删除所有红线条和部分撇笔画，如图4-22所示，接着依次处理其余关键帧，如图4-23所示，使第10～17个关键帧呈现出逐渐填充颜色的笔画效果。

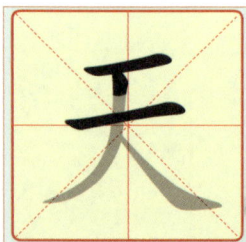

图4-22　擦除第10个关键帧中的笔画　　　　图4-23　擦除第11～16个关键帧中的笔画

（9）选择第18个关键帧，按照步骤（4）的方法仅删除连接捺、撇笔画的线条，再复制粘贴该关键帧至第19～23个关键帧；按照步骤（5）的方法依次擦除第18～23个关键帧中的笔画，如图4-24所示，使第18～24个关键帧呈现出逐渐填充颜色的笔画效果。

图4-24　擦除第18～23个关键帧中的笔画

4.2.5 制作书写重点标注动画

微课视频

目前，仅制作出简单的文字书写逐帧动画效果，还需要添加书写过程中需要重点注意的内容。接下来，将已添加的标注文字转换为元件，在其内部制作书写重点标注动画。其具体操作如下。

（1）解锁"标注"图层，选择图层上的对象，按【F8】键将其转换为名为"标注1"的图形元件，双击该元件进入元件编辑窗口。打开"文本框.fla"文件，复制该文件中舞台上的所有对象到"文具产品演示动画"文件中，使用"任意变形工具" 🔲 放大矩形装饰，按【Ctrl＋Shift＋↓】组合键将其移至底层，调整箭头装饰和文字的位置，选择文字，在"属性"面板的"对象"选项卡中更改填充为白色"#FFFFFF"。

（2）新建图层，选择"矩形工具" ▭ ，在"属性"面板的"工具"选项卡中设置填充为"无"，笔触颜色为橙色"#FF800F"，大小为"5"，在两个横笔画周围绘制一个矩形框，如图4-25所示。

（3）框选全图层第44帧，按【F5】键插入帧，选择矩形框所在图层的第1帧，单击鼠标右键，在弹出的快捷菜单中选择【转换为逐帧动画】/【每四帧设为关键帧】命令，再删除双数帧上的内容，使其变为空白关键帧，如图4-26所示，制作矩形框闪烁的效果。

図4-25　绘制矩形框

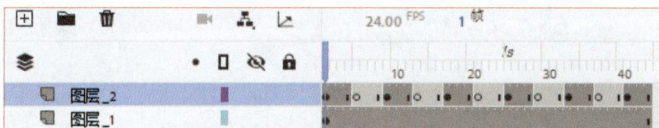

图4-26　制作矩形框闪烁的效果

（4）单击 ← 按钮返回主场景。在"库"面板中选择"标注1"图形元件，单击鼠标右键，在弹出的快捷菜单中选择"直接复制"命令，打开"直接复制元件"对话框，设置名称为"标注2"，单击 确定 按钮。重复操作，再复制2个图形元件，依次命名为"标注3"和"标注4"。

（5）将"笔画_01.mp3"～"笔画_04.mp3"文件导入"库"面板，新建图层。框选"实色"图层的所有关键帧，将第1个关键帧拖曳到第5帧处；将"标注"图层第1帧移至第32帧处，在新图层第35帧处按【F7】键将其转换为空白关键帧，再将"笔画_01.mp3"文件拖曳到舞台中，在第61帧处重复操作添加"笔画_02.mp3"文件，以此作为调整撇和捺笔画所在关键帧位置的参照。

（6）框选"实色"图层第32帧及后续的关键帧，将其移至第110帧处。在新图层第134帧处按【F7】键将其转换为空白关键帧，再将"笔画_03.mp3"文件拖曳到舞台中。框选"实色"图层第134帧及后续的关键帧，将其移至第158帧处。在新图层第176帧处按【F7】键将其转换为空白关键帧，再将"笔画_04.mp3"文件拖曳到舞台中，如图4-27所示，制作书写演示动画结束后出现音频讲解的效果。

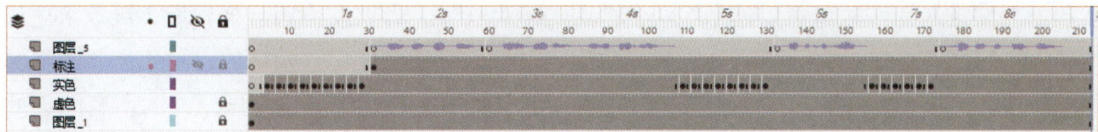

图4-27　制作书写演示动画结束后出现音频讲解的效果

（7）选择"标注"图层第32帧，拖曳左侧标尺至矩形装饰左侧和米字格左侧添加辅助线，以确定位置。在该图层第61帧处按【F7】键将其转换为空白关键帧，将"标注2"元件拖曳到舞台上，调整位置后，双击该元件进入元件编辑窗口，选择第1帧，修改文字内容为"第二横比第一横长"，在"比"字后方换行，使用"任意变形工具" 拉伸矩形装饰，调整所有对象位置，包括水平翻转箭头装饰，效果如图4-28所示。选择"图层_2"图层第1帧，按【Ctrl+Alt+C】组合键复制该帧，分别在其他关键帧处按【Ctrl+Alt+V】组合键粘贴该帧。

（8）按照与步骤（7）相同的方法，在"标注"图层第134帧和第176帧处按【F7】键将其转换为空白关键帧，依次将"标注3""标注4"元件拖曳到舞台上，然后修改其中的内容，其中"标注3"元件文字内容为"撇不出头"，"标注4"元件文字内容为"收笔不平行"，效果如图4-29所示。

图4-28　修改"标注2"元件　　　　　图4-29　修改"标注3""标注4"元件

（9）清除所有辅助线，在"标注"图层第110帧和第158帧处按【F7】键将其转换为空白关键帧。按【Ctrl+Enter】组合键测试效果，可发现动画效果稍显急促，因此可框选所有图层的第59帧，按5次【F5】键插入帧；重复操作，分别在第137帧、第168帧和第189帧处，同样按5次【F5】键插入帧。

4.2.6　制作场景切换的转场动画

分别制作完两个场景的动画后，可将文件素材中的转场动画元件移至场景1中，通过控制帧位置使其只能播放前半段效果。通过直接复制与编辑操作，只保留转场动画的后半段效果，再添加到场景2中，这样可以减少两个场景切换的突兀感。其具体操作如下。

（1）单击"编辑场景"按钮 ，在弹出的下拉列表中选择"场景1"选项，切换到对应场景。新建图层，将"文具素材.fla"文件中"Layer_1"图层的第1帧复制到新图层的第136帧，通过删除其他图层的第143～145帧，使场景1动画时长只有142帧，效果如图4-30所示。

（2）使用步骤（1）的方法切换到场景2。新建图层，在"库"面板中找到转场动画所在的元件（即"转场"图形元件）并直接复制，将复制后的元件拖曳到新图层第1帧，调整位置，双击该元件进入元件编辑窗口，删除两个图层的第1～6帧，此时动画将只保留后半段效果。

（3）返回主场景，此时转场动画未播放完，书写演示动画便已开始播放，因此需要调整部分帧的位置。在转场动画所在图层第7帧处插入空白关键帧，选择除该图层以外的所有图层的第2帧，按5次【F5】键插入帧。按【Ctrl+Enter】组合键测试效果，如图4-31所示，对效果感到满意后保存文件。

图4-30　制作前半段转场动画

图4-31　制作后半段转场动画

4.3　实战案例：制作科学现象演示动画

案例背景

　　某学校计划为物理课程定制一批演示动画，降低学生们理解知识的难度。目前，演示动画的制作已经进入"液体的热胀冷缩"这一科学现象的制作阶段。具体要求如下。

　　（1）演示动画展示液体受热或遇冷后发生的热胀冷缩科学现象，并添加总结性文字。

　　（2）演示动画尺寸为1280像素×720像素，平台类型为ActionScript 3.0，帧速率为25。

　　（3）演示动画视觉效果美观，科学原理表述简洁、清晰、易懂。

设计思路

　　（1）画面设计。演示动画根据结构特点可设计为两个场景，原理阐述和结构展示可在同一场景中实现，总结讨论在其他场景中实现。第一个场景中，画面分别采用红色、蓝色作为热胀冷缩科学现象的场景色，形成鲜明的对比，同时将试管作为演示动画的角色，不添加静物以突出角色。第二个场景中，将第一个场景中的元素分别置于画面两侧，总结性文字放在画面中下侧，以便对科学现象进行概括。

　　（2）文字设计。科学现象演示动画中的文字比较精简，主要用于传达重点内容，因此可选择外形比较粗的字体，加以强调。文字的颜色以无彩色为主，调和反差较大的场景色。同时，为了保证文字的可识别性，需要为比较重要的文字添加文本框，文本框的样式根据文字的不同层级用途进行设计，使层级、用途一致的文字具有统一的视觉效果。

（3）动画设计。整体动态效果由补间形状动画和逐帧动画为主以实现，需制作液面变化和水温变化等动态效果，并制作火焰加热、冰块制冷等动态效果，以辅助演示，构成完整的科学演示过程；进行场景变化时，可制作转场动画以弱化场景变化的突兀感。

本例的参考效果如图4-32所示。

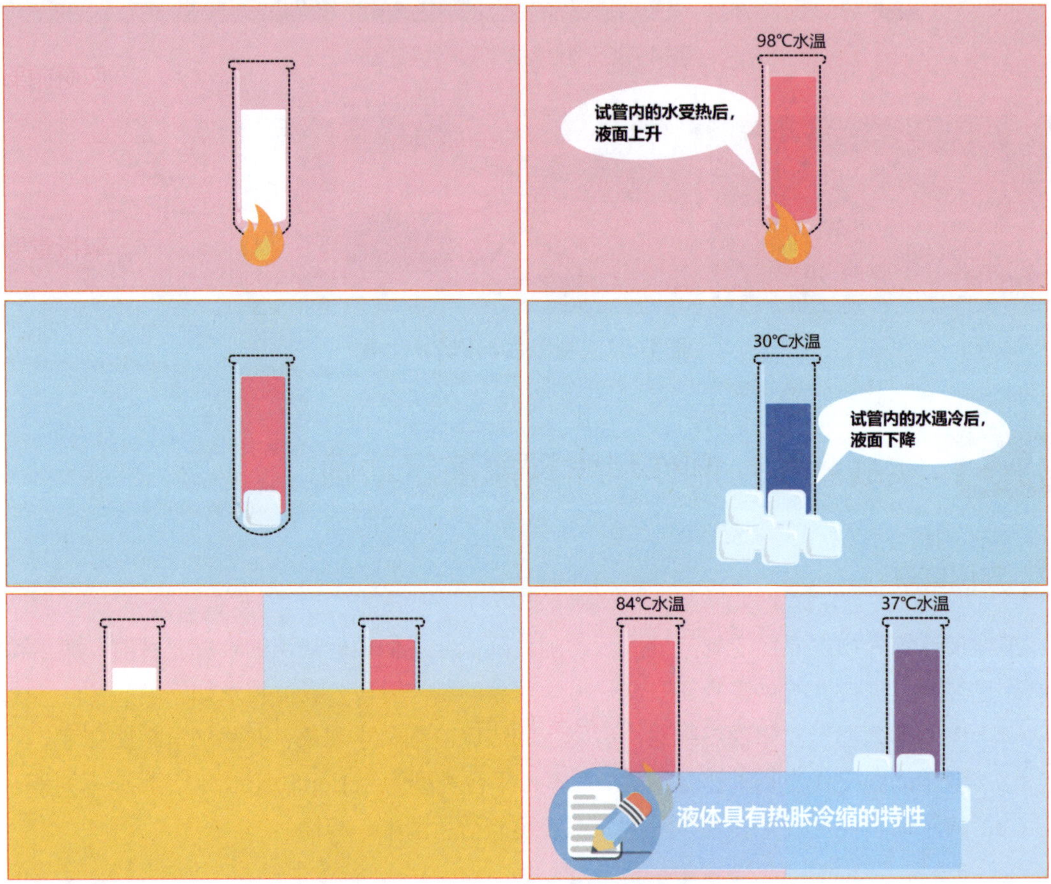

效果预览

图4-32　科学现象演示动画参考效果

操作要点

操作要点详解

（1）结合补间形状动画和"补间"栏中的参数制作液面变化和转场动态效果。
（2）使用"直接复制"命令复制已有元件，通过修改其中的内容得到新元件。
（3）通过导入GIF动图充当影片剪辑元件，提升动画制作效率。

4.3.1　绘制试管

微课视频

试管作为本动画的唯一角色，其美观程度将会在很大程度上影响动画的整体视觉效果。下面将分别使用绘制笔触和填充的工具，绘制出试管的外形轮廓和玻璃质感。其具体操作如下。

（1）新建尺寸为"1280像素×720像素"，平台类型为"ActionScript 3.0"，帧速率为"25"的文件。按【Ctrl+S】组合键保存该文件，设置名称为"科学现象演示动画"。使用"矩形工具" ▬ 绘制1个颜色为粉色"#FCBADE"且与舞台等大的矩形。

（2）新建图层，选择"矩形工具" ▬ ，在"属性"面板的"工具"选项卡中设置填充为"无"，笔触颜色为黑色"#000000"，笔触大小为"4"，笔触样式为"虚线"，边角半径为"10"，在画面中间绘制1个宽大于高的小矩形，再绘制1个高大于宽的大矩形。

（3）选择"椭圆工具" ● ，设置与"矩形工具" ▬ 一样的参数，在大矩形下方绘制1个椭圆形，通过拼接和删除这3个图形的部分笔触，将它们组合成一个试管轮廓，如图4-33所示。

（4）保持选中新图层的状态，分别使用"矩形工具" ▬ 和"椭圆工具" ● ，在"属性"面板的"工具"选项卡中设置填充为白色"#FFFFFF"，不透明度为"40%"，在轮廓左边缘内侧绘制2个圆角矩形和1个椭圆形，制作试管的玻璃质感，如图4-34所示。

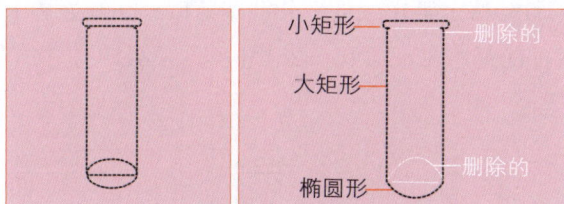

图4-33　拼接和删除图形的部分笔触　　　　图4-34　制作试管的玻璃质感

4.3.2 制作试管内液体的热胀动画

试管内液体的热胀动画为试管内的液体受热造成液面上升，可先绘制液体图形，再利用补间形状动画原理制作该效果，同时为了塑造出液体受热的视觉效果，可使用逐帧动画制作加热和温度上升动画。其具体操作如下。

微课视频

（1）选择画面中的试管，按【F8】键将其转换为名为"加热"的图形元件，然后双击该元件进入元件编辑窗口，新建图层，依次使用"矩形工具" ▬ 和"椭圆工具" ● ，在试管内部绘制一个填充为白色"#FFFFFF"的矩形和椭圆形充当液体。

（2）新建图层，使用"文本工具" **T** 在试管上方输入字体为"微软雅黑"，字体样式为"Regular"，大小为"40"，填充为黑色"#000000"的"30° 水温"文字，然后按【Ctrl+B】组合键将其分离为单个字符。新建图层，拖曳"火焰.svg"文件到舞台中，然后在打开的"将'火焰.svg'导入到库"对话框中选中"将所有路径导入同一图层和帧"单选项，单击 确定 按钮。

（3）调整火焰图形大小后，按【Ctrl+B】组合键将其分离为图元，再按【F8】键将其转换为名为"火"的图形元件。框选所有图层的第200帧，按【F5】键插入帧。

（4）双击"火"图形元件进入元件编辑窗口，在第8帧处按【F5】键插入帧，依次在第3、5、7帧处按【F6】键将帧转换为关键帧。使用"任意变形工具" ▱ 依次选择第3、7关键帧上的对象，按住【Ctrl】键不放，当鼠标指针变为 ▷ 形状时，按住鼠标左键不放并拖曳鼠标指针分别向右、向左扭曲图形，如图4-35所示，返回"加热"图形元件内部。

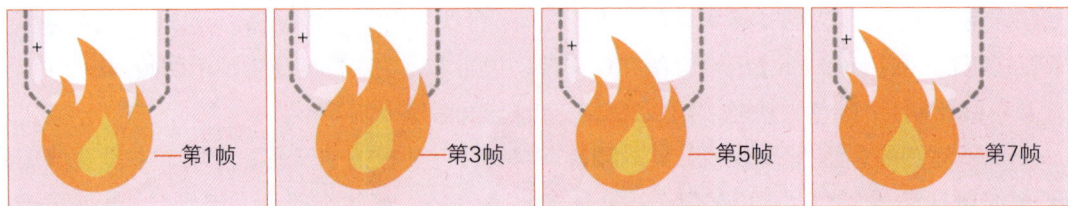

图4-35　编辑关键帧内容

（5）选择液体图层第1帧，在该帧上单击鼠标右键，在弹出的快捷菜单中选择"创建补间形状"命令，在第16帧和第56帧处按【F6】键将帧转换为关键帧，然后使用"任意变形工具" 将第16帧和第56帧中心点移至下方编辑框中点处，拉伸第56帧的液体图形使其变高，并在"属性"面板的"对象"选项卡中设置填充为深粉色"#FC5C9C"，使其变色。

（6）选择液体图层第55帧，在"属性"面板的"帧"选项卡的"效果"下拉列表中选择"Quad Ease-Out"选项。将文字图层第1帧移至第16帧处，分别在第17～56帧处按【F6】键将帧转换为关键帧，然后修改文字内容，使其水温在第16～28帧内每1帧涨1℃，在第29～56帧内每1帧涨2℃，如图4-36所示。

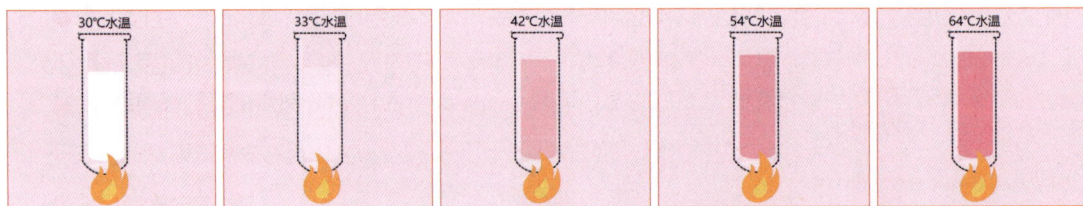

图4-36　制作试管加热的动态效果

（7）返回主场景，在全部图层的第264帧处插入帧。新建图层，在该图层第56帧处插入空白关键帧，使用"文本工具" 输入"试管内的水受热后，液面上升"文字，在原文字设置基础上将字体样式改为"Bold"，其余不变，将其转换为"文字1"图形元件，进入元件内部，新建图层，将新图层移至底层。

（8）使用"椭圆工具" 绘制一个白色椭圆形，使用"线条工具" 在白色椭圆形右下角绘制两条白色实线笔触，形成夹角，使用"颜料桶工具" 将夹角填充为白色。返回主场景后，在第61帧处插入关键帧，缩放第56帧元件，在两个关键帧之间创建传统补间动画，制作讲解文字出场动画，如图4-37所示。

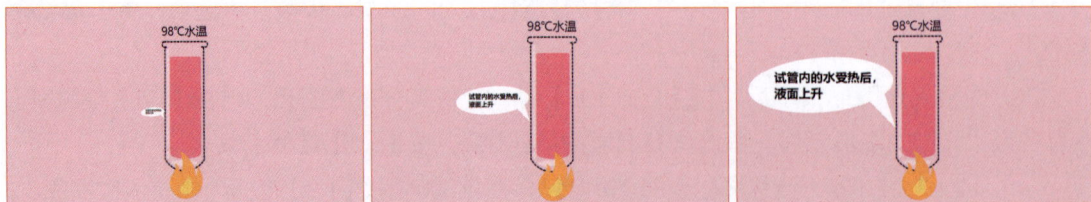

图4-37　制作热胀原理讲解文字出场动画

（9）测试动画效果可发现，在水温文字变化前，试管的动态效果较弱、不明显，因此可双击试管图形进入对应的元件内部，将试管图层转换为图形元件再进入元件编辑窗口，在第4帧处插入帧，在第3帧处插入关键帧，删除第3帧部分笔触，如图4-38所示，制作试管轮廓抖动效果（该效果截图捕捉不明显，但人眼捕捉明显，因此不配图）。

图4-38　删除第3帧部分笔触

4.3.3 制作试管内液体的冷缩动画

微课视频

试管内液体的冷缩动画与热胀动画的构成基本一致，因此可复制"加热"图形元件，在其副本元件内通过翻转帧和编辑帧内容制作出冷缩动画，冷缩动画中的讲解文字和场景也通过该方式进行制作。其具体操作如下。

（1）显示标尺，创建水平和垂直辅助线确定试管位置后，将试管和文字图层的第100帧转换为空白关键帧，在场景图层第100帧处插入关键帧，在"属性"面板的"对象"选项卡中设置填充为蓝色"#A7E3F6"。

（2）在"库"面板中选择"加热"图形元件，单击鼠标右键，在弹出的快捷菜单中选择"直接复制"命令，打开"直接复制元件"对话框，设置名称为"遇冷"，单击 确定 按钮。选择试管图层，将复制所得的"遇冷"图形元件拖曳到舞台中，双击该元件，进入元件编辑窗口。

操作小贴士

复制所需的元件后，若需要编辑其内容，可直接在"库"面板中双击该元件图标进入元件编辑窗口。但是，此时的元件编辑窗口为白色舞台，若元件内容中有同色对象，则难以清晰地看到该对象。因此，在这种情况下，应先将复制的元件拖曳到主舞台（其颜色不为白色）中，再进入元件编辑窗口进行编辑。

（3）删除"火"图形元件，按照与步骤（2）相同的方法，在"库"面板中通过复制"火"图形元件得到"冰"图形元件，再将其拖曳到舞台中，双击该元件进入元件编辑窗口。删除每帧上的火焰图形，在第1帧处导入"冰块.svg"文件，删除2个冰块图形，复制仅存的冰块图形，按【Shift+F6】组合键清除空白关键帧，在第3帧处插入关键帧并粘贴冰块图形。重复操作，依次将第5～13帧的单数帧转换为关键帧，并递增添加1个冰块，在第125帧处插入帧，如图4-39所示。

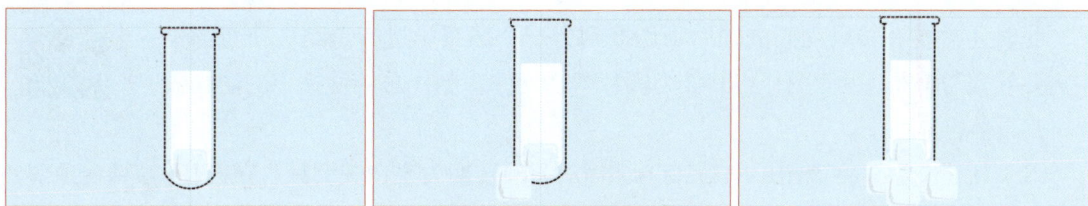

图4-39　制作冰块递增动态效果

（4）选择液体图层的第1~56帧，单击鼠标右键，在弹出的快捷菜单中选择"翻转帧"命令，将翻转后的第41关键帧移至第16帧，复制第1帧，将其粘贴到第16帧，修改第56帧的填充为蓝色"#0077D7"，选择第55帧，修改"补间"栏中的效果为"Quint Ease-In"。

（5）按照与步骤（4）相同的方法翻转水温文字的关键帧，此时原第16~56关键帧的位置发生变动，需手动将其调整到原位，如图4-40所示。测试动画，效果如图4-41所示。

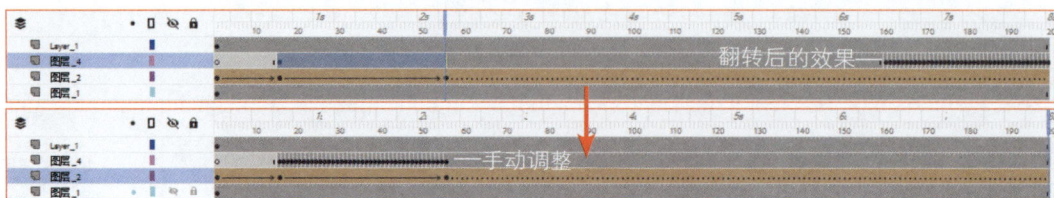

图4-40　翻转与调整关键帧

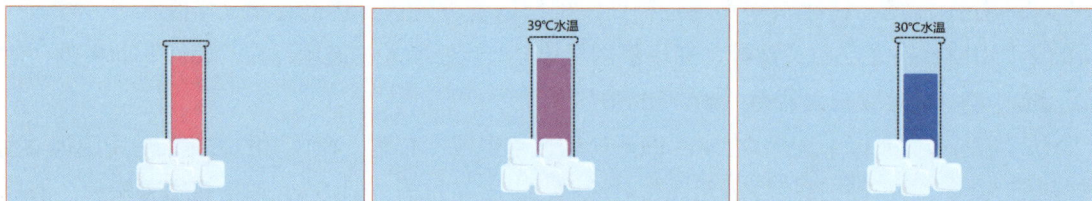

图4-41　试管遇冷动画效果

（6）按照与步骤（2）相同的方法通过"文字1"图形元件得到"文字2"图形元件，将其放置在"文字"图层第155帧，进入该元件编辑窗口，水平翻转白色图形，然后修改文字内容为"试管内的水遇冷后，液面下降"。返回主场景，在第160帧处插入关键帧，缩小第155帧的元件，在这两个关键帧之间创建传统补间动画，制作讲解文字出场动画，如图4-42所示。

图4-42　制作冷缩原理讲解文字出场动画

4.3.4　导入与编辑GIF动图

微课视频

此时还需要在转场动画的辅助下切换到另一个场景中进行总结。在新场景中需要导入与编辑GIF动图，将其作为影片剪辑元件，制作总结性文字的动画效果。其具体操作如下。

（1）新建图层，将该图层的第196帧和第203帧转换为空白关键帧。在第196帧舞台顶部使用"椭圆工具" ●绘制由圆组成的图形，在第203帧处使用"矩形工具" ■绘制与舞台等大的矩形，将它们都填充为橙色"#FFCC00"，在第206帧处插入关键帧，移动矩形到舞台底部，在3个关键帧之间创建补间形状动画，制作转场动画，如图4-43所示。

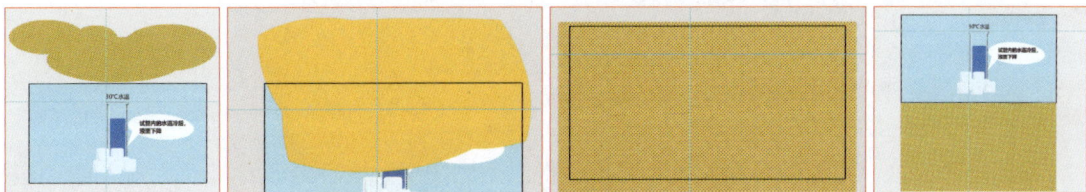

图4-43　制作转场动画

（2）隐藏转场动画层，将试管图层和文字图层的第203帧转换为空白关键帧，在场景图层第203帧处插入关键帧，在舞台中间（即水平标尺的640刻度处）添加垂直辅助线，选中辅助线左侧的舞台部分，在"对象"选项卡中设置填充为淡粉色"#FCCDE2"；选中辅助线右侧的舞台部分，设置填充为淡蓝色"#C5E3F6"。

（3）在"库"面板中依次将"加热""遇冷"图形元件添加在舞台左右两侧，选中两个元件，在"对齐"面板中单击"顶对齐"按钮，如图4-44所示。

（4）选择"文字"图层第203帧，使用"矩形工具"在舞台下方绘制一个矩形，设置填充为青蓝色"#84DBFF"，不透明度为"80%"，边角半径为"10"，再将其转换为图形元件，并进入元件内部。

（5）导入"记笔记.gif"文件到"库"面板，选择自动创建的同名影片剪辑元件，单击鼠标右键，在弹出的快捷菜单中选择"属性"命令，打开"元件属性"对话框，设置类型为"图形"，单击 确定 按钮，以便在舞台中查看效果，然后将调整后的元件拖曳到舞台中。

（6）在所有图层第75帧处插入帧。选中"图层_1"图层，使用"文本工具"输入文字，设置填充为白色"#FFFFFF"，其他参数与讲解文字的参数一致。在该图层第29帧处插入关键帧，修改文字内容，在"对象"选项卡中设置字号为"55"，调整文字位置，如图4-45所示。

图4-44　对齐元件　　　　　　　图4-45　输入文字

（7）返回主场景，手动拖曳播放头查看动画效果，如图4-46所示，确认效果无误后保存文件。

图4-46　制作总结性文字的动画效果

4.4 实战案例：制作生物讲解交互演示动画

案例背景

　　某动画公司携手当地知名高校精心打造一批以生物知识为核心内容的演示动画，通过美观的动画场景与清晰的操作指引，丰富课堂教学模式。该公司准备先针对"种子萌芽的过程"知识进行演示动画制作，为后续的批量化制作建立规范。具体要求如下。

　　（1）演示动画分为目录页、视频页、动画页和游戏页4个部分，观众可自行选择进入除目录页以外的页面观看内容，达到可自行控制播放内容的效果。

　　（2）演示动画尺寸为1280像素×720像素，平台类型为ActionScript 3.0，帧速率为24。

设计思路

　　（1）结构设计。目录页用于总览动画的结构，并控制后续的播放内容；视频页用于播放与动画核心内容相关的视频，并在结构上发挥引入的作用；动画页用于播放演示动画，通过动画的形式讲解生物知识；游戏页用于巩固所讲解的知识，让教师通过交互操作拖曳页面中的元素至正确的位置，这个拖曳过程可由教师自由发挥，如故意拖曳错误的元素，同时向学生抛出问题"拖曳的元素是否正确？"，促进课堂互动。

　　（2）画面设计。为提高整体的统一性，4个部分均使用同一个场景，并根据不同页面的内容添加角色和静物。例如，在目录页中添加种子萌芽的全过程图和文字；在视频页中添加视频装饰框和视频；在动画页中添加种子萌芽的3个环节图；在游戏页中添加与目录页相同的种子萌芽全过程图作为游戏角色。同时，目录页的按钮作为主要操作对象，放置在画面中上方；视频页、动画页、游戏页的按钮作为次要操作对象，放置在画面下方的两侧，不遮挡主要内容。

　　（3）文字设计。该动画的文字按照层级分为主标题（文字内容为"种子萌芽的过程"）、副标题（文字内容为"萌芽的三个环节"）和正文（见"文本.txt"素材），其中标题文字使用同一种字体，正文文字使用另一种字体，并且字号逐渐减小，以作区别。按钮中的文字主要起到明示操作效果的作用，可选用与标题相同的字体。

　　（4）动画设计。为提示观众如何操作，可先使用手指状的图形替代鼠标指针。目录页和游戏页使用代码设计交互动画；动画页以传统补间动画和逐帧动画为主，演示种子萌芽的3个环节的关键内容。

效果预览

设计大讲堂

　　在制作具有交互性质的教育演示动画时，可充分融入创意，根据需求设计形式多样、寓教于乐的小游戏，并添加到动画中。这样不仅能增加该演示动画的互动性，还能在实现教学目标的同时培养学生的创新思维和实践能力。

　　本例的参考效果如图4-47所示。

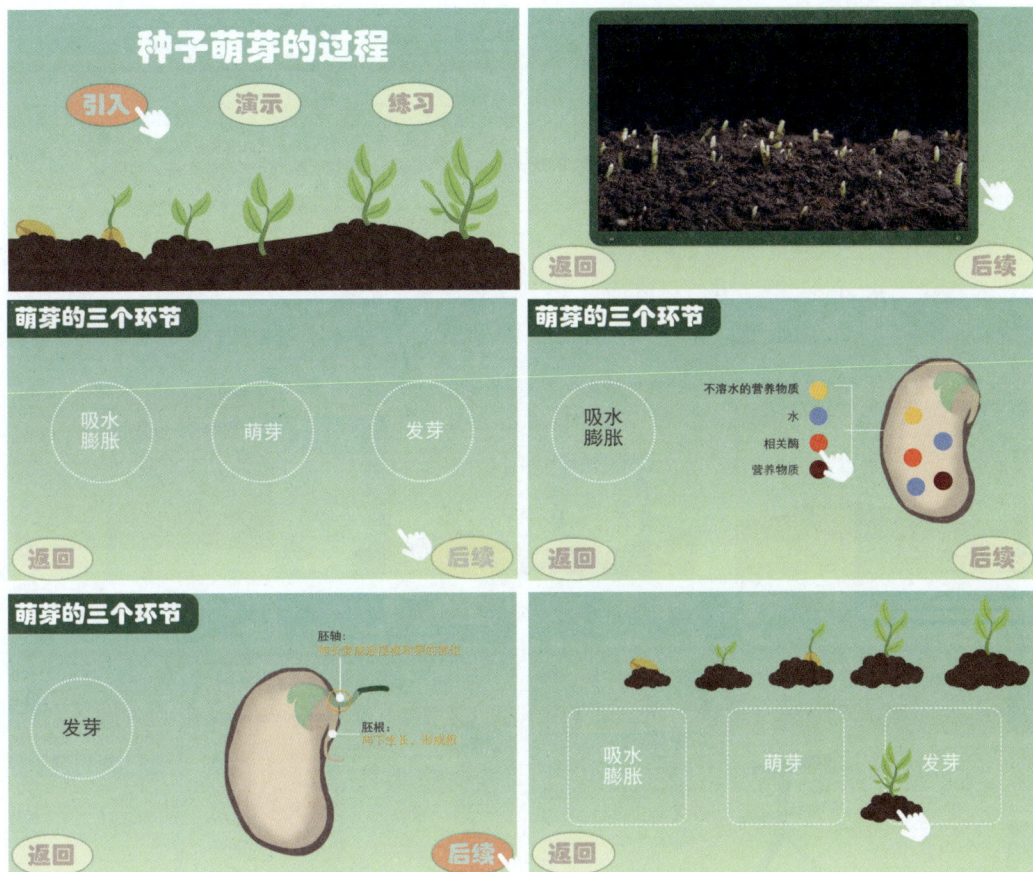

图4-47　生物讲解交互演示动画参考效果

操作要点

（1）使用"组件"面板和"组件参数"面板添加和编辑视频。

（2）使用画笔工具绘制所需的演示图形。

操作要点详解

4.4.1　制作不同页面内容

由于生物讲解交互演示动画分为4个部分，每个部分各有不同内容，在制作该动画时，首先需要制作这些页面的初始内容。其具体操作如下。

微课视频

（1）新建尺寸为"1280像素×720像素"，平台类型为"ActionScript 3.0"，帧速率为"24"的文件。按【Ctrl+S】组合键保存该文件，设置名称为"生物讲解交互演示动画"。

（2）打开"颜色"面板，设置填充为"线性渐变"，渐变颜色为"#43C6AC"～"#F8FFAE"。使用"矩形工具" ▢ 绘制与舞台等大的矩形，绘制时需要单击"对象绘制模式"按钮 ▣，然后使用"渐变变形工具" ▣ 调整渐变方向为从上到下。

（3）选择"画笔工具" ✏，保持"属性"面板的"工具"选项卡中"对象绘制模式"按钮 ▣ 被选中的状态，设置笔触颜色为深棕色"#341F14"，笔触大小为"192"，通过拖曳鼠标指针在舞台底部进行涂抹，绘制笔触，如图4-48所示。

（4）打开"种子生长过程.fla"文件，将舞台中的所有图形复制、粘贴到新文件的舞台上，然后依次调整笔触和图形的位置和大小。使用"文本工具"**T**在舞台顶部输入"种子萌芽的过程"主标题文字，设置字体为"方正琥珀简体"，字号为"90"，填充为白色"#FFFFFF"，目录页布局如图4-49所示。

（5）在第2帧处插入关键帧，删除除矩形以外的所有内容，使用"矩形工具"■绘制一个填充为深绿色"#006633"，边角半径为"30"的圆角矩形，视频页布局如图4-50所示。在第3帧处插入关键帧，删除除矩形以外的所有内容，新建图层，将该图层第3帧转换为空白关键帧。

图4-48　绘制笔触　　　　图4-49　目录页布局　　　　图4-50　视频页布局

（6）使用"文本工具"**T**输入"萌芽的三个环节"副标题文字，设置字号为"60"，其余参数皆与主标题文字参数一致；使用"矩形工具"■绘制一个填充为深绿色"#006633"，边角半径为"30"的圆角矩形，按【Ctrl＋Shift＋↓】组合键将圆角矩形移至底层；使用"文本工具"**T**输入文字，设置字号为"50"，字体为"黑体"，字体样式为"Bold"，动画页布局如图4-51所示。

（7）将所有图层的第4帧转换为关键帧，删除副标题及文本框后，剪切和粘贴剩余文字到"图层_1"图层；使用"矩形工具"■绘制一个笔触颜色为白色"#FFFFFF"，笔触大小为"3"的虚线矩形，按住【Alt】键不放向右拖曳鼠标指针以复制该矩形，重复操作，如图4-52所示。

（8）此时，虚线矩形和文字位置不美观，通过移动文字使其位于虚线矩形中央。接着将目录页中的种子萌芽的全过程图复制到该页面（位于"图层_2"图层）中，调整排列顺序和大小，此时，游戏页布局如图4-53所示。

图4-51　动画页布局　　　　图4-52　复制矩形　　　　图4-53　游戏页布局

4.4.2　制作页面跳转效果所需的按钮元件

要想通过目录页跳转到其他3个页面，且其他3个页面之间能互相跳转，需要制作5个按钮元件，为提升效率可先制作一个按钮元件，再通过复制和编辑操作得到其他的按钮元件。其具体操作如下。

（1）将播放头移至第1帧，新建名为"按钮"的图层，先复制图4-49中显示的文字，再使用"椭圆工具" ●绘制一个填充为米黄色"#EEF2C5"的椭圆形，按【F8】键将椭圆形转换为名为"控制"的按钮元件。进入该元件内部，将复制的文字粘贴到其中，修改文字内容为"引入"，填充为"#BCAB9C"，字号为"60"，弹起状态如图4-54所示。

（2）依次在鼠标指针"经过"、"按下"和"点击"状态下插入关键帧，并分别修改这3个关键帧上的椭圆形的填充为"#EEE9A4""#EE935C""#EE584E"，文字填充为"#BCC3AE""#BCDDCC""#FFFFFF"，使椭圆形颜色逐渐加深，文字颜色逐渐变浅，如图4-55所示。

图4-54　弹起状态　　　　　图4-55　鼠标指针经过、按下和点击状态

（3）在"库"面板中选择"控制"按钮元件，通过"直接复制"命令复制出4个按钮元件，双击复制所得按钮元件的图标进入元件编辑窗口，依次将其中的文字修改为"演示""练习""返回""后续"，如图4-56所示。

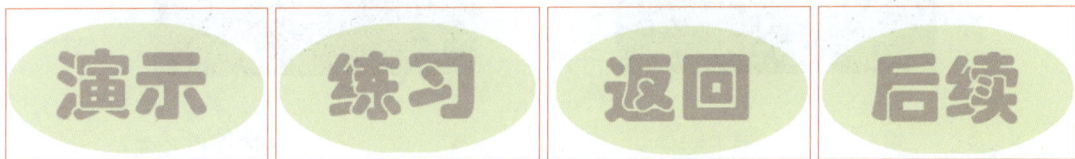

图4-56　复制与编辑其他按钮元件

（4）将"演示""练习"按钮元件拖曳到舞台中，选择3个按钮元件，在"属性"面板的"对象"选项卡的"滤镜"栏中单击＋按钮，在弹出的下拉列表中选择"发光"选项，打开"发光"栏，设置模糊X为"10"，模糊Y将自动调整数值，设置颜色为"#003300"，如图4-57所示。然后依次选择3个按钮元件，在"对象"选项卡中设置实例名称分别为"kz1""kz2""kz3"。

（5）将"按钮"图层第2帧转换为空白关键帧，按照与步骤（4）相同的方法将"返回""后续"按钮元件拖曳到舞台中，再进行发光美化操作，如图4-58所示，接着分别设置实例名称为"kz4""kz5"。然后在该图层第3帧和第4帧处插入关键帧，删除第4帧的"后续"按钮元件。此时每个页面都有按钮元件，并且都设置了实例名称。

图4-57　美化按钮元件　　　　　图4-58　添加与美化按钮元件

4.4.3 添加和编辑视频组件

微课视频

视频页中目前还需添加视频元素，为尽量减小文件大小，将采用组件的形式添加视频元素。其具体操作如下。

（1）将"图层_2"图层的第2帧转换为空白关键帧，选择【窗口】/【组件】命令，打开"组件"面板，展开"Video"文件夹，拖曳"FLVPlayback2.5"组件到深绿色矩形上，此时画面中将出现一个小型播放器，如图4-59所示。

（2）播放器下方的控制栏参数较多，可精简参数，只保留播放和音量键，选择【窗口】/【组件参数】命令，打开"组件参数"面板，单击"skin"参数右侧的按钮🖊，打开"选择外观"对话框，在"外观"下拉列表中选择"SkinUnderPlayMute.swf"选项，单击 确定 按钮。

（3）返回"组件参数"面板，单击"source"参数右侧的按钮🖊，打开"内容路径"对话框，单击🖿按钮，在打开的"浏览源文件"对话框中选择"种子破土.mp4"文件，单击"打开"按钮，取消选中"匹配源尺寸"复选框，单击 确定 按钮。放大导入的视频文件，如图4-60所示。

图4-59　添加视频组件	图4-60　放大导入的视频文件

操作小贴士

使用"导入视频"命令导入视频，实际上是将视频数据直接嵌入动画文件内部，这样做虽然确保了在动画文件和导出的SWF文件中能够随时查看导入的视频，但同时也明显增大了文件的大小。相反，通过"组件"面板添加视频则是以外部链接的形式在动画中播放视频，因此动画文件本身不包含视频数据的大小，从而使得动画文件相对较小。然而，采用这种方式制作的动画文件在发布或分享时，必须将与动画相关联的视频文件一同发布，才能确保在不同计算机或环境下视频能够正常播放。

4.4.4 制作演示动态效果

微课视频

在演示页面中需要制作种子吸水膨胀、萌芽和发芽3个环节的演示效果，并标注其中的关键信息。制作操作需要在影片剪辑元件内部进行，以便后续添加代码。其具体操作如下。

（1）将"图层_2"图层的第3帧内容转换为影片剪辑元件，再进入元件编辑窗口。新建图层，将正文文字剪切并粘贴到新图层中，使用"椭圆工具" ⬤绘制一个笔触颜色为白色"#FFFFFF"，笔触大小为"5"的点状线圆形，将圆形转换为图形元件，进入元件编辑窗口，在内部再转换为图形元件，在第20帧处插入关键帧，创建传统补间动画，选择任意一帧，在"补间"栏的"旋转"下拉列表中选择"顺时针"选项，返回影片剪辑元件的元件编辑窗口。

（2）选择圆形元件，按住【Alt】键不放并向右拖曳鼠标指针，重复操作得到两个圆形元件，布局画面，参考最左侧圆形元件顶部添加1条辅助线，如图4-61所示，在所有图层的第315帧处插入帧。将"图层_2"图层的第48帧转换为关键帧，删除其中右侧内容，并调整左侧内容的位置，修改文字填充为深灰色"#333333"。

（3）新建图层，将新图层的第48帧转换为空白关键帧，导入"种子.png"文件到舞台；新建图层，将第48帧转换为空白关键帧，使用"文本工具" **T** 、"椭圆工具" ● 和"线条工具" ✎ 添加图4-62所示的内容。其中文字字体和填充与其他正文文字字体和填充保持一致，设置字号为"30"，圆形填充依次为"#FFCC00""#3399FF""#FF3300""#660000"，线条笔触颜色为白色"#FFFFFF"。

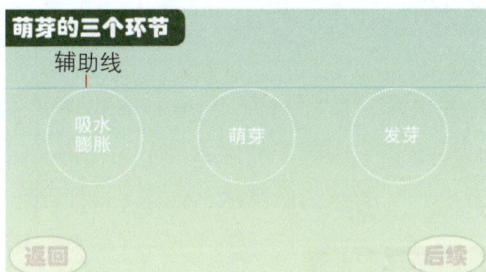

图4-61　布局画面并添加辅助线

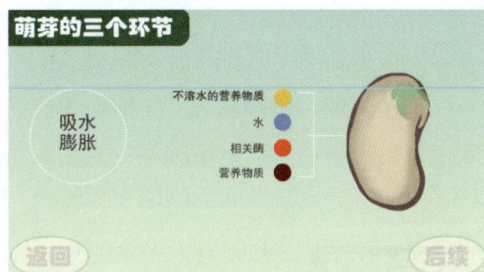

图4-62　添加内容

（4）复制4个圆形，将种子图像转换为图形元件，进入内部后再转换为图形元件，通过在第75帧处插入关键帧，调整两个关键帧上对象的大小，制作出逐渐变大的传统补间动画，然后新建图层，在第1帧处粘贴4个圆形，分别在第25帧和第50帧处插入关键帧，并复制、粘贴部分圆形，返回影片剪辑元件场景，效果如图4-63所示。

图4-63　种子吸水膨胀的动态演示效果

（5）以第119帧种子图像的顶部和底部为参考添加辅助线，再分别将"图层_3""图层_4"图层的第120帧转换为空白关键帧，在"图层_2"图层第120帧处插入关键帧。将新关键帧中的文字内容修改为"萌芽"，在"图层_3"图层中添加"库"面板中的种子图像，并依据辅助线调整大小。接着在"图层_4"图层的第120帧添加"出现胚根"文字（字号为"30"）、圆形和直线，如图4-64所示。将圆形填充修改为"#FFFFFF"，其余皆与步骤（3）一致。

（6）选择"图层_4"图层第120帧，选择"画笔工具" ✐ ，单击"笔触"色块打开色板，此时鼠标指针将变为滴管状 ✐ ，单击种子图像的胚根处吸取颜色为"#D0BD89"，再设置笔触大小为"8"，拖曳鼠标指针在胚根处绘制笔触。

（7）将"图层_4"图层第120帧上的所有对象转换为图形元件，进入元件内部，在第75帧处插入帧，分别将第5、10、15、20帧转换为关键帧，删除第1帧的笔触内容，第5帧、第10帧和第15帧在保留文字的基础上依次擦除部分笔触，制作胚根破壳而出的演示效果，如图4-65所示。

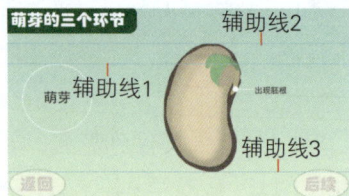

图4-64　修改第120帧内容　　　　图4-65　制作胚根破壳而出的演示效果

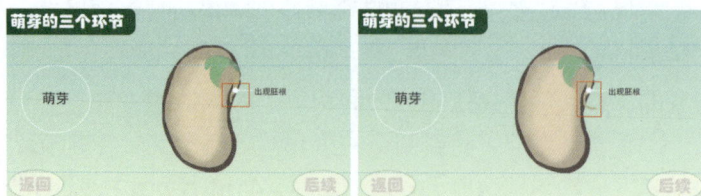

（8）复制第20帧内容后返回影片剪辑元件，将"图层_4"图层的第160帧转换为空白关键帧，粘贴复制的内容，调整其位置和种子图像位置（"图层_3"图层第160帧会自动添加关键帧），再修改文字内容（第二排文字填充为"#FF9900"）。在"图层_2"图层的第160帧处插入关键帧，修改文字内容为"发芽"，如图4-66所示。

（9）新建图层，将该图层第160帧转换为空白关键帧，按照与步骤（5）（6）相同的方法添加标注和绘制笔触，其中笔触颜色为土黄色"#73AE73（来源于图像本身）""#006600"，在新笔触和种子图像交界处绘制填充为橙色"#FF9900"的椭圆形笔触，如图4-67所示。

图4-66　修改第160帧内容　　　　图4-67　新增第160帧内容

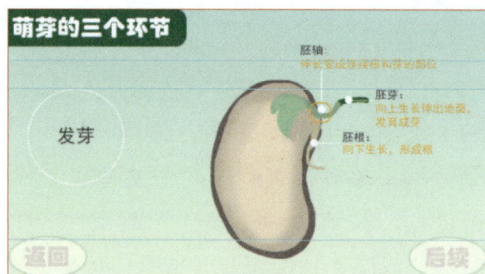

（10）按照与步骤（7）相同的方法为"图层_5"图层第160帧上的所有对象制作逐帧动画，其中，在第155帧处插入帧，第1、5、10、15、20帧为胚轴内容，第45、50、55、60帧为胚芽内容，制作发芽演示效果，如图4-68所示。

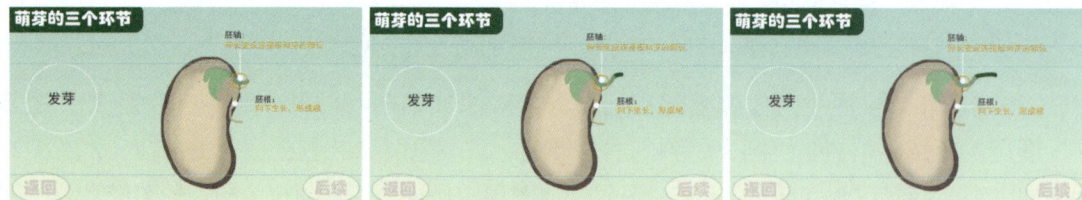

图4-68　制作发芽演示效果

4.4.5　添加代码制作交互动作

目前，所有页面的内容都已添加完毕，还需为游戏页内容、各个页面的按钮元件制作交互动作，同时为了强调按钮元件的操作方式，需要替换鼠标指针。这些操作都需要添加代码来执行。其具体操作如下。

（1）返回主场景，将播放头移至第4帧，依次将画面中的种子图像转换为影片剪辑元件，并设置实例名称（从左到右）为"ty1""ty2""ty3""ty4""ty5""ty6"。

（2）选择左侧第1个元件，选择【窗口】/【代码片断】命令，打开"代码片断"面板，依次展开"ActionScript""动作"文件夹，双击"拖放"选项。重复操作，为剩余5个元件都添加相同的代码，如图4-69所示。

（3）将播放头移至第1帧，选择"图层_1"图层的第1帧，按【F9】键打开"动作"面板，输入"stop()；//暂停播放"代码。选择"图层_2"图层的第1帧，导入"手指.png"文件到粘贴板，将其转换为影片剪辑元件，设置实例名称为"sz1"，选择该元件，在"代码片断"面板的相同文件夹中双击"自定义鼠标光标"选项，如图4-70所示。

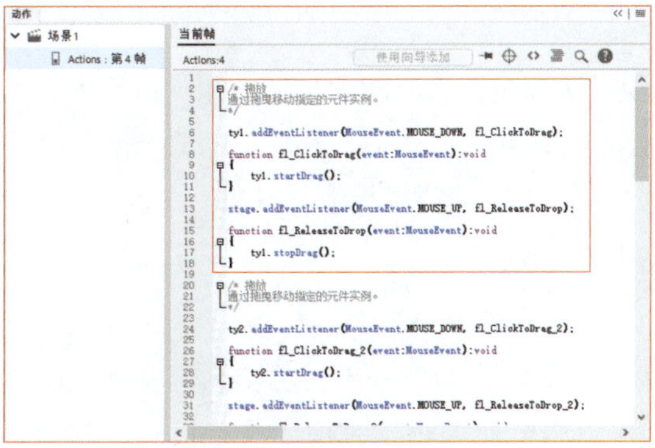

图4-69　添加拖曳元件的代码

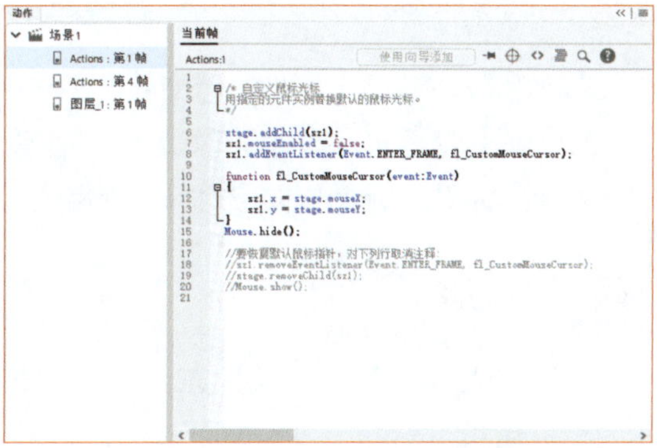

图4-70　添加替换鼠标指针的代码

（4）依次选择第1帧中的按钮元件，双击"时间轴导航"文件夹中的"单击以转到帧并停止"选项，将gotoAndStop(5)中的"5"依次修改为"2、3、4"。重复操作，为第2帧中的按钮元件添加相同代码，并将gotoAndStop(5)中的"5"依次修改为"1、3"；为第3帧中的按钮元件添加相同代码，并将gotoAndStop(5)中的"5"依次修改为"1、4"；为第4帧中的按钮元件添加相同代码，并将gotoAndStop(5)中的"5"修改为"1"。

（5）按【Ctrl＋Enter】组合键打开测试窗口，跳转到游戏页测试效果，如图4-71所示，可发现替换鼠标指针的手指图像过大，影响阅读文字，将播放头移至第1帧，缩小粘贴板处的手指图像，再进行测试，确认效果无误后保存文件。

图4-71　测试游戏页效果

设计大讲堂

　　在制作动画时，可充分利用已添加的对象来制作新对象，若需要使用具有相同文字属性的文字，可复制并粘贴其他帧上已添加的文字到所需帧，再修改内容；若需要使用相同的图形、元件等对象，可通过复制并粘贴已添加的对象到所需帧中得到副本对象。减少重复相同的操作和设置相同参数的时间，可提升设计人员的工作效率、应用动画制作软件的能力和时间管理能力。

4.5　拓展训练

实训 1　制作古诗交互演示动画

实训要求

　　（1）为《江楼有感》制作古诗交互演示动画，要求动画包含古诗朗读、译文和赏析等内容。

　　（2）演示动画尺寸为1280像素×720像素，平台类型为ActionScript 3.0，帧速率为24。

　　（3）演示动画背景与古诗内容紧密相关，视觉效果美观，结构清晰。

操作思路

　　（1）导入"江面.gif"文件充当场景，再新建两个图层分别用于添加古诗名称文字和制作3个按钮元件，按钮元件可先制作1个，利用"直接复制"命令得到其他两个，再修改其他两个中的文字内容，接着在文字图层的粘贴板中添加"月亮.png"文件，将其转换为影片剪辑元件，完成首页制作。

　　（2）分别在文字和按钮图层的第2帧添加文字（文字内容参考"文字资料.txt"文件）和按钮元件，按钮元件同样通过"直接复制"命令得到，修改其中的文字内容后，将文字图层的文字转换为影片剪辑元件，在内部添加"边框.png"文件和"江楼有感.mp3"文件，根据音频断句在古诗文字所在图层上插入与编辑关键帧，制作逐帧动画，完成朗读页制作。

　　（3）在主场景中使用辅助线确定舞台中部分对象的位置，分别在文字和按钮图层的第3帧添加文字的影片剪辑元件和按钮元件，这些元件由"直接复制"命令得到，然后修改影片剪辑元件中的文字内容，删除音频文件，完成译文页制作。

　　（4）分别在文字和按钮图层的第4帧添加文字的影片剪辑元件和按钮元件，这些元件由"直接复制"命令得到，然后修改影片剪辑元件中的文字内容，完成赏析页制作。

　　（5）分别为首页的3个按钮元件和1个影片剪辑元件，以及朗读页、译文页和赏析页的3个按钮元件设置实例名称，同一元件应设置一样的名称，然后使用"代码片断"面板为这些元件添加代码，仅影片剪辑元件添加"自定义鼠标光标"代码，其他元件添加的都为"单击以转到帧并停止"代码。最后为图层1的第1帧添加"stop();//暂停播放"代码，为第2帧影片剪辑元件内部的音频添加"play();//开始播放"代码。

（6）测试代码是否能被系统自动执行。

具体设计过程如图4-72所示。

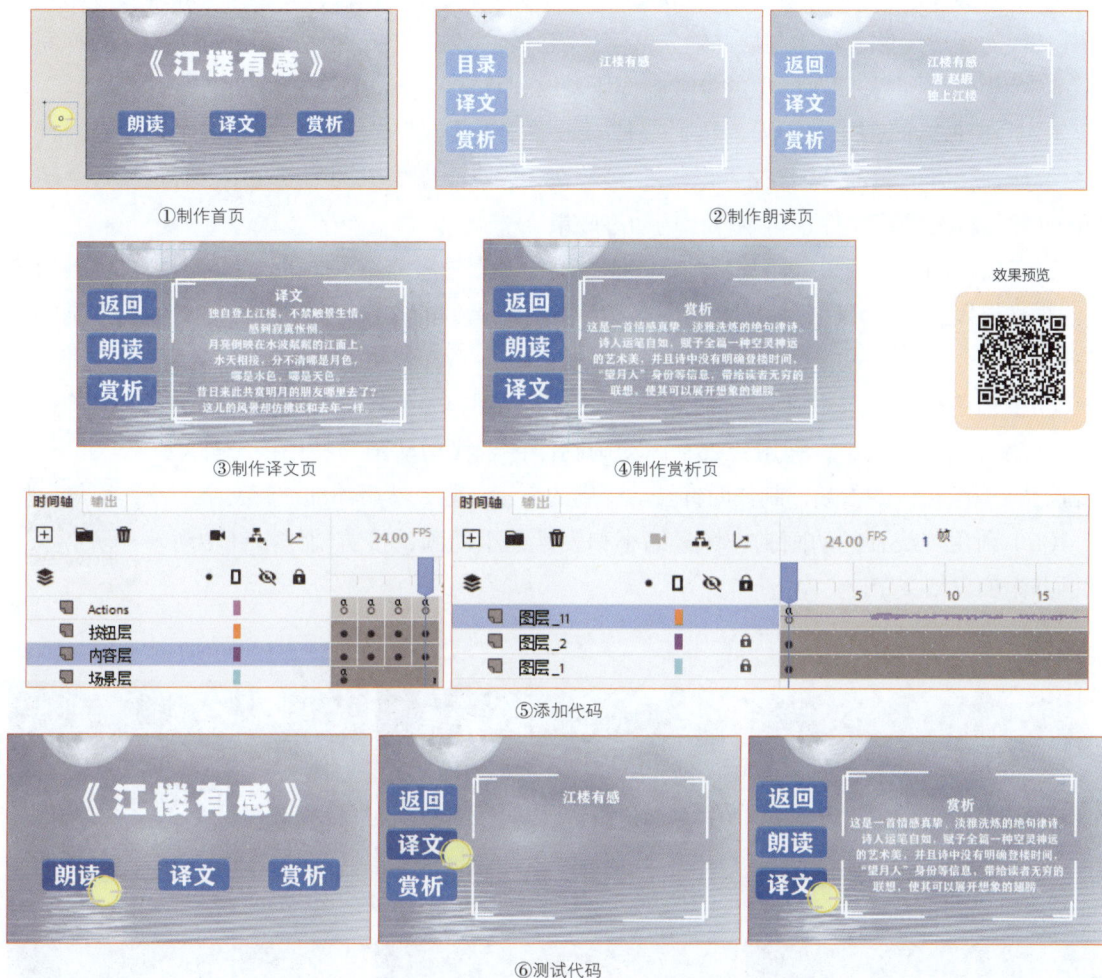

①制作首页　　　　　　　　　　　②制作朗读页

③制作译文页　　　　　　④制作赏析页

效果预览

⑤添加代码

⑥测试代码

图4-72　古诗交互演示动画设计过程

实训 2　制作数学概念演示动画

实训要求

（1）以数学概念中的时间流逝为核心内容制作一个演示动画，要求该动画以钟表为主体对象，清晰地展现出时针、分针各自转动一周分别代表的时长。

（2）演示动画尺寸为1280像素×720像素，平台类型为ActionScript 3.0，帧速率为25。

（3）演示动画采用卡通风格，场景设计与动画定位相符，角色设计美观，核心内容简单易懂。

操作思路

（1）依次导入"墙壁.jpg""黑板.png""讲堂.png"文件到舞台，调整大小和堆叠顺序后，将其转换为图形元件，新建图层并输入文字，将其转换为图形元件。运用关键帧、传统补间动画和"色彩效果""补间"栏中的参数制作场景放大且文字一边旋转放大一边消失的动画。

（2）新建多个图层，使用"椭圆工具" ●、"矩形工具" ■绘制钟表，其中表盘、时针、分针、遮盖指针的装饰分别在不同图层，接着在"表盘"图层添加刻度文字。分别将各个图层中的对象转换为图形元件，再制作出场动态效果。

（3）新建图层，插入空白关键帧，在空白关键帧上输入介绍表盘的文字后，将其转换为元件。再直接复制一个元件，修改文字内容和添加介绍指针的文字，并为介绍指针的文字制作动态效果。

（4）利用传统补间动画、"补间"栏中的参数，制作分针转动一周的演示动画，然后添加注解文字；利用传统补间动画制作钟表移动动画；利用传统补间动画、"补间"栏中的参数，制作时针转动一周的演示动画，然后添加注解文字。

效果预览

（5）利用传统补间动画制作场景缩小和表盘缩小动画，接着制作指针转动动画并添加总结文字。

具体设计过程如图4-73所示。

①制作开场动画

②制作钟表出场动画

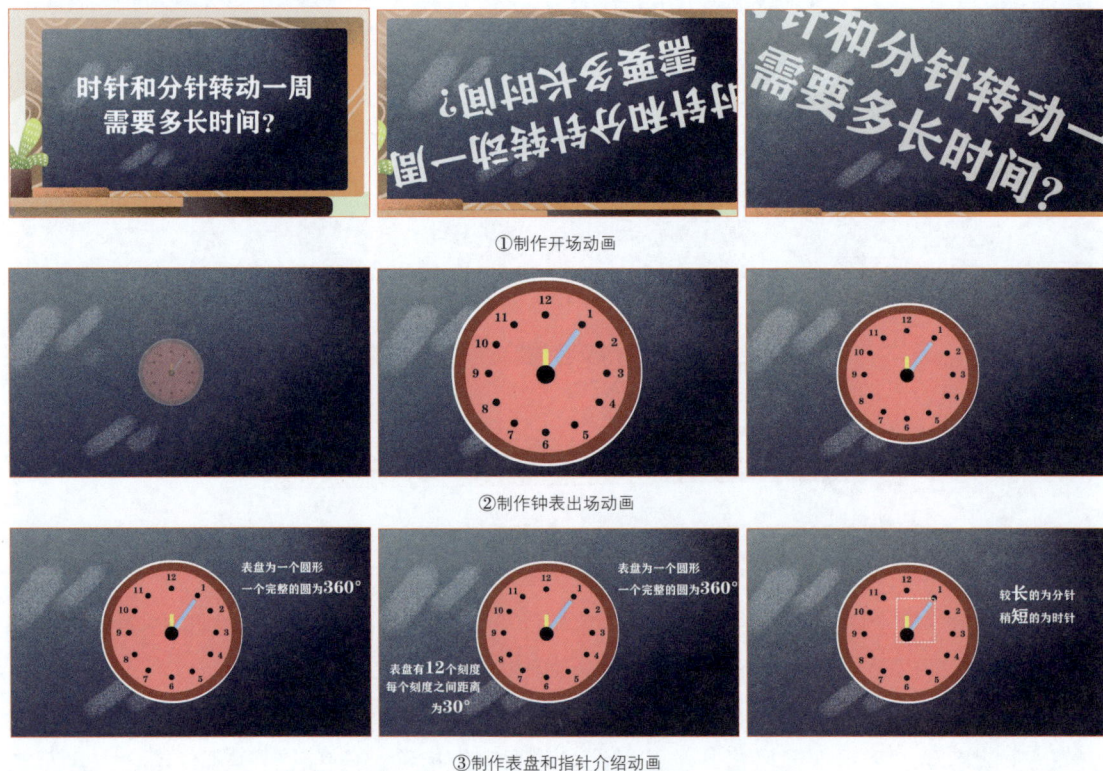

③制作表盘和指针介绍动画

图4-73　数学概念演示动画设计过程

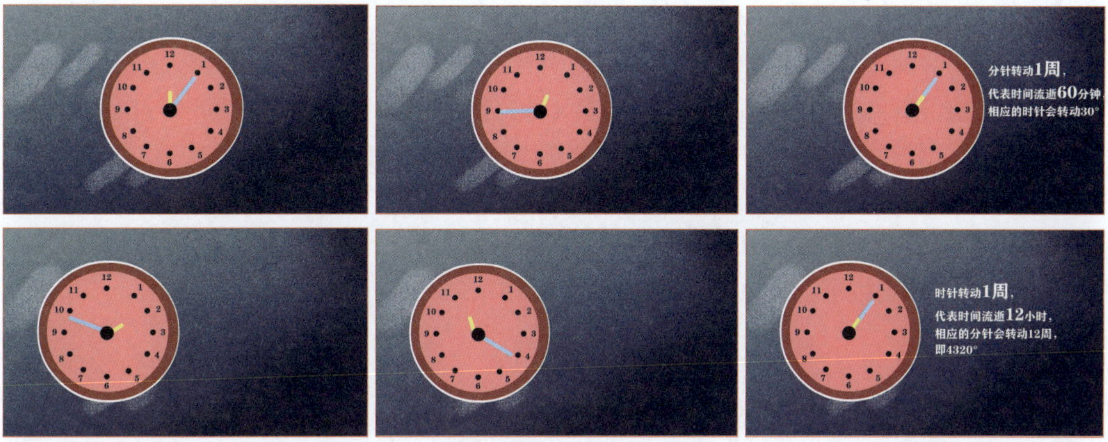

④制作指针转动动画

⑤制作总结文字出场动画

图4-73 数学概念演示动画设计过程（续）

实训 3　制作行车安全演示动画

实训要求

（1）为交通管理部门制作一个行车安全演示动画，告知驾驶员雨天行车的注意事项。

（2）演示动画尺寸为1280像素×720像素，平台类型为ActionScript 3.0，帧速率为24。

（3）演示动画场景设计能充分演示雨天行车的特点。

（4）演示动画视觉效果美观，核心内容简单易懂，时长为11秒。

操作思路

（1）使用形状工具组绘制场景，打开"素材.fla"文件，将建筑素材添加到场景中，组合图形后将其转换为图形元件。新建图层，添加"素材.fla"文件中的汽车素材，并将其转换为图形元件；新建图层，添加"素材.fla"文件中的下雨素材，并将其转换为图形元件。

（2）新建图层，输入文字并绘制装饰框，将其一同转换为图形元件，然后在汽车元件内部制作轮胎滚动动画和水花动画。轮胎滚动动画需使用传统补间动画和"逆时针"旋转参数；水花动画需使用画笔工具绘制水花，再将其转换为图形元件，在其内部插入关键帧，并调整图形，制作逐帧动画。

（3）在舞台中复制一个汽车元件，运用传统补间动画和Alpha参数制作文字消失动画。输入文字，绘制气泡框，将框与文字一起转换为元件，并在其内部绘制圆形框选汽车轮胎。然后制作文字出场动画和圆形先出现再消失的逐帧动画。

（4）直接复制两次步骤（3）制作的文字元件，修改其内容，得到两个新文字元件。为其中第1个文字元件再根据传统补间动画原理制作出场和退场动画效果；为其中第2个文字元件在其内部依据逐帧动画原理制作箭头先出现再消失的动态效果。

（5）输入文字并转换为图形元件，在内部添加圆角矩形并复制文字，通过修改复制文字的属性制作出立体效果。在主场景中依据传统补间动画原理制作出场动画效果。

效果预览

（6）添加"配音.mp3"文件到新图层中，依据配音内容调整各个关键帧的位置，达到音画同步效果。

具体设计过程如图4-74所示。

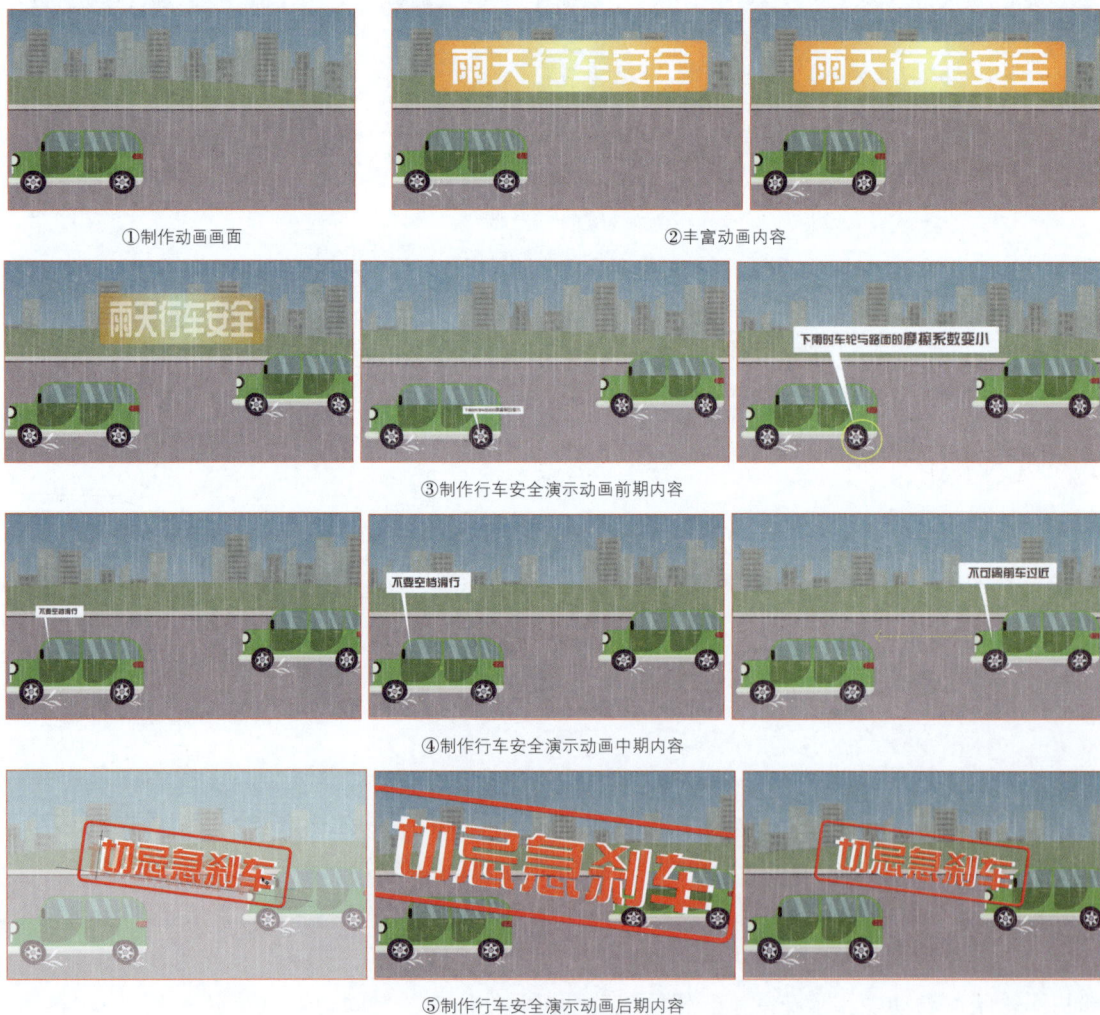

①制作动画画面　　　　　　　　②丰富动画内容

③制作行车安全演示动画前期内容

④制作行车安全演示动画中期内容

⑤制作行车安全演示动画后期内容

图4-74　行车安全演示动画设计过程

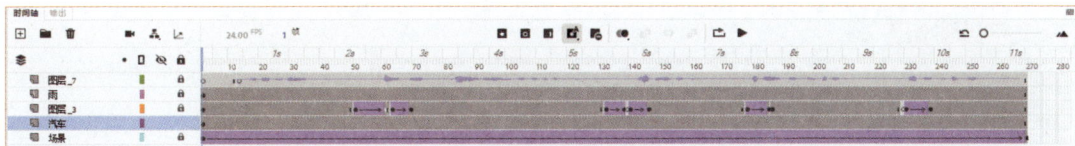

⑥添加配音并调整关键帧

图4-74　行车安全演示动画设计过程（续）

4.6　AI辅助设计

讯飞智作　**生成演示动画配音**

讯飞智作是一款集合成配音，调节音量、语速、语调，添加背景音乐，以及纠错、改写和翻译文字等功能于一体的智能化工具，支持多语种、多种声音风格，如有声阅读、新闻播报、纪录片、视频解说等。

进入讯飞智作官网并登录账号后，在网页顶部选择【讯飞配音】/【AI配音】/【立即制作】选项，便可进入操作页面（页面顶部为功能栏，中间为文本框，右下方为状态栏），然后通过以下两个环节便可以生成和下载音频。

- **根据文字生成音频**。在文本框中输入文字，然后在语句间隔处单击以插入定位点，单击文本框上方功能栏中的"停顿"功能图标 ，在弹出的下拉列表中选择停顿时长，完成语句间隔的设置。
- **选择并设置主播角色**。选择文字后，在操作页面的功能栏中单击主播头像，可打开"主播设置"对话框，在左侧可根据名称、性别、年龄、语种等选项来筛选主播，在右侧能设置所选主播的语速、语调和音调等参数，单击 使用 按钮将关闭该对话框，并使用设置好的主播角色为所选文字配音。若需要多人配音，则需选择文字后，单击功能栏中的"多人配音"功能图标 ，在打开的"主播设置"对话框中选择和设置主播角色。
- **下载音频**。单击页面右上侧的 生成音频 按钮，将打开"作品命名"对话框，设置名称和格式后，单击 确认 按钮，将打开"订单支付"对话框，单击 去下载 按钮进入个人中心页面，在页面中单击文件名称右侧的 ↓ 按钮可下载该音频。

例如，使用讯飞智作生成演示动画配音。

功能：文生音频

使用方式：输入文字+设置文字对应的主播角色+下载音频。

示例
模式：讯飞配音 \ AI配音 \ 立即制作。

文字描述如下。

李明："这雷声，感觉离我们不远了。张悦，你知道雷声是怎么形成的吗？我一直对这个挺感兴趣的。"

张悦："雷声其实是闪电通过空气时产生的声音。当闪电通过空气时，会使空气迅速膨胀并产生强烈的冲击波，这些冲击波传播到我们的耳朵，就变成了我们听到的雷声。"

李明："原来如此！以前只觉得打雷很壮观，没想到背后还有这么多科学原理。"

张悦："是啊，自然界的很多现象都蕴含着深刻的科学道理。只要我们用心观察和思考，就能发现它们的奥秘。"

效果预览

角色设计：李明 男性；张悦 女性。

示例效果：

即梦 AI　生成视频素材

即梦AI是由字节跳动旗下的剪映团队研发的生成式人工智能创作平台，提供一站式创意创作体验。它支持通过输入文字和上传图片，生成高质量的图像及视频，提供图片生成、视频生成、智能画布等功能，以及海量影像灵感。即梦AI主要有AI作图、AI视频两大核心模式。

- **AI作图**。在该模式中，设计人员可以选择使用图片生成、智能画布两种功能来生成图片。若选择图片生成，在其操作页面中输入关键词描述所需的图片，再上传参考图，设置生图模型、图片比例和尺寸等参数，单击 立即生成 按钮即可；若选择智能画布，在其操作页面中上传图片后，通过使用局部重绘、扩图、融图、细节修复等工具，可在该图片的基础上生成新图。

- **AI视频**。在该模式中，设计人员可以选择使用视频生成、故事创作两种功能来生成视频。若选择视频生成，在其操作页面中可通过图片和文本两种形式生成视频，选择任意形式后设置参数，单击 生成视频 按钮即可；若选择故事创作，在其操作页面中可通过批量导入分镜（通过分镜生成视频）和创建空白分镜（通过文本或参考图生成视频）的形式生成视频。

例如，使用即梦AI生成视频素材。

功能：文生视频

使用方式：输入文字+设置镜头参数+设置基础参数。

文字描述方式：角色+场景+情节+风格描述。

镜头参数类型：运镜控制、运动速度。

基础参数类型：生成模式、生成时长、视频比例。

示例

模式：AI视频 \ 视频生成。

效果预览

文字描述：在一个卡通风格湖泊旁，草地上的鲜花正在随风摇摆，有蝴蝶在空中飞舞。

镜头参数设置：运镜控制 \ 随机运镜；运动速度 \ 慢速。

基础参数设置：生成模式 \ 标准模式；生成时长 \ 6秒；视频比例 \ 16：9。

示例效果：

拓展训练

请使用讯飞智作尝试生成其他文字内容的配音，并使用"背景音乐"功能图标◎添加背景音乐，提升对音频生成AI工具的应用能力。

4.7　课后练习

1．填空题

（1）演示动画需要充分利用各种动画的构成元素，以全面而生动地诠释＿＿＿＿或＿＿＿＿＿，让观众更易理解。

（2）演示动画主要在商业、科技、公共安全和教育领域中应用较为广泛，根据＿＿＿＿可分为＿＿＿＿、＿＿＿＿、＿＿＿＿和＿＿＿＿4种类型。

（3）若要使舞台中特定对象的大小、位置与舞台边缘精确对齐，可单击"对齐"面板中的＿＿＿＿按钮。

（4）若要将舞台中某对象的堆叠顺序从顶层移至底层，可按＿＿＿＿组合键。

（5）使用即梦AI生成视频时，可使用＿＿＿＿＿和＿＿＿＿＿两种功能来生成视频。

2. 选择题

（1）【单选】如果需要制作一个演示动画来讲解手持风扇的内部结构、工作原理和操作流程，清晰传达出其功能特性、技术细节及优势亮点，应选择（ ）动画。

　　A. 产品演示　　　　　　　　　　B. 科学演示

　　C. 安全演示　　　　　　　　　　D. 教育演示

（2）【单选】如果需要通过已有元件制作新元件，可在"库"中选择已有元件，再使用（ ）命令进行制作。

　　A. "复制"　　　　　　　　　　B. "直接复制"

　　C. "拷贝"　　　　　　　　　　D. "直接拷贝"

（3）【单选】安全演示动画的内容展现出了极强的（ ），通常需要根据不同行业的特定需求、工作环境和风险点进行创作。

　　A. 设计性　　　　　　　　　　B. 真实性

　　C. 定制性　　　　　　　　　　D. 针对性

（4）【多选】在Animate中可使用（ ）在舞台中添加视频。

　　A. "导入视频"命令　　　　　　B. "组件"面板

　　C. "导入到舞台"命令　　　　　D. "代码片断"面板

（5）【多选】演示动画的设计原则包括（ ）。

　　A. 科学性和真实性　　B. 逻辑性　　C. 美观性　　　　D. 整体性

3. 操作题

（1）为"水分子的化学式"知识点制作一个科学演示动画，要求在动画中清晰地演示出水分子的组成和概念，并添加配音素材补充介绍。可绘制浪花图形并将其转换为元件，通过"直接复制"命令制作出浪花涌动效果；输入文字并进行复制和美化，制作出标题文字移动出场效果；输入文字，绘制文本框，制作出原理讲解动画；绘制圆形和输入文字，利用逐帧动画和补间形状动画原理制作出水分子构造演示动画。参考效果如图4-75所示。

效果预览

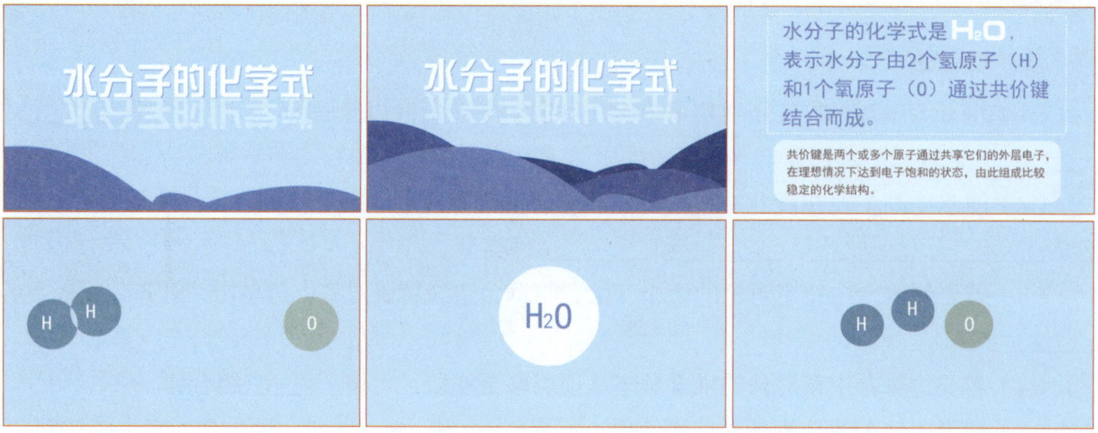

图4-75 "水分子的化学式"科学演示动画

（2）为消防部门制作一个电动车充电安全演示动画，要求在其中展示充电时的安全注意事项，如避免在不合适的场景下充电、充电时不在电动车周围放置易燃物品等，最后添加总结语。在制作时可分场景制作，在第1个场景中利用提供的素材布局，再添加文字和动画；在第2个场景中需自行绘制和添加场景，并绘制电动车的充电演示图，再添加文字和动画；第3个场景可在第2个场景的基础上进行修改，再添加文字和动画；第4个场景则使用第1个场景，再添加文字和动画；最后添加和编辑音频素材，参考效果如图4-76所示。

效果预览

图4-76　电动车充电安全演示动画

（3）使用即梦AI为"观赏娱乐活动"教育演示动画制作视频素材，要求视频内容为在鱼缸中饲养的小鱼、节日期间燃放的烟花，风格为卡通风格，参考效果如图4-77所示。

效果预览　　效果预览

图4-77　为"观赏娱乐活动"教育演示动画制作视频素材

An

第 **章**

网页动效制作

网页动效是动画设计在网页界面上的具体展现，它通过视觉元素的动态变化，为用户带来更加生动、有趣且直观的浏览体验。在电商与零售、媒体与娱乐、金融服务、教育与学习以及企业与品牌宣传等多个领域，网页动效都发挥着重要作用，成为提升用户体验、增强视觉吸引力，以及促进用户与网页内容互动的有效手段。为了制作出优秀的网页动效，设计人员需要充分了解网页动效的类型，同时熟练运用创意表现方法，并严格遵守相关的设计规范。

学习目标

▶ 知识目标

◎ 掌握网页动效的类型。
◎ 掌握网页动效的创意表现方法。
◎ 掌握网页动效的设计规范和设计流程。

▶ 技能目标

◎ 能够以专业手法设计不同类型的网页动效。
◎ 能够借助 AI 工具辅助完成网页动效的制作。

▶ 素养目标

◎ 提升网页动效的设计素养和技术，尊重用户体验。
◎ 勇于尝试新的网页动效设计思路和创意表现方法，创造出更具创新性的网页动效作品。

学习引导

STEP 1　相关知识学习　　　　　　　　建议学时：＿2＿学时

课前预习
1. 扫码了解网页动效的发展历程，建立对网页动效的基本认识
2. 上网搜索并赏析优秀的网页动效作品，吸取设计经验

课前预习

课堂讲解
1. 网页动效的类型和创意表现方法
2. 网页动效的设计规范和设计流程

重点难点
1. 学习重点：不同类型网页动效的作用和使用场景
2. 学习难点：不同网页动效的创意表现方法的特点

STEP 2　案例实践操作　　　　　　　　建议学时：＿4＿学时

实战案例
1. 制作美食网页加载动效
2. 制作社交网页视觉反馈动效

操作要点
1. 遮罩动画、引导动画的"属性"面板、"色彩效果"栏中的参数、宽度工具
2. 骨骼工具、编辑骨骼操作、骨骼动画的"属性"面板、补间动画的"属性"面板

案例欣赏

STEP 3　技能巩固与提升　　　　　　　建议学时：＿3＿学时

拓展训练
1. 制作花卉网站开场动效
2. 制作动物园网页连接错误动效

AI 辅助设计	1. 使用文心一格生成图像素材
	2. 使用图可丽抠取图像素材
课后练习	通过填空题、选择题、操作题巩固理论知识，并提升制作动画的实操能力

5.1　行业知识：网页动效基础

网页动效，顾名思义，是指网页中的动画效果，也可以视其为界面设计与动态设计的结合。好的网页动效不仅可以引导用户操作网页，减少用户等待网页响应的焦虑，还能拉近用户与产品之间的距离，提升用户好感度和品牌认知度。

5.1.1　网页动效的类型

网页动效按照出现时机可分为引入动效、页面动效、转场动效三大类型。

1. 引入动效

引入动效是指在用户首次访问网页或页面时，为了吸引用户的注意力、营造特定氛围和提升用户体验而设计的动画效果。这些动画效果通常在页面加载完成后立即展现，或者在用户执行某个特定操作（如单击按钮）时触发。

（1）开场动效

开场动效，又称启动特效，通常在用户首次访问网页时展示，其内容丰富多样，既可以是品牌Logo的展示，也可以是产品介绍或具有创意的动画效果，如图5-1所示。开场动效常用于展示品牌形象，增强用户对品牌的记忆；吸引用户的兴趣，延长用户的停留时间；传达网页的主题和氛围。开场动效的应用场景通常为网站或应用程序的首页，以及重要的活动页面或产品发布页面等需要给用户留下深刻印象的场景。

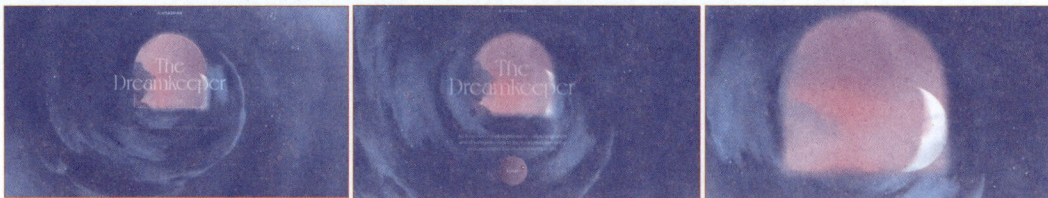

开场动效

该开场动效以蓝色河面的俯视视角作为主场景，文字和按钮采用淡入效果精心设计，所有元素依次缓缓显现后，等待用户单击"Enter"按钮以展现该网页的完整内容。整体视觉效果美观大方，动态呈现新颖独特，能够迅速提升用户对网站的好感度。

图5-1　开场动效

（2）加载动效

加载动效是极为常见的动效之一，通常在页面或内容加载的过程中以循环播放的动画形式展现，如旋转的图标、进度条等，其设计简洁明了，不会过于复杂而干扰用户视线。加载动效多用于告知用户当前页面正处于加载状态，缓解用户等待加载时的焦虑；提升用户体验，让原本单调的加载过程不再乏味；保持用户的注意力，降低用户在等待过程中离开页面的可能性。

　　加载动效的应用场景相当宽泛，几乎可以在任何需要加载内容的网页中使用，特别是在网络条件不佳或加载时间较长的情况下，其重要性更为凸显，如图5-2所示。甚至在有些情况下，用户首次进入网页时，首先看到的是加载动效而非开场动效。

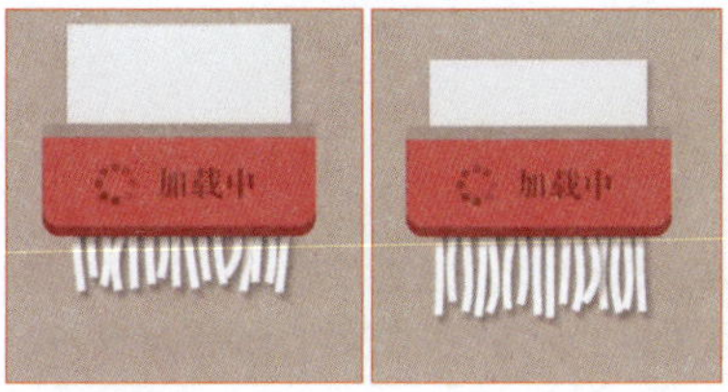

加载动效

该加载动效以反复播放的碎纸过程为主要内容，采用扁平化风格，视觉效果简洁明了。该加载动效通过引导用户的视线聚焦于碎纸机碎纸的动作，关注碎纸的长度变化，有效缓解用户在等待过程中的焦虑情绪，从而提升用户体验。

图5-2　加载动效

（3）引导动效

　　引导动效的主要目的是引导用户的视线或操作，通常以动画形式指示用户应该关注的内容或执行的操作，如图5-3所示。在设计上，它特别注重流畅性和连贯性，以确保用户能够轻松理解。引导动效用于提高用户的操作效率，降低用户的学习成本；增强用户的参与感和沉浸感，优化页面布局，使网页内容更加有序和易于理解。

　　引导动效多用于布局复杂的页面或烦琐的操作流程，在教程或初次使用的引导页面中尤为常见。这种设计策略有助于提升用户体验，使新用户能够快速上手，同时也为老用户提供更直观的操作指引。

引导动效

该引导动效以鼠标作为交互媒介，用户单击"PICK UP"按钮后，菜单栏随即展开，在其中以拖动进度条和单击复选框进行勾选的形式来设置页面内容，最后单击"SCROLL"按钮完成整个操作流程。整体流程简单清晰，能使用户很好地理解并掌握操作。

图5-3　引导动效

2.　页面动效

　　页面动效是指在当前网页页面中，为了增强用户交互体验、展示页面元素之间的关系（如层级关系、逻辑关系或因果关系），或引导用户视线而精心设计的动画效果，通常与页面的内容或布局紧密相关。页面动效广泛应用于用户与页面元素进行交互、引入页面新元素、指示用户当前位置及其他可访问区域的场景中。

（1）视觉反馈动效

　　视觉反馈动效又称视觉提示特效，旨在以动画形式快速响应用户的操作，提供即时的操作结果或系统状态反馈，如图5-4所示。另外，视觉反馈动效还可用在用户等待或暂停操作的间隙中，通过页面元素的动态效果，带给用户趣味性，进而提升用户体验和好感度。

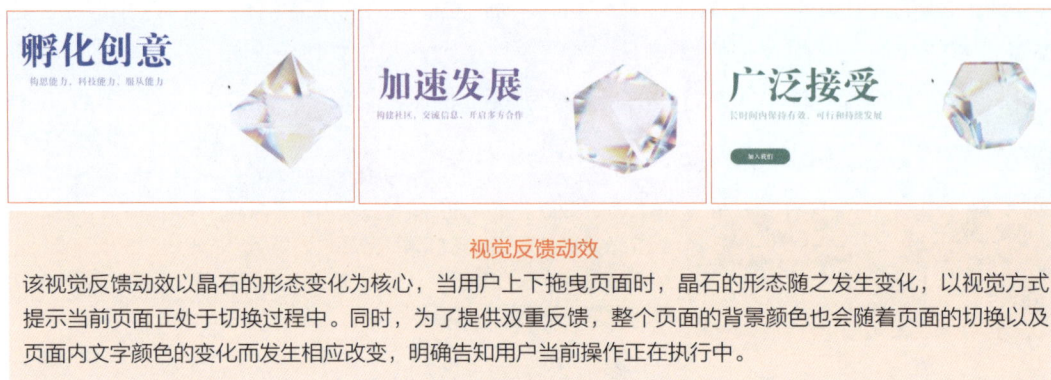

视觉反馈动效

该视觉反馈动效以晶石的形态变化为核心，当用户上下拖曳页面时，晶石的形态随之发生变化，以视觉方式提示当前页面正处于切换过程中。同时，为了提供双重反馈，整个页面的背景颜色也会随着页面的切换以及页面内文字颜色的变化而发生相应改变，明确告知用户当前操作正在执行中。

图5-4　视觉反馈动效

（2）空间拓展动效

空间拓展动效用于通过动画展示页面元素的层级关系，拓展页面空间以展示更多内容，增强用户与页面元素之间的交互体验，从而帮助用户更好地理解页面结构和内容布局。它多见于页面的折叠菜单（如可以展开与收起的侧边菜单栏）、抽屉式导航栏、弹出层与模态框（如单击按钮后弹出的表单或提示框）等场景中，如图5-5所示。

3. 转场动效

转场动效是指在不同页面或页面元素之间切换时，为了保持视觉上的连贯性和流畅性而设计的动画效果。这些动画效果通常用于实现页面或页面元素之间的平滑过渡，减少因页面切换而产生的突兀感。

折叠菜单

该空间拓展动效以用户单击按钮或任意菜单项图标为触发点，随后展开菜单将宽度变宽，展示出折叠的功能菜单和子菜单，以及用户信息。同时，鼠标指针悬停在对应的功能菜单和子菜单项上时，这些项将呈现蓝色背景色，以清晰显示当前鼠标指针的位置，提醒用户可以进行的操作。

图5-5　空间拓展动效

（1）滑动动效

滑动动效是通过滑动手势使页面或元素在水平或垂直方向上平滑移动的动态效果，它可以提供直观的导航体验，有效减少页面切换时的突兀感。滑动动效常见于页面切换（如滑动查看更多内容、滑动切换标签页等）和网页中的轮播图切换（见图5-6）、滑块导航等场景。

（2）翻转动效

翻转动效是一种将页面或元素以翻转方式呈现的动态设计，如图5-7所示。翻转动效本身具有强烈的视觉冲击力，不仅能够清晰地展示页面间的层级关系，还能为操作增加趣味性和互动性。翻转动效多用于展示页面中产品的前后对比图，或者图片翻转等特定场景。

滑动动效

该滑动动效通过左右滑动来切换当前页面的轮播图，是电商网页中广泛采用的一种动效设计类型，能在同一位置展示不同的内容，有效节省页面空间，同时具有一定的互动性。

图5-6　滑动动效

翻转动效

该翻转动效摒弃了传统的前后翻转手法，创新地将带有某个序号的矩形通过翻转形式变换为带有另一个序号的矩形，视觉效果新颖别致，展现了强烈的设计感。同时，该翻转动效的元素与画面中占据大面积的扁平风图形的风格保持一致，矩形颜色以扁平风图形的点缀色为主，视觉效果突出，即使矩形面积占比较小，也不会被用户忽略。

图5-7　翻转动效

（3）卡片动效

在卡片动效中，内容以卡片的形式呈现，卡片可以单独或整体进行动画处理，如图5-8所示。卡片动效能提升信息的可读性和组织性，还能吸引用户注意，引导用户浏览。卡片动效的应用场景广泛，包括社交媒体网站中的信息流展示页面、电商网页中的商品列表展示模块、新闻网站中的文章卡片展示模板等。

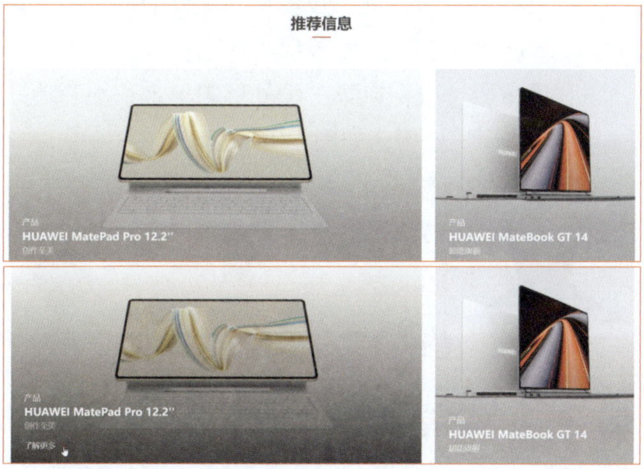

卡片动效

在华为官网首页中，推荐信息模块以卡片形式呈现内容，当用户将鼠标指针移至卡片上时，卡片中的图像会自动放大显示，同时左下角的文字将垂直向上移动，并出现"了解更多 ＞"提示文字，单击该文字即可跳转到相关页面。这种动效设计不仅在视觉观感上简洁、大方、有条理，具有较强的专业性，而且非常适用于内容丰富的页面，可以有效提升用户体验及其对网页的好感度。

图5-8　卡片动效

5.1.2 网页动效的创意表现方法

在网页动效的类型中，滑动动效和翻转动效便是直接以创意表现方法命名的，除了滑动和翻转外，网页动效还有以下常用创意表现方法。

● **位移**。该方法通过调整组成元素的位置来实现动态效果，如进行上下、左右位置变化，是一种比较基础的创意表现方法，如图5-9所示。

蜻蜓FM加载动效
该加载动效设计精巧，下方展示了"正在加载"文字，上方的品牌形象脚踩滑板进行位置变化，同时在位置变化过程中，品牌形象的手臂摆动动作严格遵循人体运动规律，增强了位置变化的合理性与动作的自然流畅感。

图5-9　位移

● **属性变换**。属性作为组成元素的基本特征，包括不透明度、颜色、圆角样式和宽高比（改变圆角样式和宽高比参数会影响到元素的外形，如圆形变矩形）等，通过精细调控这些属性，可以赋予动效更丰富的层次和情感色彩，如图5-10所示。

● **缩放**。缩放在保证组成元素原有比例关系不变的基础上对元素进行放大或缩小，不改变整体外貌特点，并营造出视觉上的动态效果，如图5-11所示。

图5-10　属性变换

图5-11　缩放

● **复制融合**。该方法涉及复制所需的组成元素，实现"一变多"的增殖，再将这些元素"多变一"，融合成一个全新的、外形独特的元素。这一过程中，元素的融合不仅限于简单的叠加，更强调形态与特性的和谐统一，如图5-12所示。

● **蒙版**。该方法与遮罩动画类似，它利用蒙版（或称遮罩）的外形来界定和控制动效的显示区域及轮廓，从而营造出独特的整体视觉效果，如图5-13所示。

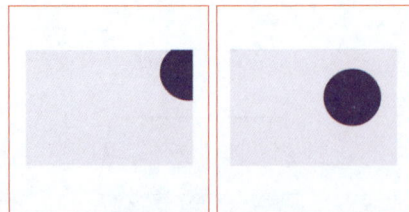

图5-12　复制融合

图5-13　蒙版

● **修剪路径和波形变形**。这两种方法在视觉效果上比较类似，它们的主体对象均是由单线条构成的图形。修剪路径是依据路径原理和图形的外形特点来创建的，如图5-14所示。它可以实现图形从局部逐渐展示整体轮廓，或者由整体轮廓逐渐消失的效果，这些展示和消失的路径都紧密依据图形本身的轮廓来设计。而波形变形则是在单线条图形的基础上进行一种幅度较小的变形，变形仍保留曲线的基本外形特点，整体视觉效果仿佛水流般的波动，给人带来强烈的动态流动感，如图5-15所示。

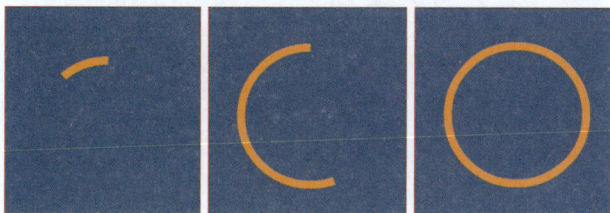

图5-14　修剪路径　　　　　　　　　　　图5-15　波形变形

- 夸张。为了凸显动效中的关键元素或增强视觉冲击力，可以对某些动态效果进行夸张处理，如图5-16所示。这样既可以增强动效的张力，又能引导用户将更多的注意力集中到某些特定的元素上。但是夸张处理要适度，避免影响到动效的真实感和流畅性。

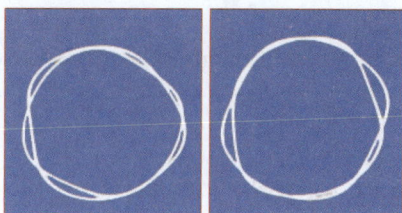

汽车之家网页动效

该动效将IP形象的行走动态效果进行夸张处理，使得IP形象的移动速度堪比汽车的移动速度，这与品牌的名称不谋而合。同时，使用椭圆形代替正常的脚部设计，强化IP形象的卡通风格特点，给用户带来网页"马不停蹄"地响应用户操作的感觉，增加网站的专业性和趣味性。

图5-16　夸张

- 湍流置换。这种方法模拟了水在容器中涌动的过程，有时也会制作成注满水的效果，如图5-17所示，常用于开场动效、加载动效或视觉反馈动效，旨在引导用户将注意力集中在注水这一动态过程上，从而减少对时间流逝的感知。
- 3D盒子。该方法通过多角度旋转的手法全方位展示对象的立体结构，塑造出有别于其他创意表现方法的强烈立体感，如图5-18所示，是制作科技风格动效的常用方法之一。

图5-17　湍流置换　　　　　　　　　　图5-18　3D盒子

- 视差。通过让多个组成元素以不同的速度进行移动，形成差异化的视觉效果，如形成

"近快远慢"的视觉效果以模拟现实世界的"近大远小"和"近处清晰、远处模糊"的特性，从而创造出3D纵深感，如图5-19所示。

该动效巧妙融合了视差和位移两种创意表现方法，通过视差来模拟并强调白色矩形在上下位移过程中的力学规律（上升加速度略慢于下降加速度），并将此效果以灰色标注，以此将原本简单的动态效果提升至更为细腻和专业的层次。

图5-19　视差

5.1.3　网页动效的设计规范

在网页动效制作过程中，设计人员需要遵守以下设计规范，创作出既符合市场需求又具备细腻视觉效果的动效作品。

● **遵循运动规律**。运动规律对于网页动效非常重要，设计人员在制作网页动效时应遵循这些自然界真实存在的运动规律，如加速度、滑动、抖动、运动模糊和摩擦力等方面的规律。这样不仅可以提升视觉体验，还能加强动效的真实感，如图5-20所示。

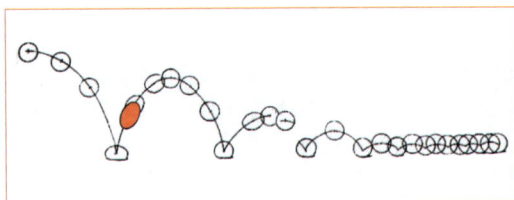

弹跳运动规律
这张图像细致地描绘了一个物体在弹跳过程中经历的形变以及速度变化的规律。当设计人员为网页动效中的元素设计弹跳动作时，可以依据这张图像来精确地设置弹跳的各个阶段和参数。

图5-20　遵循运动规律

● **定义运动轨迹**。无生命的机械物体（即非生命体）往往具有直线或者简单的曲线运动轨迹，而生命体则具有更灵活多变的运动轨迹。这要求设计人员首先明确动效中主体的身份及其应有的运动轨迹，然后在制作时赋予它这种轨迹。

● **设置动效焦点**。动效焦点旨在引导用户的注意力集中于屏幕上的特定区域，尤其是在界面元素繁多、难以区分的场景下，设置动效焦点可使动效的重点一目了然。例如，页面中一个闪烁的图标可以提醒用户按下它。

● **应用缓入和缓出效果**。缓入和缓出源于现实世界中物体无法瞬间达到最大速度或立即停止的物理原理，每个物体都需要一定的加速和减速时间。在制作网页动效时，设计人员通过应用缓入和缓出效果，可以让物体的运动过程更加自然和真实。

5.1.4　网页动效的设计流程

设计人员在设计网页动效时，需认真考虑动效的类型、应用节点（即动效在特定时间点或与用户交互过程中被触发的具体环节或元素）、实现方法及预期效果。以下是网页动效的具体设计流程。

- **需求分析与规划**。首先，深入了解网页的定位、核心功能及目标用户，明确添加动效的目的与期望效果。然后，基于这些信息确定动效的类型，并制作一个详细的动效需求表格。
- **应用节点确定**。根据网页结构和用户体验流程，确定动效的应用节点，即触发动效的时间和位置，并单独整理成一个动效列表。
- **逻辑设计与评估**。设计动效的逻辑方案，包括动效的触发条件（如单击、双击或滑动触发）、执行顺序等。同时，评估制作动效的难度、成本及所需资源，并梳理出具体的制作方法或技术手段。
- **动态设计**。先确定动效的视觉表现、动画效果及过渡方式，再准备需要使用的素材，选择合适的工具，最后依据所需遵循的运动规律和各类动画制作原理展开创作，创作过程中需持续关注动效与网页整体风格的融合。
- **优化调整**。对设计和实现过程进行细致的优化，调整动效的各项参数（如速度、延迟、缓动效果等），确保动效在不同设备和环境下的表现均达到预期。

5.2　实战案例：制作美食网页加载动效

案例背景

随着"美食探索者乐园"网站内容和功能的日益丰富，用户数量显著增长，该网站为了给用户提供更好的浏览体验，决定在加载网页时添加加载动效，优化用户的等待体验，同时增强用户对品牌的印象。具体要求如下。

（1）加载动效的画面设计需符合网站定位，体现出美食的特色与魅力。

（2）加载动效的尺寸为1280像素×720像素，以适配大多数现代显示设备；平台类型为HTML5 Canvas，帧速率为24。

（3）加载动效创意新颖，视觉效果美观，动态效果流畅自然，能吸引用户的注意力并缓解其等待加载时的焦急情绪。

设计思路

（1）画面设计。在品尝美食的过程中，人们常常以茶为伴，喝茶也与休闲、放松及享受生活的情感相连，这一特点为设计动效的主体形象提供了灵感。本例需要制作的美食网页加载动效可将茶杯作为动效的主体形象，这有助于营造一种惬意而舒适的氛围。同时，以茶杯为主体形象的动效能以一种有趣的方式提示用户"请稍等"，并邀请用户在等待期间想象自身正在悠闲地品茶，以此缓解用户的等待焦虑。另外，茶文化在中国及世界各地都有着深厚的底蕴，它能够迅速唤起用户对美食和茶文化的联想与兴趣。这样的画面设计不仅与网站的定位高度契合，还能塑造出品牌尊重并传承文化的良好形象。

（2）文字设计。加载动效因其简洁明了的特点，通常不需要过多的文字描述，只需添加提示加载进度的文字。选用笔画圆润且严谨的文字字体，不仅符合加载动效简洁明了的特点，还可以提升专业性。同时，选用无彩色——白色作为文字颜色，可以与各种背景颜色形成良好的对比效果，具有很强的通用性和高辨识度。

（3）动画设计。动画分为两大核心部分，即以茶杯为核心制作主体动效，在茶杯周围制作装饰动效。其中主体动效以遮罩动画和引导动画为主，制作出在茶杯内部逐渐注满水，同时茶叶跟随水流自然漂浮的视觉效果，并融合数字递增效果，实时反馈加载进度；装饰动效分为加载提示文字的位移动效和星星闪烁动效，进一步提升视觉吸引力和内容的丰富性。

效果预览

本例的参考效果如图5-21所示。

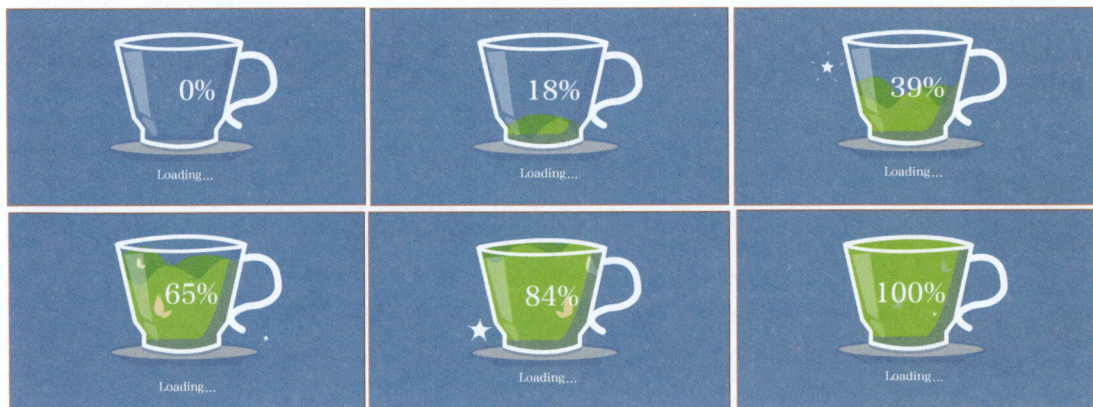

图5-21　美食网页加载动效

操作要点

（1）使用遮罩动画制作茶水逐渐注满茶杯，且茶水涌动的视觉效果。

（2）使用引导动画原理制作茶叶漂浮效果，使用"属性"面板制作茶叶跟随引导线颜色变化进行变色的视觉效果。

操作要点详解

（3）使用"色彩效果"栏参数调整元件的色调，使用"宽度工具"调整笔触的粗细。

（4）使用补间动画和"属性"面板制作文字位移动效。

5.2.1　绘制加载动效的主体形象

绘制加载动效的主体形象——茶杯时，需要确保茶水的动态效果呈现位于茶杯内部，为此茶杯需要由一个茶杯轮廓层（用于定义茶杯轮廓）和一个杯壁层（用于表现立体感和空间感）组成。在绘制过程中，可使用"线条工具"✐绘制和调整茶杯轮廓，使用形状工具组和"钢笔工具"✐绘制茶杯把手和托盘。其具体操作如下。

微课视频

（1）新建尺寸为"1280像素×720像素"，平台类型为"HTML5 Canvas"，帧速率为"24"的文件。按【Ctrl+S】组合键保存该文件，设置名称为"美食网页加载动效"。单击"属性"面板的"文档"选项卡中的舞台色块，在其中设置颜色为蓝色"#3399CC"，将舞台的颜色由白色更改为蓝色。

（2）使用"线条工具" ╱ 在舞台中绘制3条笔触，设置笔触颜色为白色"#FFFFFF"，笔触大小为"16"，通过复制和水平翻转操作得到3条新笔触，原有笔触和新笔触分别构成茶杯的左右壁轮廓，如图5-22所示。

（3）使用"钢笔工具" 🖋 在左右壁轮廓之间绘制3条曲线笔触，保持参数不变，再在右壁轮廓处绘制1条类似于"S"形的曲线，接着选中杯口前沿处的曲线笔触，将笔触大小调整为"13"，如图5-23所示。

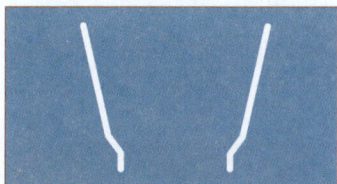

图5-22　茶杯的左右壁轮廓　　　　图5-23　绘制茶杯其他轮廓

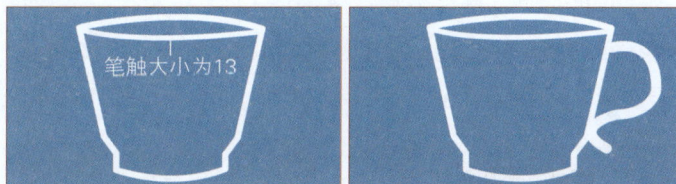

（4）将当前图层名称修改为"茶杯"，新建名为"托盘"的图层，并将该图层置于底部。使用"基本椭圆工具" ⬭ 在对象绘制模式下绘制填充为浅灰色"#CCCCCC"，不透明度为"80"，笔触颜色为深蓝色"#338BC4"，笔触大小为"10"的椭圆形，效果如图5-24所示。

（5）使用"矩形工具" ▣ 在对象绘制模式下绘制填充为深蓝色"#338BC4"，宽度与椭圆形直径一致的矩形，按【Ctrl+Shift+↓】组合键将其移至底层，再将其扭曲为梯形。

（6）复制茶杯与托盘交界处的曲线，将其粘贴到"托盘"图层，再单击"属性"面板的"对象"选项卡中的"创建对象"按钮 ▣ 将其转换为对象，并修改填充为深蓝色"#338BC4"，不透明度为"50"，效果如图5-25所示。

（7）新建名为"光影"的图层，使用"钢笔工具" 🖋 分别在茶杯的左右壁绘制3个图形的笔触，再使用"颜料桶工具" 🖌 将左壁图形填充白色"#FFFFFF"，设置不透明度为"40"；将右壁图形填充深蓝色"#338BC4"，设置不透明度为"50"。删除笔触，将"光影"图层移至"茶杯"图层下方，效果如图5-26所示。

图5-24　绘制托盘　　　　图5-25　绘制托盘其他部分　　　　图5-26　绘制茶杯光影

5.2.2　制作进度读取动效

制作茶杯内部的进度读取动效时，需要使用与茶杯内部大小一致的遮罩来定义动画效果的显示范围，然后通过绘制茶水图形，制作出茶杯内部逐渐被茶水注满的视觉效果。其具体操作如下。

（1）新建图层并重命名为"遮罩"，将"茶杯"图层中茶杯笔触复制并粘贴到新图层的相同位置（粘贴到当前位置的组合键为【Ctrl+Shift+V】），确保与原位置一致，然后删除把手和杯口前沿的笔触，使用"颜料桶工具" 填充黑色"#0000000"，接着删除当前图层所有笔触，效果如图5-27所示。

（2）新建图层并重命名为"茶水"，使用"钢笔工具" 绘制笔触，使用"颜料桶工具" 填充颜色，设置笔触和填充均为草绿色"#99CC00"，确保绘制出的图形宽和高都大于茶杯宽和高。将茶水图形转换为图形元件，进入元件编辑窗口后，再将其转换为图形元件，再进入元件编辑窗口，将其转换为名为"茶水"的图形元件。

（3）此时，场景显示为"场景1 元件1 元件2"，分别在第10帧和第20帧处插入关键帧，仅调整第10帧元件位置（前提是第1帧和第20帧图形都能遮住茶杯内部），在第1帧和第10帧、第10帧和第20帧关键帧之间创建传统补间动画，制作茶水左右位移动画，如图5-28所示。

图5-27　制作遮罩　　　　　图5-28　制作茶水左右位移动画

（4）返回元件1的元件编辑窗口，在第240帧处插入帧，然后将第100帧转换为关键帧，分别调整第1帧元件位置到杯底、第100帧元件位置到杯顶，然后创建传统补间动画。复制图层，选择原图层第1帧，先将画面中的元件水平翻转，然后在"对象"选项卡的"色彩效果"栏中选择"色调"选项，设置红色为"80"，绿色为"179"，蓝色为"26"，重复操作，调整第100帧的元件。

（5）返回主场景，将"遮罩"图层从普通图层属性调整为遮罩图层属性，将"茶水"图层调整成"遮罩"图层的动画层，再将这两个图层移至"托盘"图层上方，锁定所有图层，效果如图5-29所示。

图5-29　制作注满茶水动画

5.2.3 制作对象漂浮动效

在茶水逐渐注满茶杯的过程中，呈现茶叶跟随茶水漂浮在茶杯中的效果。制作这一漂浮动效需要先绘制茶叶图形，然后将其所在图层设置为遮罩层的动画层，在其中结合引导动画原理，制作出茶叶跟随引导线位移，并随着引导线颜色的变化而变色的视觉效果。其具体操作如下。

（1）选中"茶水"图层，再新建"茶叶"图层，使用"钢笔工具" 绘制茶叶的轮廓笔触，使用"颜料桶工具" 填充颜色，设置笔触和填充均为绿色"#32AE8E"，删除笔触后只保留茶叶叶片图形，调整大小和位置。使用"铅笔工具" 绘制笔触颜色为绿色"#32AE8E"，笔触大小为"0.1"的曲线笔触，作为茶叶梗图形，如图5-30所示。

（2）将绘制的茶叶图形转换为元件，进入元件编辑窗口后，再将其转换为元件并进入元件编辑窗口（场景显示为"场景1 元件4 元件5"），选中图层，单击鼠标右键，在弹出的快捷菜单中选择"添加传统运动引导层"命令，然后使用"铅笔工具" 绘制一条笔触颜色为白色"#FFFFFF"的曲线笔触，设置笔触大小为"5"。

（3）使用"宽度工具" 调整曲线笔触的宽度，再选中部分笔触依次调整笔触颜色为"#66CC00""#FF3300""#FFCC00"，被选中的笔触与未选中的笔触之间的连接处将自动变形，如图5-31所示。

图5-30　绘制茶叶图形　　　　　图5-31　绘制并编辑曲线笔触

（4）将茶叶图形转换为元件，在引导图层第120帧处插入帧，在动画层第120帧处插入关键帧，分别调整动画层2个关键帧上元件的位置，使其分别位于引导线的开头和结尾处，然后创建传统补间动画，制作引导动画，如图5-32所示。

图5-32　制作引导动画

（5）此时，视觉效果稍显呆板，可选中传统补间动画的任意一帧，在"属性"面板的"帧"选项卡的"补间"栏中依次选中"沿路径着色""沿路径缩放"复选框，效果如图5-33所示。由于部分笔触大小过大，导致茶叶缩放效果超出内壁，因此分别选中笔触调整笔触大小，使茶叶缩放效果不超出内壁，在调整过程中应保持路径始终不断裂。

图5-33　创建引导动画

（6）返回元件4场景，在第120帧处插入帧，复制图层，水平翻转复制所得的元件，并调整其位置，将第1帧移至第20帧处，使两处茶叶漂浮效果展示时间不一致。重复操作，复制原茶叶漂浮元件，水平翻转并调整位置；复制"图层_1"图层元件，水平翻转并调整位置，将第20帧移至第55帧处，如图5-34所示。

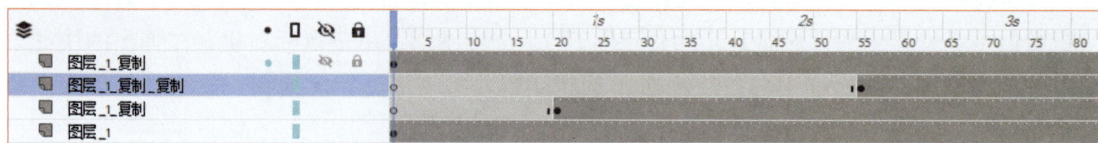

图5-34　复制图层并编辑图层上的帧

（7）返回主场景，锁定"茶叶"图层，按【Enter】键查看效果，如图5-35所示。

图5-35　制作茶叶漂浮动画

5.2.4　制作文字位移和数值递增动效

目前，主体动效仅需添加数值递增动效以直观展示当前的加载进度。为了提升美观性，还可在茶杯下方添加文字位移动效，以提示当前动效的作用。制作这两个动效时，都需要先输入文字，再依据逐帧动画或补间动画原理来制作。其具体操作如下。

（1）在图层顶部新建"文字"图层，输入"100%"文字，设置字体为"方正中雅宋_BIG5"，字号为"90"，将其转换为图形元件，进入元件编辑窗口后，再新建图层，在新图层上使用相同的工具输入"Loading"".."文字，设置字号为"40"，选中这两个文字将其转换为图形元件。

（2）在两个图层的第120帧处插入帧，选择"图层_2"图层的第1帧，单击鼠标右键，在弹出的快捷菜单中选择"创建补间动画"命令，然后将播放头移至10的倍数帧（120帧除外），按照向上、原位、向下的顺序依次调整这些帧上的文字位置，制作出文字位移动效，选中第14帧，在"属性"面板的"帧"选项卡的"补间"栏中设置缓动为"20"，效果如图5-36所示。

図5-36　制作文字位移动效

（3）将播放头移至第1帧，选择"100%"文字，按【Ctrl+B】组合键将其分离为单个字符。选中"图层_1"图层的第1帧，单击鼠标右键，在弹出的快捷菜单中选择【转换为逐帧动画】/【每帧设为关键帧】命令，然后依次按照当前帧的数值来调整前100帧的文本数值，使其呈递增状态。

（4）返回主场景，锁定"文字"图层，按【Enter】键查看效果，如图5-37所示。

図5-37　制作数值递增动效

5.2.5　制作星星闪烁装饰动效

在茶杯四周添加星星闪烁装饰动效，可以更好地引导用户视线聚焦于茶杯主体动效处。制作该动效时需要先绘制五角星，再制作传统补间动画。同时为了丰富视觉效果，可为其应用缓入和缓出效果。其具体操作如下。

（1）新建"装饰"图层，选择"多角星形工具" ⬡，在"属性"面板的"工具"选项卡中设置填充为白色"#FFFFFF"，样式为"星形"，边数为"5"，星形顶点大小为"0.6"，在茶杯左侧拖曳鼠标指针绘制一个五角星。

（2）将五角星转换为图形元件，进入元件编辑窗口，再将其转换为图形元件。分别在第4、8、18帧处插入关键帧，在第19帧处插入空白关键帧，依次调整关键帧上的元件大小，使其呈现次小、稍大、最大、最小的形态，然后分别在这些关键帧之间创建传统补间动画，制作星星的缩放动效，如图5-38所示。

図5-38　制作星星的缩放动效

（3）新建图层，使用"线条工具" ✐ 在五角星附近绘制一条笔触颜色为白色"#FFFFFF"，笔触大小为"2"的笔触，将其转换为图形元件，进入元件编辑窗口（场景显示为"场景1 元件8 元件11"）后，再将其转换为图形元件。

（4）分别在第8帧和第12帧处插入关键帧，并调整关键帧上笔触的长度，接着在第1帧和第8帧、第8帧和第12帧关键帧之间创建传统补间动画，在第13帧处插入空白关键帧。返回元件8场景，将"图层_2"图层的第1帧移至第8帧处，然后在该图层第21帧插入空白关键帧。

（5）复制4次"图层_2"图层，并旋转第8帧上的元件，使其分别位于五角星的5个角处，如图5-39所示，按【Enter】键查看效果，如图5-40所示。

图5-39　复制图层并调整元件位置

图5-40　制作星星闪烁效果

（6）返回主场景，将"装饰"图层第20帧和第25帧转换为空白关键帧，将"库"面板中的元件8拖曳到第25帧的舞台上，调整元件大小和位置；重复操作，将"装饰"图层第45、50、69、75、94、100帧转换为空白关键帧，然后将元件8拖曳到第50、75、100帧的舞台上，并调整大小和位置，如图5-41所示。

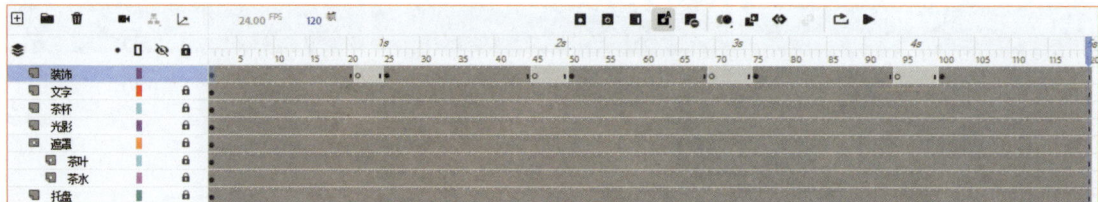

图5-41　编辑"装饰"图层的帧

（7）按【Ctrl+Enter】组合键测试效果，可发现此时加载进度由1%开始，不太写实。解锁"文字"图层，将播放头移至第1帧处，双击"1%"文字进入元件编辑窗口，选中"图层_1"图层第1帧并按【F5】键插入帧，此时第2帧为帧，第3~121帧为关键帧，将第2帧转换为关键帧，再将第1帧的文字内容修改为"0%"。返回主场景，解锁"茶水"图层，将第1帧移至第2帧处，使第1帧不显示茶水，如图5-42所示，最后保存文件。

图5-42　编辑部分帧内容

🖋 设计大讲堂

　　在制作动画时，特别是在至关重要的测试环节中，设计人员需保持精益求精的态度，对元件内容、帧位置乃至每一个细微的动画效果进行反复审视与精心调整。这一过程不仅是"修改"那么简单，它要求设计人员能够敏锐捕捉视觉上的不和谐之处，勇于推翻既定方案，以追求更加完美、引人入胜的视觉呈现效果。

5.3　实战案例：制作社交网页视觉反馈动效

案例背景

某社交网站为了进一步提升用户体验，计划在首页添加视觉反馈动效，在用户等待或暂停操作的间隙，为其提供愉悦的视觉享受，从而增加用户黏性。具体要求如下。

（1）视觉反馈动效的画面需与社交主题息息相关、与网页的整体氛围相协调，营造出和谐的视觉体验。

（2）视觉反馈动效的尺寸为1280像素×720像素，以适配大多数现代显示设备；平台类型为HTML5 Canvas，帧速率为24。

（3）视觉反馈动效应参考原首页布局进行设计，保证用户对界面的熟悉感和界面的协调性。

（4）视觉反馈动效的视觉效果应温和、自然、不突兀。

设计思路

（1）画面设计。原首页布局为左文右图，导航栏在左侧顶部，基于这种布局，可将原右图内容更换为视觉反馈动效，保留左文右图的布局设计。视觉反馈动效的画面设计可选择常见的摄影、阅读等场景，表达在该网页中用户可以尽情与其他用户畅谈摄影、阅读等社交活动相关内容。

（2）动效设计。动效根据画面分为两个场景来设计，第1个画面为摄影，可通过骨骼动画原理制作出人们拍照时的常见动作，提升画面真实感；第2个画面为阅读，同样可通过骨骼动画原理制作出人们阅读时的常见动作。同时，为了丰富画面视觉效果，还可以在此基础上制作出植物摇动、装饰图形缩放等动态效果，以及使用穿插转场动效来消除改变画面时的突兀感。

效果预览

（3）色彩设计。原首页以紫色为页面背景色和关键文字颜色，在动效设计中可仍以紫色为主，将页面背景色修改为白色，白色文字修改为灰色，提升动效元素的识别度。

本例的参考效果如图5-43所示。

图5-43　制作社交网页视觉反馈动效

图5-43　制作社交网页视觉反馈动效（续）

📋 **操作要点**

（1）使用骨骼工具、编辑骨骼操作等制作骨骼动画效果。

（2）通过调试骨骼动画的"属性"面板优化动画效果。

操作要点详解

微课视频

5.3.1　制作首页画面和装饰动效

通过将原首页画面截图导入粘贴板中来制作新首页画面，在此过程中使用"滴管工具" 🖊 来确认所需的颜色，使用"文本工具" T 输入文字，接着使用形状工具组绘制出动效所在位置的装饰图形，并利用补间形状动画原理制作出装饰动效。其具体操作如下。

（1）新建尺寸为"1280像素×720像素"，平台类型为"HTML5 Canvas"，帧速率为"24"的文件。按【Ctrl+S】组合键保存该文件，设置名称为"社交网页视觉反馈动效"。导入"原首页布局.jpg"文件到舞台，依次单击"对齐"面板中的"匹配宽和高"按钮 🖿 和"水平中齐"按钮 🖣，使其填满舞台。

（2）按【Ctrl+Shift+Alt+R】组合键显示标尺，通过创建辅助线来确定文字的位置和文字的高度，如图5-44所示。再将"原首页布局.jpg"文件移至左侧粘贴板，参考该文件的文字内容来添加文字。导入"导航装饰.png"文件到舞台，将其移至舞台左上角。

（3）选择"文本工具" T，设置字体为"方正兰亭中黑_GBK"，在导航装饰位置输入导航栏文字。选择"滴管工具" 🖊，将其移至"了解更多＞"文本框位置，单击吸取颜色，然后使用"文本工具" T 输入导航栏文字下方的文字。重复操作，直至所有文字被添加完毕。

（4）使用"矩形工具"■在"了解更多＞"文字下方绘制边角为"5"的文本框。选择该文字上方的白色文字，在"属性"面板的"对象"选项卡中设置填充为浅灰色"#CCCCCC"。然后根据确定文字高度的辅助线调整各文字的字号，如图5-45所示。

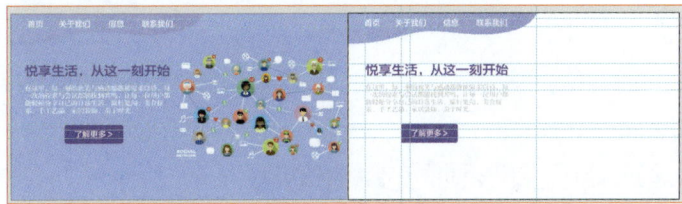

图5-44　创建辅助线　　　　　　图5-45　绘制文本框和调整字号

🖌 设计大讲堂

在布局动画画面时，可以巧妙将他人的优秀排版图片作为参考。此方法不仅可大幅度缩短布局设计的时间，让设计人员得以迅速把握画面结构精髓，更使他们能将宝贵的精力集中投入动态效果的精细设计上，从而创作出既高效又富有创意的动画作品，显著提升整体的视觉表现力和用户体验。本例的舞台布局便以原首页布局为基础，并在此基础上做了优化设计。

（5）使用"椭圆工具"●在舞台右侧绘制两个大小不一的紫色"#91A8FD"圆形。在"颜色"面板中，设置填充渐变条3个色标的颜色为从白色到紫色"#FFFFFF"～"#91A8FD"～"#91A8FD"的线性渐变，其中白色的Alpha为"0%"，使用"矩形工具"■在大圆形中下方绘制矩形，删除被矩形分割的大圆形下方部分，按【Ctrl＋；】组合键隐藏辅助线，如图5-46所示。

（6）将小圆形转换为图形元件，双击进入元件编辑窗口，选中第1帧，单击鼠标右键，在弹出的快捷菜单中选择"创建补间形状"命令，此时将在第24帧自动插入关键帧，并在两帧之间创建补间形状动画。在第13帧处插入关键帧，并将图形放大，制作出原大小——变大——恢复原大小的动态效果。

（7）返回主场景，选择图形元件，按住【Alt】键向右拖曳鼠标指针以复制该元件，重复操作，再复制一个该元件，调整两个元件的大小，如图5-47所示。

（8）新建图层，导入"塑料膜.png"文件到舞台，调整大小和宽度，并将位置移至舞台右侧，使其与舞台右侧元素的大小基本一致，将其转换为图形元件，在"对象"选项卡中设置Alpha为"40%"，效果如图5-48所示。延长所有帧至120帧，动态效果如图5-49所示。

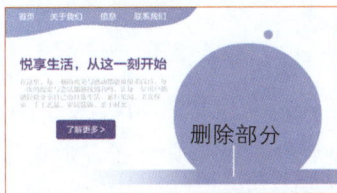

图5-46　绘制和编辑装饰图形　　　图5-47　复制和调整元件　　　图5-48　导入和编辑素材

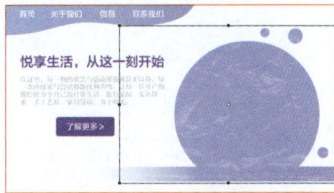

图5-49   制作装饰动效

5.3.2 制作摄影画面的骨骼动画

微课视频

为了实现摄影画面的动态效果，需要制作人物正在与精心养殖的绿植合影的动态效果，这需要使用骨骼工具分别连接人物和绿植的组成部分，再通过移动骨骼和插入姿势帧制作动态效果。其具体操作如下。

（1）新建图层，将播放头移至第1帧。打开"骨骼素材.fla"文件，复制绿植素材到新文件画面右侧。新建图层，将"骨骼素材.fla"文件中的人物素材复制到绿植素材右侧。选择绿植素材将其转换为图形元件，双击该元件进入元件编辑窗口。

（2）此时舞台中的绿植对象为一个整体，按【Ctrl+B】组合键将其分离，如图5-50所示。再按【Ctrl+Shift+D】组合键将各个组成部分分散到各图层。

（3）依次选择花盆阴影所在图层（即图层_2和图层_3），单击鼠标右键，在弹出的快捷菜单中选择"合并图层"命令，此时图层名称将自动变为"MergedLayer_1"。

（4）按照步骤（3）的方法，将花盆主体图层（即图层_4和图层_13）合并。此时绿植的叶子、叶茎和花盆的阴影、主体部分分别在不同图层，如图5-51所示。通过"骨骼工具" 🦴 从花盆主体处连接叶茎和对应叶子便可以构建出合理的骨骼关节。

（5）依次选择除"MergedLayer_1"图层以外的图层，按【Ctrl+B】组合键将其分离为图元。选择"骨骼工具" 🦴，将鼠标指针从花盆底部拖曳到最左侧叶茎处，再从最左侧叶茎处拖曳到对应的叶子上，效果如图5-52所示。

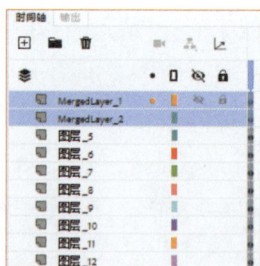

图5-50   分离图形   图5-51   合并图层   图5-52   创建骨骼

（6）按照步骤（5）的方式，将鼠标指针移至底部关节点🔵处，拖曳鼠标指针至左侧2处叶茎和对应叶子处，效果如图5-53所示。重复操作，依次连接剩余的叶茎和叶子，此时仅"MergedLayer_1""骨架_5"图层上有内容，其余皆为空白，如图5-54所示。

（7）选择"骨架_5"图层，在第15帧上单击鼠标右键，在弹出的快捷菜单中选择"插入姿势"命令插入姿势帧，在第30帧处也插入姿势帧。选择第15帧，使用"选择工具" ▶ 单击连接最左侧花盆和叶茎的骨骼，骨骼将变为绿色，再向左拖曳该骨骼，此时与该骨骼相连的叶片也将移动位置。重复操作，向左拖曳其他所有连接花盆和其他叶茎的骨骼，效果如图5-55所示。

图5-53　新增骨骼　　　　图5-54　新增其他骨骼　　　　图5-55　移动骨骼

（8）在"MergedLayer_1"图层第30帧处插入帧，按【Enter】键播放动效，效果如图5-56所示。返回主场景。

（9）将人物素材转换为图形元件，进入元件编辑窗口。将素材各组成部分分散到各个图层，其中左手手指、手背和摄像设备需要在不同图层上，可通过新建图层、剪切和粘贴命令来实现。分别选择除腿部图层以外的图层，分散其中的内容，按照与步骤（6）（7）相同的操作连接骨骼（不需要连接腿部、左手手指和衣服内层，若连接骨骼，则各组成部分的堆叠顺序会发生改变），效果如图5-57所示。

图5-56　制作绿植动效　　　　　　　　　图5-57　为人物素材添加骨骼

（10）此时，自拍杆受到骨骼的影响，其堆叠顺序发生改变，选择自拍杆杆部，使用"上移一层"命令恢复原堆叠顺序。删除空白图层，将所有图层延长至30帧，在骨骼图层第15帧和第30帧处插入姿势帧，调整第15帧骨骼，效果如图5-58所示。再为左手手指图层制作补间形状动画，即在第15帧和第30帧处插入关键帧，调整第15帧左手手指的位置和方向，使其追随左手移动轨迹进行位移变化，如图5-59所示。

图5-58　调整人物骨骼　　　　　　图5-59　编辑人物素材的图层

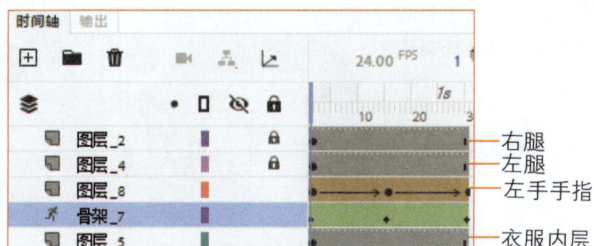

（11）返回主场景，按【Enter】键播放动效，效果如图5-60所示。

图5-60　摄影画面的骨骼动画效果

操作小贴士

　　使用"骨骼工具" 🦴 添加骨骼时，对象不应是由多元素组成的集合体，最好是由图元构成的对象，这样才有最大可能性成功添加骨骼。具体而言，若在选择图形时，图形周围出现一个矩形框，且该图形由多个图形组合而成，那么应首先使用"分离"命令将其分离为图元对象，再添加骨骼。

5.3.3　制作阅读画面的骨骼动画

微课视频

　　阅读画面的骨骼动画的制作思路与摄影画面的基本一致，但是阅读画面的人物、植物图形在同一个对象组中，为此需要先将其拆分，再制作骨骼动画。由于人们在阅读时通常动作幅度不大，因此需要在该骨骼动画中使用"属性"面板中的参数限制骨骼运动强度。其具体操作如下。

　　（1）分别将"图层_3""图层_4"图层的第62帧转换为空白关键帧，将"骨骼素材.fla"文件中的阅读素材粘贴到"图层_3"图层，调整素材大小和位置。将阅读素材中的人物剪切到"图层_4"图层的第62帧，再在"图层_1"图层的第62帧处插入关键帧，调整被遮盖的装饰图形位置，效果如图5-61所示。

　　（2）此时的人物本身已经被创建为图形元件，在其元件编辑窗口中分散全部图层上的内容，然后可使用"骨骼工具" 🦴 为它们创建骨骼。"图层_11"图层、"图层_5"图层有部分内容无法连接，可直接删除；"图层_7"图层中无法连接的内容仍然有用，须保留；将左手臂的堆叠顺序调整为原顺序，删除无用的图层和内容，将所有图层延长至第30帧，在骨骼图层第15帧和第30帧处插入姿势帧，调整第15帧骨骼位置，效果如图5-62所示。

图5-61　制作阅读画面　　　　　图5-62　添加和编辑骨骼

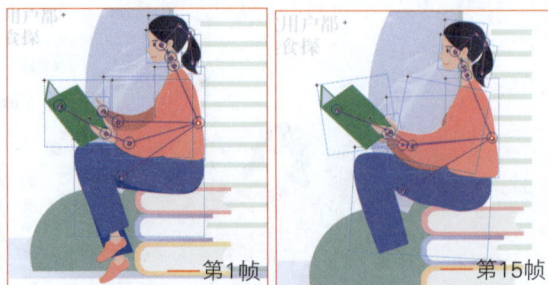

（3）将"图层_7"图层的内容转换为元件，在第15帧和第30帧处插入关键帧，调整第15帧内容的位置，使其仍与已添加骨骼的腿部相连，然后在两两关键帧之间创建传统补间动画。

（4）将播放头移至第15帧，使用"选择工具"▶单击连接左手和书本的骨骼，在"属性"面板的"对象"选项卡中选中"关节：旋转"栏的"约束"复选框，在"弹簧"栏中设置强度为"80"，阻尼为"60"。

（5）返回主场景，绿植图形本身已被创建为图形元件，在其元件编辑窗口中分散4个叶片，按照与步骤（2）相同的方法添加骨骼，在"骨骼"图层第15帧和第30帧插入姿势帧，调整第15帧骨骼位置（即朝左侧拖曳骨骼）。返回主场景，按【Enter】键播放动效，效果如图5-63所示。

图5-63　阅读画面的骨骼动画效果

5.3.4 制作画面切换动效

此时两个画面的骨骼动画已经制作完毕，可利用补间动画制作画面切换动效来流畅地切换画面。考虑到舞台左侧内容并无变化，可利用遮罩将画面切换动效限制在舞台右侧，以免阻碍用户查看文字内容。其具体操作如下。

（1）新建图层，将第48帧转换为空白关键帧，使用"矩形工具"■在舞台右侧绘制2个粉色"#F2C2BB"矩形，使舞台右侧完全被遮盖，如图5-64所示。

（2）选中"图层_4"图层，再新建图层，将第48帧转换为空白关键帧，使用"矩形工具"■在右侧粘贴板处绘制紫色"#6533B6"小矩形；将第55帧转换为空白关键帧，使用"矩形工具"■在舞台中下方绘制紫色"#6533B6"窄矩形，如图5-65所示；将第62帧转换为空白关键帧，使用"矩形工具"■绘制与舞台等大的紫色"#6533B6"矩形。

图5-64　绘制粉色矩形　　　　图5-65　绘制紫色矩形

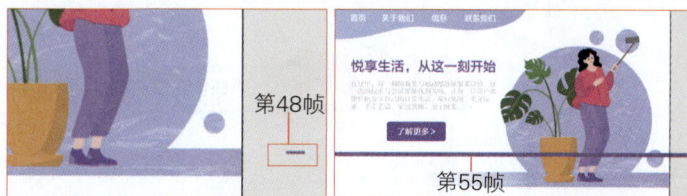

（3）复制第55帧，将其粘贴到第66帧；复制第48帧，将其粘贴到第68帧。依次在紫色矩形图层上为两两关键帧之间创建补间形状动画，然后依次选中该图层的5个关键帧，在"对象"选项卡中设置填充为白色"#FFFFFF"，再将第69帧转换为空白关键帧。

操作小贴士

　　绘制图形时，如果图形的颜色与舞台颜色相近，可能会使设计人员难以精确判断其位置和外观效果。此时，设计人员可以先采用与舞台颜色相差较大的颜色绘制图形，确定好位置和外观效果等因素后，再将其颜色修改为原定的颜色。

　　（4）选择粉色矩形图层，在其上单击鼠标右键，在弹出的快捷菜单中选择"遮罩层"命令，此时粉色矩形图层转换为遮罩层，紫色矩形图层转换为动画层，锁定这两个图层，按【Enter】键播放动效，效果如图5-66所示。

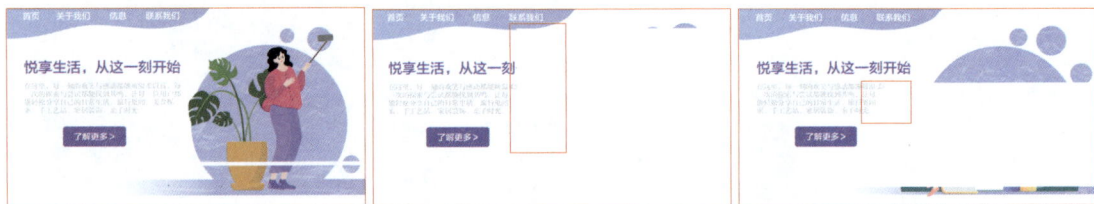

图5-66　转换遮罩层和动画层

　　（5）当前画面切换动效仍会影响舞台左侧内容。选择遮罩层后新建图层，再将"图层_1"图层左侧部分的导航装饰和文字全都剪切和按原位置粘贴到新图层中，按【Enter】键播放动效，效果如图5-67所示，确认效果无误后保存文件。

图5-67　画面切换动效

5.4 拓展训练

实训 1　制作花卉网站开场动效

实训要求

　　（1）为某花卉企业的网站制作开场动效，使初次登录网站的用户能获得愉悦的体验，要求画面内容与企业业务紧密相关，并添加欢迎语。

　　（2）开场动效尺寸为1280像素×720像素，平台类型为HTML5 Canvas，帧速率为24，时长为4秒。

　　（3）开场动效生动有趣，画面内容丰富美观。

✍ 操作思路

（1）新建文件，导入"背景.jpg"文件，调整大小。打开"素材.fla"文件，将其中的植物、花朵和蝴蝶素材移至新文件中，并全部转换为图形元件，通过复制和调整元件大小等操作，布局背景。

（2）新建图层，使用"矩形工具"▣绘制矩形边框；新建图层，使用"文本工具" **T** 输入"WELCOME"文字；新建图层，剪切和粘贴天堂鸟花朵素材到该图层；新建图层，剪切和粘贴蝴蝶素材到该图层。在所有图层第96帧处插入帧。

（3）进入蝴蝶元件的元件编辑窗口，将蝴蝶转换为元件，再双击进入元件编辑窗口，分散并剪切蝴蝶翅膀到新图层，通过插入关键帧并变形该帧上蝴蝶翅膀，制作出蝴蝶飞舞的动态效果。返回元件，新建引导图层，在其中绘制路径，在动画层中插入关键帧，调整两个关键帧上蝴蝶的位置制作出引导动画。

（4）使用"宽度工具"✍调整路径宽度，并选择传统补间动画任意一帧，再选中"沿路径缩放"复选框，接着在动画层中插入关键帧和帧，优化动画效果。返回主场景，复制蝴蝶所在图层，将第1帧移至第20帧，翻转并调整元件大小、位置。接着使用"对象"选项卡的"色彩效果"栏调整蝴蝶图层的关键帧中两个蝴蝶的色调。

（5）在白色花朵元件的元件编辑窗口中将花朵转换为元件，在第72帧处插入关键帧，创建传统补间动画，选择任意一帧，在"帧"选项卡的"补间"栏的"旋转"下拉列表中选择"顺时针"选项。

（6）在天堂鸟花朵元件的元件编辑窗口中将花朵转换为元件，然后调整中心点位置，制作补间动画，即在第60帧和第120帧处插入关键帧，然后调整元件位置，制作出摇动效果。为其他所有植物元件按照该思路制作动态效果。

（7）将"图层_1"图层上的各元件分散到各个图层上，然后合并3个白色花朵元件所在的图层，再将分散所得图层和天堂鸟元件所在图层的第1帧分别移至不同位置，制作出错落出现的效果。最后为第1个出现的植物元件所在图层的第4帧插入关键帧，调整第1帧的Alpha为"0"，创建传统补间动画，制作逐渐出现的视觉效果。

效果预览

（8）测试动画，调整两个蝴蝶的位置，使其不妨碍用户阅读文字。

具体设计过程如图5-68所示。

①布局背景

②添加元素和编辑素材

第1和第10关键帧　第5关键帧
③制作蝴蝶飞舞的动态效果

图5-68　花卉网站开场动效设计过程

④制作变色蝴蝶的动态效果 ⑤制作旋转花朵的动态效果

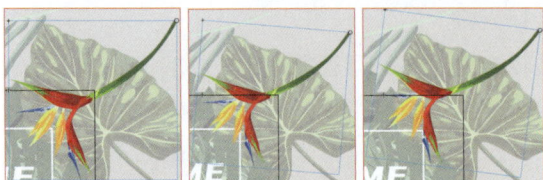

⑥制作植物元件摇动的动态效果 ⑦调整元件所在图层和帧位置

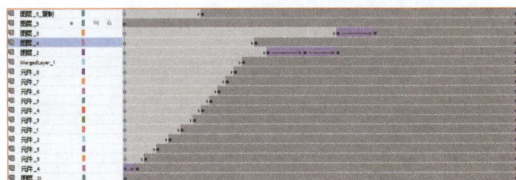

⑧调整蝴蝶元件位置

图5-68 花卉网站开场动效设计过程（续）

实训 2 制作动物园网页连接错误动效

实训要求

（1）为某动物园的网页制作连接错误动效，提示用户进行刷新操作，以重新加载网页资源。

（2）连接错误动效尺寸为1280像素×720像素，平台类型为HTML5 Canvas，帧速率为24。

（3）连接错误动效采用卡通风格，动态效果富有想象力，主体元素与动物园相关，画面简洁。

操作思路

（1）新建文件，结合"颜色"面板和"矩形工具" ■绘制深蓝色渐变矩形，使其能够覆盖舞台。打开"飞船.fla"文件，依次新建图层，并复制该文件中的素材到新图层，使矩形单独一层，大部分素材单独一层，飞船单独一层，两层光效各在一层。调整舞台中素材的大小和位置。

（2）在飞船和光效图层之间新建图层，导入"羊.ai"文件到舞台，调整大小和位置。在顶部新建图层，使用"文本工具" **T** 输入"页面加载失败 请刷新"文字。

（3）将飞船转换为元件，在元件编辑窗口中新建图层，使用"椭圆工具" ● 绘制笔触；在该图层第5帧处插入关键帧，使用"橡皮擦工具" ◆ 擦除部分笔触，在第8帧处插入帧。重复操作，新建图层，绘制更粗的笔触，并在相同帧位置擦除笔触，接着在飞船所在图层第8帧处插入帧。

（4）返回主场景，在所有图层第48帧处插入帧。将羊转换为元件，创建补间动画，在第48帧插入关键帧，缩小羊并向上移动，制作出羊被飞船带走的动画。

（5）按照步骤（4）的方法，为第一层光效制作出跟随羊朝飞船飞的视觉效果，其中第48帧需要将光效宽度变窄。将第2层光效转换为元件，将第10、20、30、40、48帧转换为关键帧，并在第10、30、48关键帧处使用"对象"选项卡的"色彩效果"栏调整亮度，然后在两两关键帧之间创建传统补间动画，制作出忽明忽暗的动态效果。

（6）将文字转换为元件，制作补间动画，然后在第24帧和第48处帧插入关键帧，在第24帧处选中文字并朝上拖曳文字，制作出从原位置向上移动再向下移动返回原位置的动态效果。在"飞船"图层第46帧处插入关键帧，在"对象"选项卡中设置Alpha为"100"，设置第48帧Alpha为"0"，再调整这两帧飞船的位置，制作出羊逐渐加快飞行并消失的动态效果。

效果预览

具体设计过程如图5-69所示。

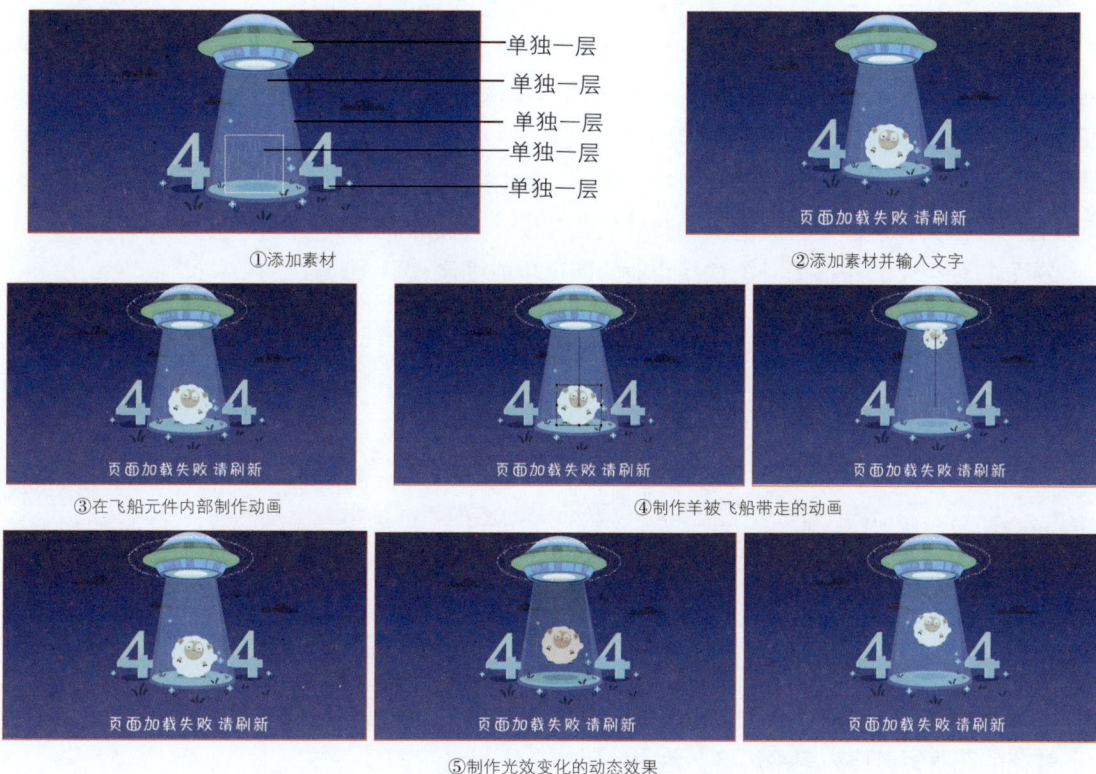

①添加素材

②添加素材并输入文字

③在飞船元件内部制作动画

④制作羊被飞船带走的动画

⑤制作光效变化的动态效果

图5-69　动物园网页连接错误动效设计过程

⑥制作羊消失和文字位移的动态效果

图5-69　动物园网页连接错误动效设计过程（续）

⚡ 设计大讲堂

　　连接错误动效是网页动效的一个重要类型，它通过在网页上展示特定的信息或动画，明确地告知用户连接错误的结果，并提供相应的操作指引或建议。这种动效的作用与视觉反馈动效的作用相似，都旨在增强用户体验，使用户能够迅速理解当前状态并做出相应反应。

5.5　AI辅助设计

文心一格　生成图像素材

　　文心一格是一款基于人工智能技术的艺术和创意辅助平台。在文心一格官网首页单击"AI创作"选项卡可进入"推荐"功能的操作页面，在该页面左侧还可选择使用"自定义""商品图""艺术字""海报"功能。这5种功能均可通过输入关键词或上传参考图的形式来生成不同类型的图像素材。其中，"推荐"和"自定义"功能在用途上基本一致，但是"自定义"功能可设置的参数更多，因此生成的图像素材更贴合设计人员的需求。

　　例如，使用文心一格为一家饮品企业的网页生成图像素材。

功能：文生图和图生图

使用方式：输入关键词+选择AI画师+上传参考图（设置影响比重）+设置尺寸+设置数量+设置可选填参数（画面风格、修饰词、艺术家、不希望出现的内容）。

关键词描述方式：主体描述+背景描述。

示例

模式：AI创作＼自定义。

关键词描述：一位皮肤白皙的女生正在饮品店铺的单人桌旁坐着喝奶茶，桌上有插着鲜花的花瓶，风格为扁平风格、色彩鲜明、光线明亮。

选择AI画师：创艺。　　　　上传参考图：影响比重＼4。

尺寸：1024×1024。

数量：3。

可选填参数：画面风格＼矢量画、不希望出现的内容＼桌面垃圾。

示例效果：

图可丽　抠取图像素材

图可丽是一个集多个功能于一体的AI图像处理工具，包括抠图/去背景、视频抠图、艺术化和修复增强四大功能，用户只需在首页中选择所需的功能选项便可进入对应的编辑页面。图可丽的抠图功能非常全面，不仅可以抠取单图，还可以批量抠取多图，有效提升处理图像的效率。

- 单图抠取模式。通过单击编辑页面中的 ▢ 电脑上传 按钮或 ▢ 手机上传 按钮，便可以抠取由计算机或手机上传的单图，抠图结果将显示在页面下方，同时抠图结果左侧将显示原图，以便让用户对比抠图效果。另外，抠图结果下方将出现"通用""人像""物体""图形"4种抠图模式，用户可根据抠图需求来选择模式，并且抠图结果中的图像将根据所选模式进行相应调整。

- 多图抠取模式。通过单击编辑页面中的　批量上传　按钮切换到批量抠图页面，该页面也有 ▢ 电脑上传 按钮和 ▢ 手机上传 按钮，用于让用户选择上传图像的方式，抠图结果将出现在页面下方，同时出现抠取范围按钮组，让用户选择批量抠图的显示范围。

例如，使用图可丽批量抠取文心一格生成的图像素材。

功能：上传图像

使用方式：上传图像。

示例1

模式：一键抠图＼计算机上传图像。

示例效果1:

示例2

模式: 一键抠图 \ 批量抠图\ 计算机上传。

示例效果2:

拓展训练

请使用文心一格尝试生成卡通风格的图像素材,展现人们练太极拳、跑步、舞剑等晨练活动的场景,以提升使用AI工具生成图像素材的应用能力。

5.6 课后练习

1. 填空题

(1)网页动效按照出现时机可分为_____、_____、_____三大类型。

(2)引导动效的主要目的是_____,通常以_____指示用户应该关注的内容或执行的操作。

(3)缩放在保证_____的基础上对元素进行放大或缩小,不改变_____,并营造出视觉上的_____。

(4)缓入和缓出源于现实世界中物体无法瞬间达到_____或_____的物理原理,每个物体都需要一定的_____和_____时间。

(5)设计人员在设计网页动效时,需认真考虑动效的类型、_____、_____及预期效果。

2. 选择题

（1）【单选】如果某网页页面中的层级关系较多，导致内容占据较多版面，视觉效果不佳。为了拓展空间并提升美观程度，添加（　）为宜。

　　A. 卡片动效　　　　　　　　　　B. 空间拓展动效

　　C. 视觉反馈动效　　　　　　　　D. 翻转动效

（2）【单选】制作引导动画时，如需要让动画层中的元件跟随路径颜色变化产生变色效果，需要在"补间"栏中选中（　）复选框。

　　A. "调整到路径"　　　　　　　　B. "沿路径缩放"

　　C. "同步路径"　　　　　　　　　D. "沿路径着色"

（3）【单选】需要先使用（　）工具选中骨骼，才能进行移动、旋转等编辑操作。

　　A. 骨骼　　　　　　　　　　　　B. 绑定

　　C. 选择　　　　　　　　　　　　D. 任意变形

（4）【多选】网页动效的创意表现方法有（　）。

　　A. 形状变换　　　　　　　　　　B. 属性变换

　　C. 复制融合　　　　　　　　　　D. 属性融合

（5）【多选】运动规律对于网页动效非常重要，其表现形式包含（　）。

　　A. 加速度　　　　　　　　　　　B. 抖动

　　C. 运动模糊　　　　　　　　　　D. 形变

3. 操作题

效果预览

（1）为某客运轮船公司的网页制作加载动效，要求时长为4秒。通过导入"加载场景.png""海鸥.png""轮船.png""宽云.png""长云.png"素材，制作云朵、轮船位移的传统补间动画、海鸥飞行的补间动画，然后在轮船元件内部绘制进度条，制作读取进度条的补间形状动画；添加文字，运用补间动画原理，制作文字出场动效，参考效果如图5-70所示。

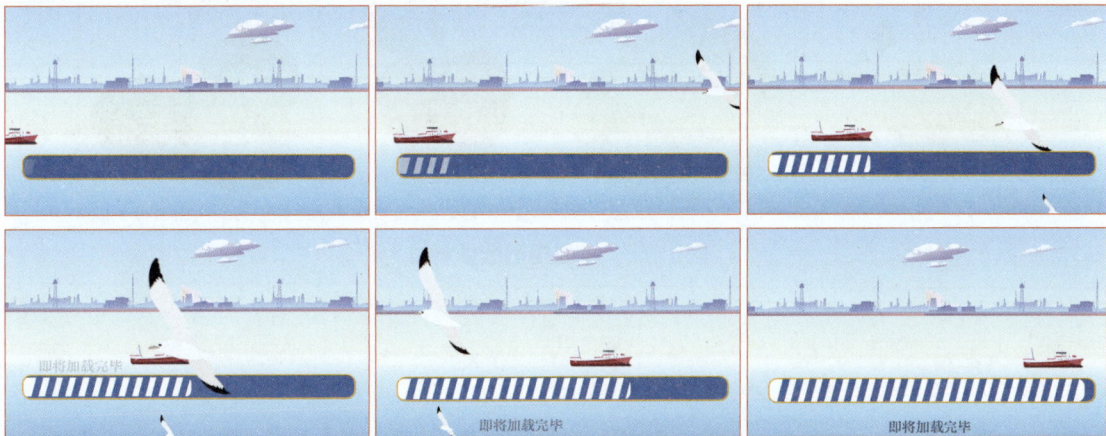

图5-70　某客运轮船公司的网页加载动效

（2）为某金融企业的网页制作视觉反馈动效，要求制作出日夜变化的视觉效果。将"图形素材.fla"素材中的内容逐一添加到舞台中，根据"文本.txt"文件中的内容添加文字，然后绘制导航栏装饰和装饰图，再运用画面中的内容制作出各种动画，如消息图标和星星的缩放动画、女性人物推黑板和报表等的位移动画、钟表时针和分针的转动动画等，接着为男性人物制作骨骼动画，以及手臂的摆动动画，通过这些动画组合成动效，参考效果如图5-71所示。

效果预览

图5-71　某金融企业的网页视觉反馈动效

（3）使用图可丽的批量抠图功能，为某水果批发企业的网页动效批量抠取图像素材，要求保留水果主体及其投影部分，参考效果如图5-72所示。

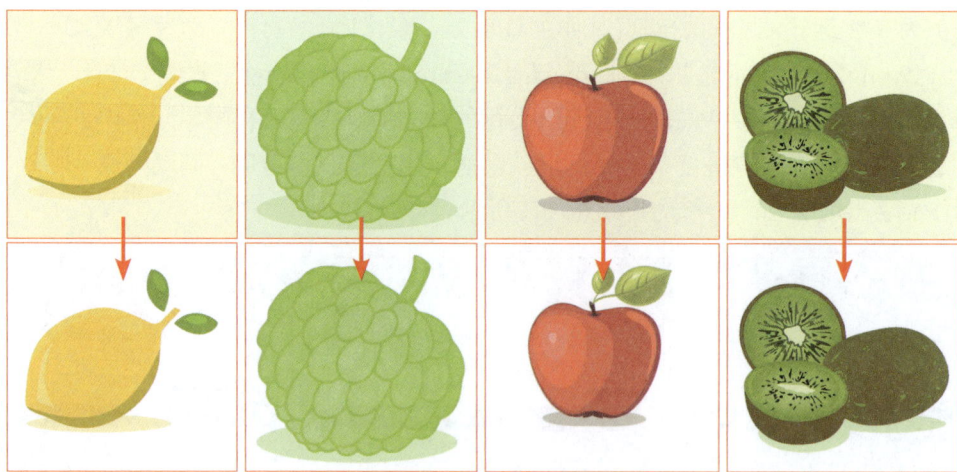

图5-72　批量抠取图像素材

An

第　　　　　章

影视包装动画制作

影视包装动画是影视后期制作中的重要内容，它广泛应用于电视剧、电影和网络媒体等多个影视领域，常见于节目、影视剧的片头片尾、预告片、花字等场景中，旨在增强观众的观看体验。优秀的影视包装动画不仅主题鲜明、创意独特，而且节奏感强、细节处理细腻，具有较高的艺术欣赏性。

学习目标

▶ **知识目标**

◎ 掌握影视包装动画的应用场景。
◎ 掌握影视包装动画的设计原则。

▶ **技能目标**

◎ 能够以专业手法设计不同应用场景的影视包装动画。
◎ 能够借助 AI 工具辅助完成影视包装动画的制作。

▶ **素养目标**

◎ 具备一定的文学素养，以便更好地把握影视包装动画的叙事节奏和情感表达。
◎ 具备扎实的美术基础和优秀的视觉设计能力。

学习引导

STEP 1 相关知识学习　　　　　　建议学时：＿2＿学时

课前预习	1. 扫码了解影视包装动画的概念与优势，建立对影视包装动画的基本认识 2. 上网搜索影视包装动画案例，通过欣赏不同类型的影视包装动画作品，提升影视包装动画审美水平
课堂讲解	1. 影视包装动画的应用场景 2. 影视包装动画的设计原则
重点难点	1. 学习重点：灵活运用影视包装动画的设计原则 2. 学习难点：不同应用场景下影视包装动画的特点

课前预习

STEP 2 案例实践操作　　　　　　建议学时：＿4＿学时

实战案例	1. 制作益智节目片头动画 2. 制作人文节目片尾动画	操作要点	1. "动画预设"面板、"滤镜"栏、"混合"栏 2. 添加和编辑摄像机图层、"图层深度"面板

案例欣赏

STEP 3 技能巩固与提升　　　　　　建议学时：＿3＿学时

拓展训练	1. 制作手工艺节目场景过渡动画 2. 制作美食节目花字动画

| AI 辅助设计 | 1. 使用文心一言获取预告片动画制作灵感 |
| | 2. 使用MewX AI 生成艺术字 |

| 课后练习 | 通过填空题、选择题、操作题巩固理论知识，并提升制作动画的实操能力 |

6.1　行业知识：影视包装动画基础

影视包装动画是影视后期制作中的重要内容，它运用创意设计和先进的动画制作技术，对影视作品的视觉元素进行精心包装和美化，旨在提升影视作品的整体视觉效果和吸引力。

6.1.1　影视包装动画的应用场景

在影视作品中，片头、片尾、预告片和花字是影视包装动画的常见应用场景。随着动画制作技术的日益成熟和创新，影视作品中人物表情、场景过渡和氛围塑造等场景也开始广泛应用这种动画形式，以进一步丰富观众的视觉体验。

1. 片头、片尾

片头、片尾是影视作品不可或缺的部分，设计人员需倾注大量心血来打造独具风格的视觉效果，以吸引观众。

（1）片头

片头会给观众带来接触一部影视作品的第一印象，如图6-1所示。设计人员在制作片头时，需特别关注以下几个方面。

《姜子牙》片头动画

该片头动画以仅仅两分多钟的精炼篇幅，不仅勾勒出了动画的整体背景框架，还巧妙地运用二维转三维的创作手法，既保留了二维动画的艺术韵味，还通过三维技术进一步增强了画面的层次感与空间感，使每一个画面都栩栩如生，角色仿佛跃然于屏幕之上，为观众带来了一场震撼的沉浸式体验，极大地激发了观众对于后续剧情发展的无限遐想与迫切期待。

图6-1　片头

● **故事性**。片头内容要融入有逻辑、有内涵的剧情，迅速引导观众进入影视作品的情景中，激发观众的观看兴趣。

● **视觉和听觉效果**。片头画面的色彩和风格应与影视作品的定位或内容契合，再配合音效，共同营造出强烈的视觉冲击力和听觉效果。

● **情感触动**。片头通过精心设计的场景和情节，触动观众的情感，为影视作品确定情绪基调。

● **内容定位**。片头需明确展现影视作品的核心主题、品牌特色和风格，帮助观众快速识别并留下深刻印象。

（2）片尾

片尾通常是一部影视作品呈现给观众的最后画面，如图6-2所示。其承担着总结影视作品内容、回顾关键情节的重任，旨在通过精心设计的画面给观众留下持久印象。在制作片尾时需特别关注以下几个方面。

《正大综艺·动物来啦》片尾动画

该节目邀请来自国内各大动物园和国家级自然保护区的动物和饲养员，共同带领全国观众踏上一场探寻中国丰富动物资源的奇妙旅途。在片尾设计中，设计人员以卡通风格为主，在画面下方将动物、植物等自然元素设计为木板样式的文本框，既增添了自然韵味，又能凸显文字。同时，以滚动动画形式在木板内展示节目制作团队名单，整体视觉设计不仅与节目的生态、探索内容主题紧密相连，还展现了高度的艺术性与观赏性。

图6-2　片尾

● **总结性**。片尾往往选用精炼而富有深意的画面，概括性地回顾影视作品的主要剧情、核心主题及关键转折点。这些画面如同影视作品的缩影，帮助观众在观看结束后迅速回顾内容，并加深对影视作品的理解和记忆。

● **视觉效果**。为了使制作的影视作品在众多影视作品中脱颖而出，可在视觉效果上追求创新。这包括采用独特的动画风格，设计新颖且引人入胜的动态效果，以及巧妙运用象征性、隐喻性的图像语言，为影视作品的片尾增添一抹不同寻常的色彩，提升整体观赏体验。

● **情感触动**。片尾可作为影视作品情感表达的延续，可以通过画面、音效延续并深化影视作品中的情感氛围，加强观众对影视作品的情感认同与共鸣，使影视作品的影响力得以长久持续，甚至引发观众的思考和热烈讨论。

● **内容呈现**。片尾承担着展示影视作品制作人员名单的重要任务，通过滚屏、飘入、淡入淡出等多样化的动态效果，并结合与影视作品风格相协调的字体、色彩与排版设计，片尾不仅能展示名单信息，更可以成为一道亮丽风景线，为整个影视作品画上圆满的句号。

2. 预告片

预告片简称PV（Promotion Video，宣传视频），是影视作品在正式上映前，通过剪辑影视作品中的精华片段，经过刻意安排和编辑，制造出令人难忘的内容，以达到引起观众兴趣的具备宣传效果的短片，如图6-3所示。预告片不仅是影视作品的广告，也是营销的一部分。在制作预告片时，需要特别关注以下几方面。

● **吸引力**。鉴于预告片的性质，其内容必须能迅速吸引观众的注意力，并有效展示影视作品的亮点和精彩片段，激发观众的观看兴趣，达到引流的目的。

● **节奏感**。设计人员通过紧凑的剪辑和巧妙融入与影视作品氛围契合的音乐或音效，营造出强烈的节奏感，使预告片更具动感和吸引力。

● **悬念设置**。设计人员精心在预告片中设置悬念，如故意留白关键情节或不展示结局，以此激发观众的好奇心，促使他们渴望观看正式上线的影视作品，以满足其探索欲和期待感。

《雪王驾到》预告片动画

观众通过观看该预告片可以初步了解《雪王驾到》的故事脉络：雪王在寻找一个关键物品——权杖，并且在寻找过程中遇到了知心好友，一个长相像猫咪，名字却叫兔老板的角色。这一设定无疑为动画增添了几分趣味与惊喜。同时，预告片展现了高超的制作技艺与细腻的画面质感，每一帧都透露出制作团队的匠心。这不仅有效地体现了动画的精良制作水准，更激发了观众对于正式剧集的浓厚兴趣与期待。

图6-3　预告片

3. 花字

影视包装中的花字是指在影视作品中超越传统字幕范畴，以多样化形式呈现的包装性文字，这些文字通常五颜六色、字体各异，并且带有文本框，可识别性强，旨在为影视内容增添色彩和趣味性，如图6-4所示。具体而言，花字在影视作品中主要扮演以下关键角色。

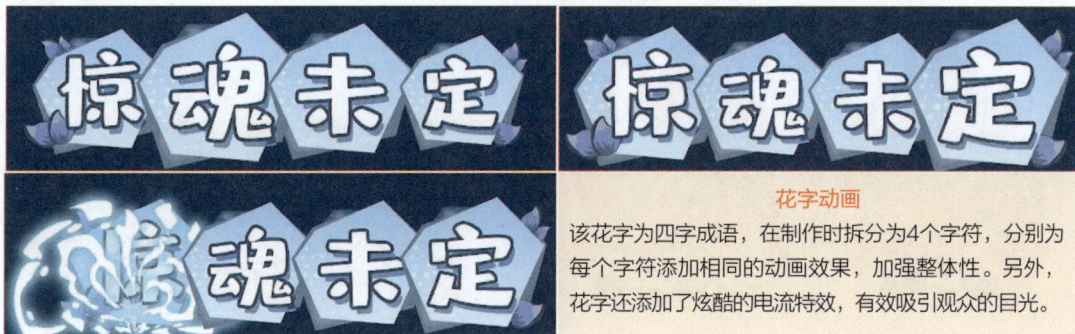

花字动画

该花字为四字成语，在制作时拆分为4个字符，分别为每个字符添加相同的动画效果，加强整体性。另外，花字还添加了炫酷的电流特效，有效吸引观众的目光。

图6-4　花字

● **解释说明**。当影视作品涉及复杂规则或需要额外补充信息时，花字以其清晰、直观的方式传达这些要点，帮助观众迅速理解并跟随影视作品的节奏。

● **情绪渲染**。通过精心设计的文字内容、色彩搭配和装饰元素，花字能够巧妙地渲染人物情绪、营造环境氛围，加强观众的情感认同和共鸣。

● **强调记忆**。花字常包含影视作品规则的关键词或当前内容的总结性描述，这些精炼的表述有助于观众在享受影视作品的同时，加深对影视作品内容的记忆。

● **调侃评论**。以观众视角发出的调侃与评论，让花字成为连接影视作品与观众之间的一座桥梁，增加了影视作品的互动性和趣味性，有效吸引并留住观众的目光。

设计人员在制作花字时除了注重创意外，还需特别关注以下几个方面。

● **字体选择**。依据影视作品的整体风格及所要传达的情感氛围，精心挑选合适的字体，以强化视觉效果，提升信息传递的精准度。

● **颜色搭配**。确保花字的颜色与影视作品的整体色调相协调，避免色彩过于杂乱而干扰观众视线。同时，根据影视作品氛围的变化灵活调整颜色，以增强视觉冲击力。

● **排版布局**。采用合理的排版布局，使花字在不影响观众观看体验的前提下更加醒目且美观。通过精心设计的排版，花字可以引导观众视线，提升信息的传达效率。

4. 角色表情

当需要精准向观众传达当前角色的情绪或状态时，除了依赖角色自身的表情变化外，还可以制作动画形式的角色表情进一步强化情绪表达。例如，使用跳跃的心形来直观地表示角色充满爱意，或使用密布的汗水来生动展现角色的紧张情绪。在制作角色表情时，需要特别关注以下方面。

● **准确性**。确保动画形式的角色表情能够真实反映当前角色的情感状态，即动画形式的角色表情需与角色的情感变化高度契合。例如，在表现角色极度欣喜的情感时，应选用能够明确传达喜悦之情的元素，避免使用与当前情感不符的元素，从而确保情感表达的准确性。

● **夸张性**。为了增强视觉冲击力，提升情感表达效果，动画形式的角色表情在动态效果上往往需要进行夸张处理。这种夸张不仅能够吸引观众的注意力，还能使情感表达更加鲜明和强烈。图6-5所示的角色表情就夸张化表现了角色在愤怒和迷茫下的状态。

图6-5　夸张的角色表情

● **连贯性**。在制作过程中，还需注意动画形式的角色表情与真实的人物表情、动作之间的连贯性。确保动画形式的角色表情的出现、变化与角色情感发展的节奏相协调，形成一个流畅、自然的情感表达过程。这样不仅能提升观众的观看体验，还能使情感传达更加深入人心。

● **文化适应性**。在设计动画形式的角色表情时，还需考虑其中元素的文化背景。不同的文化背景下，某些元素可能具有不同的含义或接受度。因此，在选择制作元素时，应确保它们在不同文化环境中都能被准确理解和接受，避免产生误解或歧义。例如，竖起大拇指，在国内表示夸赞、认同，而在一些国家中则表示挑衅。

5. 场景过渡

这里的场景过渡，不单指影视作品中的画面过渡，也包括电视台在当前节目与下一节目之间插入的"广告时间"，如图6-6所示。在制作场景过渡时，需要特别关注以下方面。

湖南卫视场景过渡动画

该动画主要用于在当前节目结束与下一节目开始之间的间隙处，展示接下来播出的节目，通过生动有趣的动态效果很好地解决了两个节目之间的场景过渡问题，并且通过美观的视觉设计吸引观众欣赏，提升了观看体验。

图6-6　场景过渡

● **连贯性**。确保动画的过渡效果自然流畅，避免出现突兀或断裂的视觉效果，确保观众观看的连续性和沉浸感。

● **创意性**。结合节目特色或节日氛围定制独特元素，增强动画的趣味性和观赏性，使观众在节目转换间隙也能感受到新鲜感。

● **节奏感**。保持动画过渡的节奏与整个影视作品或电视台节目的节奏相协调，既要避免过于拖沓导致观众失去耐心，也要防止过快切换影响信息的有效传达，从而确保观众在整个观看过程中都能保持愉悦和舒适的心情。

6. 氛围塑造

影视包装中的氛围塑造是指通过一系列视觉、听觉及叙事手段，为影视作品创造独特的情感色彩和环境背景，提升影视作品的艺术价值和观赏性，进一步吸引观众，并加深他们对影视作品主题和内容的理解与感悟，如图6-7所示。

氛围塑造动画

该动画以三星堆中的文物为元素，构建了一个神秘外太空的场景，众多文物仿佛穿越时空，悠然浮动于无垠的宇宙之中，画面中央设置了一扇门通往未知的门。这扇门不仅作为视觉焦点，还巧妙地成为连接后续影视作品内容的桥梁，为观众开启了一场跨越时空的奇幻之旅。这种超现实风格的视觉呈现效果，成功塑造出神秘、深远的氛围。

图6-7　氛围塑造

以动画为媒介塑造氛围能突破现实物理法则的束缚，创造出令人惊叹、现实中难以实现的场景奇观。在科幻题材的影视作品中，氛围塑造动画可以创造出浩瀚宇宙、奇异星球与未来都市场景，引发观众对未知世界的无限遐想；而在恐怖题材的影视作品中，氛围塑造动画能细腻刻画出阴森荒废的建筑遗迹、迷雾缭绕的幽暗森林场景，令观众感到震惊和好奇，甚至欲罢不能。在制作氛围塑造动画时，需要特别关注以下方面。

- **情感共鸣。** 塑造的氛围需与影视作品的核心情感紧密相连，触动人心，促使观众在情感层面上与作品产生共鸣，深化其情感体验。
- **视觉冲击。** 充分利用动画的独特优势，通过强烈的视觉对比、动态效果与细节刻画，增强氛围的感染力，让观众仿佛置身于影视作品构建的世界之中，享受沉浸式的观影体验。
- **主题突出。** 氛围的塑造应始终围绕影视作品的主题与情节，确保每一帧画面、每一段音乐都与整体叙事紧密相连，形成统一、和谐的艺术效果，从而更加有力地传达影视作品的核心思想与深层含义。

6.1.2 影视包装动画的设计原则

设计人员在充分了解影视包装动画的不同应用场景和特点后，在制作影视包装动画时，还需要遵守以下设计原则。

1. 统一性

影视包装动画的统一性具体体现在整体风格、色彩搭配和文字设计的和谐、统一上，如图6-8所示。

浙江卫视2023年影视包装动画

该影视包装动画以浙江的地理特点——江南水乡为灵感进行设计，为观众徐徐展开一幅壮丽的山水画卷。在整体风格和色彩搭配方面，该影视包装动画吸取中国传统山水画和写意艺术的精髓来设计画面，画面色彩鲜亮且层次丰富，生动展示出具有独特韵味的水乡美景，整体风格高度统一。在文字设计上，该影视包装动画选用字形纤细且清晰易读的字体，使文字既与画面相得益彰，又确保了信息的准确传达；同时，字体颜色采用比场景图中的主色——蓝色更深邃的深蓝色，从而在视觉上进一步强化了文字与场景图的统一性。

图6-8 统一性

- **整体风格的统一。** 在构思与制作影视包装动画时，需要有明确的设计风格，并在整个动画中保持这种风格的一致性。这有助于为影视作品打造统一的形象，提高其可识别性。
- **色彩搭配的统一。** 色彩是影视包装动画中非常重要的元素，不同的色彩可以传达不同的情感和氛围。色彩的选择和运用要与影视作品核心内容或氛围协调一致，呈现出统一的色彩效果，从而增强观众的视觉体验。

- **文字设计的统一**。文字的字号、字体、颜色和排列方式都会影响观众的视觉体验。在影视包装动画中，文字的视觉观感需要保持统一，与整体风格和色彩相协调，增强信息传达效果。

2. 平衡性与对比性

平衡与对比是影视包装动画制作中常见的方式。

- **平衡性**。在动画设计中，不同元素在画面中的分配需要均衡，避免给人一种头重脚轻或左重右轻的感觉。通过合理的布局和元素排列，可实现视觉上的平衡。
- **对比性**。利用不同颜色、形状、尺寸的元素制造差异感，从而突出动画的重点和亮点。对比可以增强动画的视觉效果，吸引观众的注意力。

3. 层次性

在影视包装动画中，不同的元素应该有不同的大小、深度和层次，这样才能形成立体感和空间感，并通过合理的构图和排列，营造出丰富的层次感，使动画的视觉效果更加生动和丰富。

设计大讲堂

深度是指元素在画面中被感知到的前后距离，可以通过多种手段来塑造深度，如依据透视原理制作近大远小或线条汇聚效果、调整色彩与明暗关系、利用重叠与遮挡（具体而言是让一些元素部分遮挡其他元素，以明确地表达它们之间的前后位置关系，Animate提供的"图层深度"面板便基于该原理），以及添加纹理与质感（以增强元素的立体感和真实性，进而提升画面的深度效果）等。

质感是画面中元素所传达出的物质表面特征或触感效果，如粗糙、光滑、坚硬、柔软、轻盈、厚重等，即使这种质感是视觉上的而非实际的。在动画中塑造质感的简易方法便是添加各种带有纹理的图像素材，使用动画制作软件中的混合功能将它们与画面中的其他元素融合。

4. 独特性

与其他类型的动画相比，影视包装动画需要突出其独特之处。

- **与影视作品高度关联**。影视包装动画不仅仅是独立的视觉艺术作品，它更与影视作品本身紧密相关，这种关联性体现在动画内容、风格、色彩、主题等多个方面。
- **形象塑造与宣传功能**。影视包装动画往往承担着形象塑造与宣传的重要任务。它需要通过独特的设计元素和表现手法，为影视作品塑造独特的形象，提升观众的认知度和好感度，从而吸引更多观众关注和观看。
- **高度定制化和创新性**。由于每部影视作品都有其独特的风格和主题，因此影视包装动画也需要根据具体作品进行高度定制化设计。这要求设计人员具备丰富的创意和强大的创新能力，能够灵活运用各种设计元素和手法，创造出与影视作品相匹配的独特动画效果。
- **强烈视觉冲击力**。影视包装动画需要在短时间内吸引观众的注意力，因此需要具备强烈的视觉冲击力。这可以通过运用独特的色彩搭配、光影效果、动态元素等手段来实现，使动画在视觉上更加鲜明、生动和引人入胜。

● **技术与艺术的完美结合。**影视包装动画的制作需要结合先进的技术手段和精湛的艺术表现。这要求设计人员具备专业的技术能力和艺术素养，能够将技术与艺术完美结合，创造出既具有一定的技术含量又富有艺术感染力的动画作品。

6.2　实战案例：制作益智节目片头动画

案例背景

《智趣挑战营》是一档集知识性、趣味性、挑战性于一体的益智节目，旨在通过一系列精心设计的益智小游戏，激发青少年观众及嘉宾的智力潜能，现需要针对以"科学"为主题的新一季内容制作片头动画。具体要求如下。

（1）片头动画的画面需展示科学符号、几何图形等元素，背景音乐节奏明快，能够营造出紧迫而兴奋的氛围。

（2）片头动画尺寸为1280像素×720像素，平台类型为ActionScript 3.0，帧速率为24。

（3）片头动画视觉冲击力强、色彩和动态效果丰富。

设计思路

（1）画面设计。画面分为两部分，其中第1部分的落幕画面为第2部分的场景画面。第1部分画面以彩虹颜色的三角形为主，并借用七巧板的拼接原理拼接三角形构成场景图；第2部分则展示节目名称文字，可在场景图上方添加孟菲斯风格的文本框来强调节目名称文字，并在文本框内部添加柱形图、积木、放大镜等科学元素，强化节目的"益智"属性。

（2）文字设计。在字体选择方面，应紧密贴合观众定位，使用青少年喜欢的卡通风格且笔画清晰的字体。在颜色选择方面，使用与文本框颜色反差较大，且与众多颜色搭配和谐的无彩色——白色，在保证画面美观性的同时，也使文字易于识别。

（3）动画设计。动画分为3部分，都根据补间动画的原理进行制作。在第1部分的画面基础上制作画面颜色切换动画，为第2部分的画面作铺垫，并添加星星的变换动画丰富视觉效果。第2部分动画类型较多，主要为文本框、文字和放大镜的出场动画，需制作出文字出场后每个字符的缩放动态效果，并伴随着放大镜的位移动画，制作出字符在镜面中放大的视觉效果。第3部分为画面的结束动画，时长较短，将画面颜色变换为第1部分画面的初始颜色，形成闭环，首尾呼应。

（4）音频设计。该动画除了背景音乐外，还可添加节目名称配音，通过视觉和听觉的双重作用来加深观众对节目名称的印象。先使用富有动感的背景音乐引起观众注意，再降低背景音乐的音量，然后播放节目名称配音。

本例的参考效果如图6-9所示。

效果预览

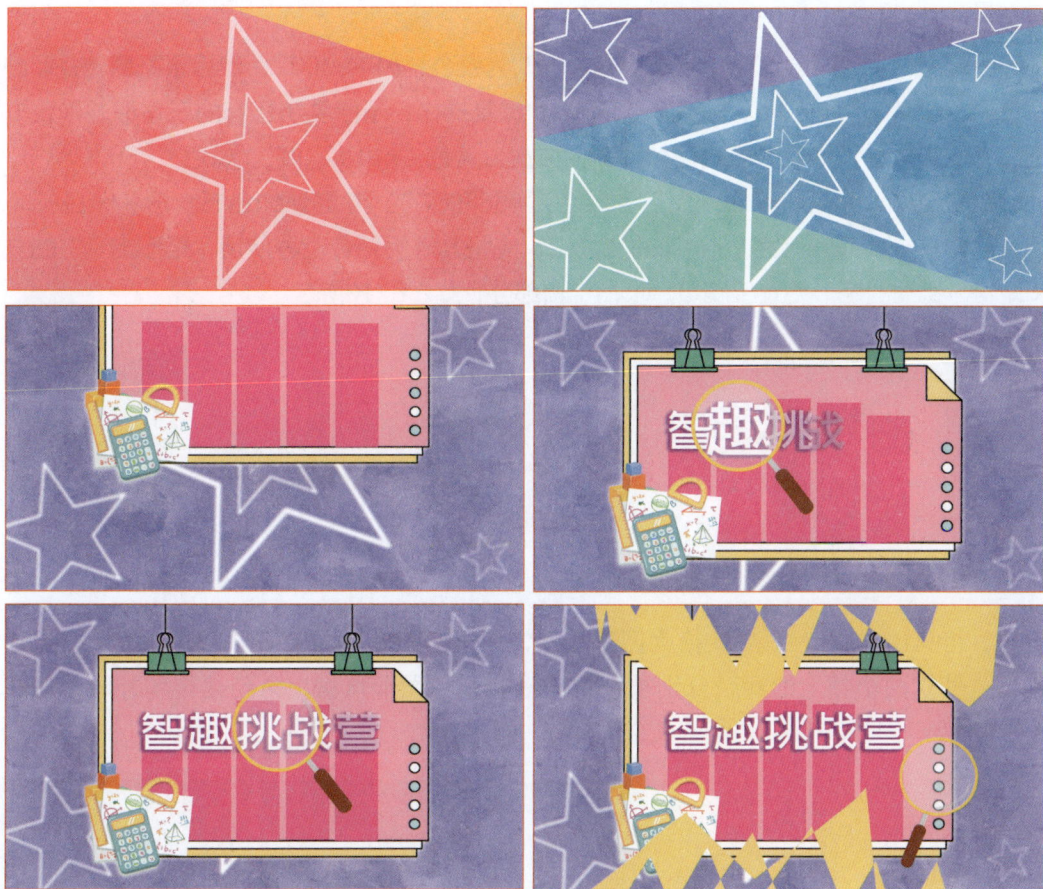

图6-9　制作益智节目片头动画

操作要点

操作要点详解

（1）使用"混合"栏调整当前图层内容与其下方图层内容的视觉效果。

（2）使用"动画预设"面板自定义预设，提升制作效率。

（3）使用"模糊""发光""投影"滤镜功能为元件制作特殊效果。

6.2.1　制作画面切换动画

微课视频

益智节目片头动画的首个画面需要按照设计思路，绘制7种颜色的三角形进行上下拼接，然后制作出上下位移的视觉效果以切换画面。其具体操作如下。

（1）新建尺寸为"1280像素×720像素"，平台类型为"ActionScript 3.0"，帧速率为"24"的文件。按【Ctrl+S】组合键保存该文件，设置名称为"益智节目片头动画"。

（2）使用"线条工具"╱沿着左侧舞台边缘绘制一条竖直线，再沿着竖直线两端各绘制一条斜线汇聚在右侧舞台边缘处，使用"颜料桶工具"◆将由直线构成的三角形填充为红色"#FF3366"，删除绘制的直线，单击剩余的填充，在"对象"选项卡中单击"创建对象"按钮▣，如图6-10所示。

（3）复制红色三角形对象，将所得对象修改为橙色"#FF9900"，然后水平翻转并调整位置，使两个三角形斜边对齐，如图6-11所示。重复操作，不断复制已有的三角形并修改方向和位置，使其呈上下堆砌的样式，其中颜色依次为黄色"#FFFF00"、绿色"#66CC33"、青色"#00FFCC"、蓝色"#0099CC"和紫色"#6666CC"。考虑到红色三角形和紫色三角形要分别用作首个画面和第2部分画面的背景图，应将其填满舞台，再使用"矩形工具"▣分别绘制矩形，绘制的矩形要置于底层，填满空白部分，如图6-12所示。

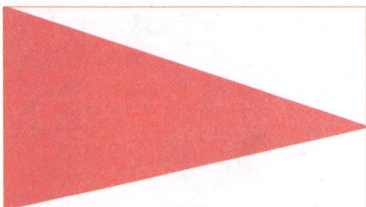

图6-10　绘制红色三角形　　　图6-11　复制与编辑三角形　　　图6-12　制作其他图形

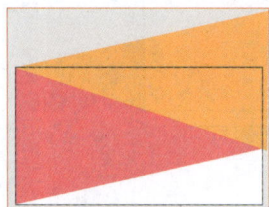

（4）将第1帧的所有对象转换为图形元件，在第35帧处插入关键帧，调整两个帧上图形的位置，使这两个帧上的舞台分别被红色图形和紫色图形填满，再创建传统补间动画，如图6-13所示。

图6-13　画面切换动画效果

6.2.2 制作星星堆砌缩放动画

微课视频

添加星星堆砌缩放动画和带有纹理的图像素材可有效提升视觉效果。其中，带有纹理的图像素材需要结合"混合"栏使用，混合场景图，形成独特视觉效果；对于星星堆砌缩放动画，需先绘制图形，制作出缩放动画效果，然后利用逐帧动画原理制作多个星星堆砌的效果，最后使用"滤镜"栏制作第2部分动画的场景动态效果。其具体操作如下。

（1）新建图层，打开"片头素材.fla"文件，复制其中的带有纹理的图像素材到新图层第1帧，依次单击"对齐"面板的"匹配宽和高"按钮▦、"水平中齐"按钮▮和"垂直居中分布"按钮▤，效果如图6-14所示。

（2）将带有纹理的图像素材转换为图形元件，在"帧"选项卡的"混合"栏中设置混合为"滤色"，再在"色彩效果"栏中设置Alpha为"48"，如图6-15所示。

（3）新建图层，将其重命名为"星星"。选择"多角星形工具"◉，设置笔触颜色为白色"#FFFFFF"，笔触大小为"12"，样式为"星形"，在舞台处绘制一个星星，将其转换为图形元件并进入元件编辑窗口（场景显示为：场景1 元件3），再将其转换为图形元件并进入元件编辑窗口（场景显示为：场景1 元件3 元件4），再将其转换为图形元件，在第10帧处插入关键帧，调整元件大小，使其部分超出舞台，然后创建传统补间动画，并将第11帧转换为空白关键帧。

图6-14　添加带有纹理的图像素材　　　　图6-15　制作带有纹理的图像素材混合场景图效果

（4）返回元件3场景，在第55帧处插入帧，复制6次图层1，并调整每次复制所得图层上的元件位置和大小，使6个星星轮廓不重叠，如图6-16所示。然后从下到上依次调整复制所得图层的第1帧至第3、5、7、9、11、13帧，返回主场景，效果如图6-17所示。

图6-16　复制与编辑元件　　　　　　图6-17　调整帧的效果

（5）在星星图层第5帧处插入关键帧，在"帧"选项卡中设置第1帧的Alpha为"0"，创建传统补间动画，制作逐渐显示的视觉效果；在该图层第30、35帧处插入关键帧，并在两帧之间创建传统补间动画，在"帧"选项卡的"滤镜"栏中单击"添加滤镜"按钮**+**，在弹出的列表中选择"模糊"选项，设置模糊X为"10"，模糊Y将自动变为"10"，制作逐渐变模糊的视觉效果，如图6-18所示。

图6-18　制作逐渐变模糊的视觉效果

6.2.3　美化文本框并制作出场动画

　　在该动画中，文本框将先于文字出场，因此需先添加文本框素材，并将其转换为元件，随后在元件内部添加与科学相关的装饰元素，再制作出场动画。其具体操作如下。

　　（1）新建图层，将第30帧转换为空白关键帧，将"片头素材.fla"文件中剩余的3个图形素材一同粘贴到该帧的舞台上，并调整大小、位置，如图6-19所示。将这3个图形一同转换为图形元件，再进入元件编辑窗口。

（2）新建图层，使用"文本工具" **T** 输入"智趣挑战营"文字，设置字体为"站酷文艺体"，字号为"120"，字体颜色为白色"#FFFFFF"。选中底部图层并新建图层，使用"矩形工具" ■ 分别在每个字符下方绘制矩形，设置颜色为玫红色"#FF3399"，矩形宽度一致、高度不同，在视觉上形成柱形图样式，如图6-20所示。

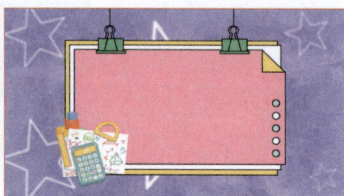

图6-19　粘贴并调整素材　　　　　　　　　　　　图6-20　绘制柱形图

（3）新建图层（即为顶部图层），将文本框左下角的装饰元素剪切并复制到该图层上，保持原位置。返回主场景，选择文本框所在的关键帧，将其移至第35帧，在"帧"选项卡中添加"发光"滤镜，设置模糊X、Y均为"20"，颜色为白色"#FFFFFF"。

（4）在所有图层第135帧处插入帧，在文本框所在图层第41帧处插入关键帧，调整第35帧元件的位置到顶部粘贴板处，创建传统补间动画，制作位移效果的出场动画，如图6-21所示。

图6-21　制作位移效果的出场动画

6.2.4　使用动画预设制作文字出场动画

微课视频

文字出场动画效果为每个字符从左侧飞入并逐渐显示，随后放大以产生强调效果，最后缩小至原大小。"动画预设"面板已内置了从左侧飞入的预设，可直接采用该预设为首个字符制作出场动画的起始部分，然后基于该预设进一步制作剩余动画效果。此外，借助该面板提供的自定义预设功能，可以将编辑后的整段动画效果保存为预设，再应用给其他字符，提升制作效率。其具体操作如下。

（1）新建图层，将第41帧转换为空白关键帧，进入文本框元件内部，将已输入的文字剪切并粘贴到该帧的舞台上。将文字转换为图形元件并进入元件编辑窗口，再复制文字，修改底层的文字颜色为深红色"#CA3399"，通过调整位置形成厚度效果，如图6-22所示。

（2）选中所有文字，按【Ctrl+B】组合键分离成单个字符，然后将相同内容的字符分别转换为图形元件。

（3）双击"智"图形元件，进入元件编辑窗口，选中舞台中的两个字符，按【Ctrl+Shift+D】组合键分散到不同图层中，此时顶部图层中为白色字符，底部图层中为深红色字符。选择白色字符，将其转换为元件（部分预设自带特殊效果，需要应用对象为元件才能成功使用），选择【窗口】/【动画预设】命令，打开"动画预设"面板，将该面板移至右侧面板组中，然后展开"默认预设"文件夹，选择"从左边飞入"选项，单击 应用 按钮应用预设，如图6-23所示。

图6-22　复制与编辑文字

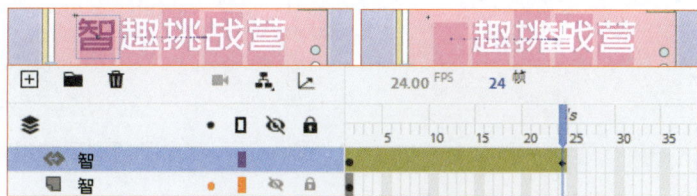

图6-23　应用内置预设

　　（4）在白色字符所在图层的第120帧处插入帧，在第28、31帧处插入关键帧，放大第28帧的字符，此时第24帧的字符也将自动放大，需要手动将其缩小。选择该图层前120帧，单击"动画预设"面板中的"将选区另存为预设"按钮田，打开"将预设另存为"对话框，设置预设名称为"从左侧飞入再放大"，单击 确定 按钮，此时新建预设将被放置在该面板的"自定义预设"文件夹中。

　　（5）选择第1帧的深红色字符，将其转换为图形元件，保持选中状态，在"动画预设"面板中选择"从左侧飞入再放大"选项，单击 应用 按钮，此时该字符所在图层将自动编辑帧，如图6-24所示。

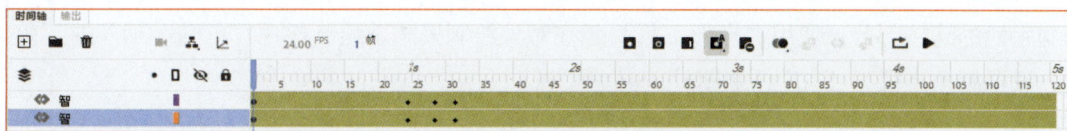

图6-24　应用自定义预设

　　（6）仅单击一次←按钮返回元件编辑窗口，将舞台中所有元件分散到不同图层，然后在所有图层第120帧处插入帧，此时"智"图形元件位于底层，其他字符按照从下到上的顺序依次位于第2~5图层，向左移动"智"图形元件，调整位置，使其正好显示在原位置，如图6-25所示。

　　（7）按照与步骤（5）相同的方法依次在其他图形元件内部应用自定义预设，然后按照与步骤（6）相同的方法在相同元件编辑窗口中调整显示位置。新建图层，导入"智趣挑战营.mp3"配音素材，根据"智"字符放大的时间调整配音的第1帧位置到第17帧，再以此调整其他字符的第1帧位置，制作出播放配音时对应文字同步放大的视觉效果，即第2个图层（按照从下到上的顺序）第1帧移至第7帧；第3个图层第1帧移至第19帧；第4个图层第1帧移至第

27帧；第5个图层第1帧移至第34帧，此时的舞台效果如图6-26所示。

图6-25 首个字符出场效果

图6-26 文字出场效果

6.2.5 绘制放大镜并制作动画

可灵活运用形状工具组和画笔工具绘制放大镜，通过为放大镜制作位移动画，并多次添加关键帧调整放大镜位置，制作出每个字符在镜面中放大的视觉效果。其具体操作如下。

（1）新建图层，使用"椭圆工具" ●在左侧粘贴板位置绘制一个填充为白色"#FFFFFF"，填充不透明度为"30%"，笔触颜色为黄色"#FFCC00"，笔触大小为"17"的圆形，使用"传统画笔工具" ✏在白色圆形右侧绘制曲线笔触，设置笔触颜色为灰色"#CCCCCC"，笔触不透明度为"60%"，笔触大小为"17"，如图6-27所示。

（2）将绘制的内容一同转换为图形元件，进入元件编辑窗口，新建图层并置于底层。使用"矩形工具" ■在对象绘制模式下绘制灰色"#CCCCCC"矩形，调整位置，使矩形充当镜面与手柄的连接部分；使用"矩形工具" ■在对象绘制模式下绘制棕色"#993300"的圆角矩形，设置圆角半径为"30"，如图6-28所示。

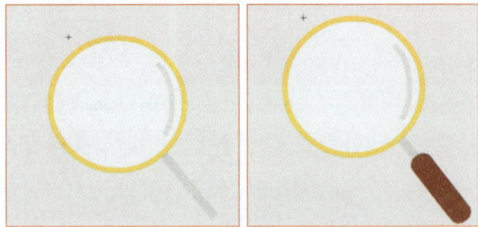

图6-27 绘制镜面　　　　图6-28 绘制放大镜其他部分

（3）返回主场景，将放大镜图层第62帧转换为关键帧，调整放大镜位置到首个字符处，并调整为合适的大小。该图层第105帧为最后一个字符动画效果的结束处，将该帧转换为关键帧，并在两个关键帧之间创建补间形状动画，以制作放大镜位移动画，如图6-29所示。然后将第116帧转换为关键帧，并调整放大镜位置和大小，随后在两个关键帧之间创建传统补间动画，制作放大镜位移的结束动画。

图6-29　制作放大镜位移动画

（4）此时，文字效果不够突出，可选择文字所在图层的第41帧，在"帧"选项卡中添加"投影"滤镜，设置模糊X、Y均为"15"，角度为"135°"，颜色为深紫色"#660099"，如图6-30所示。

图6-30　强化文字效果

6.2.6　制作画面结束动画和添加音频

此时片头动画效果只差第3部分的画面结束动画未制作，设计人员可先绘制图形，再结合补间动画原理制作图形改变遮住场景的动态效果。随后需要将文字元件中的配音音效移到主场景中使动画能播放出音频，再添加背景音乐。其具体操作如下。

微课视频

（1）新建图层，将该图层第121帧转换为空白关键帧，复制首个画面中的任意一个三角形，将其分离为图元，修改颜色为暖黄色"#FFDB67"。然后通过变形和复制两次三角形制作出群山效果，再复制并垂直翻转该群山图形，如图6-31所示，分别将两个群山图形放在舞台的顶部和底部。

（2）在新图层的第130帧处插入关键帧，调整两个群山图形，使其在舞台中重叠，再调整颜色为更深的黄色"#FFCC00"，如图6-32所示。将该图层第135帧转换为空白关键帧，使用"矩形工具" ▦绘制一个与舞台等大的矩形，设置填充为"#FF3366"，与首个画面颜色一致。

图6-31　制作群山图形　　　　　图6-32　调整图形位置和颜色

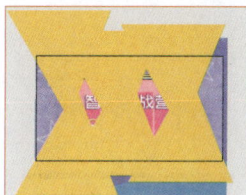

（3）此时新图层3个关键帧中的图形逐渐变色，分别在这3帧之间创建补间形状动画，如图6-33所示。

图6-33　画面结束动画效果

（4）新建图层，进入文字元件内部，将播放头移至配音素材所在图层的第17帧，该帧便是配音开始位置。然后返回主场景，此时播放头位于第57帧，该帧便是主场景中对应配音开始位置的帧，将"智趣挑战营.mp3"素材从"库"面板中拖曳到舞台上。接着删除文字元件中的配音素材所在图层，减小文件大小。

操作小贴士

在Animate中，有时在元件内部添加音频素材可能会受到该元件特定属性或效果的限制，进而影响音频的正常播放。为了避免这种情况，通常的做法是将音频素材独立放置在主场景的图层上，以确保音频能够按照预期进行播放，而不受元件内部可能存在的限制影响。但是在交互动画中，音频的播放常受控于添加的代码，此时可无视该建议。

（5）新建图层，将播放头移至第1帧，导入"轻松背景音乐.mp3"音频文件到舞台，按【Ctrl+Enter】组合键测试效果，可发现在背景音乐的影响下配音不够突出。选择背景音乐的波形，单击"帧"选项卡中的"编辑声音封套"按钮■，打开"编辑封套"对话框，将鼠标指针移至50刻度处的控制线上，单击可添加一个控制点，并且在右声道中也会自动添加一个控制点，如图6-34所示。

（6）按照与步骤（5）相同的方法，在左声道控制线的新控制点右侧添加一个控制点，并向下拖曳该点到音频波形下方。然后将右声道控制线的新控制点调整到相同位置，如图6-35所示，单击 按钮返回主场景，按【Ctrl+Enter】组合键测试效果，若背景音乐仍干扰配音，可继续向下移动控制点位置，若效果合适则保存文件。

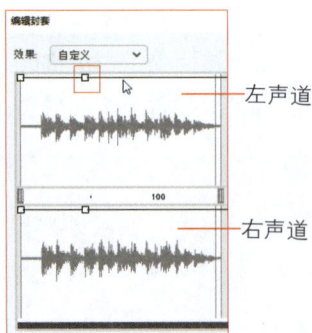

图6-34　新增控制点　　　图6-35　新增控制点并调整位置

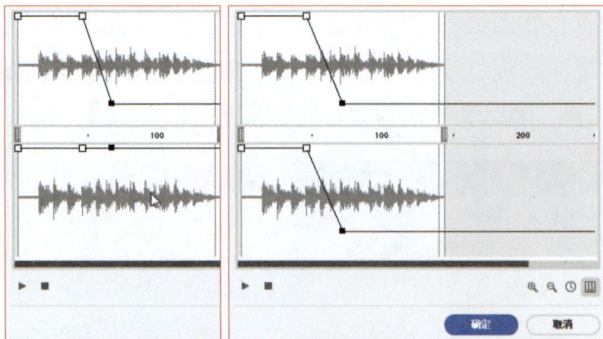

6.3 实战案例：制作人文节目片尾动画

案例背景

《绘梦行迹》是一档探索城市独特风貌与文化奥秘的人文节目。为了提升节目的艺术表现力和观众的体验感，制作团队准备在每集的片尾部分精心设计动画效果。片尾动画不仅要总结节目内容，还要巧妙融入自然与城市和谐共生的画面，激发观众的深层思考，并留下悠长的回味。具体要求如下。

（1）片尾动画需展示制作团队名单，名单内容详见"制作团队.txt"素材文件。

（2）片尾动画尺寸为1280像素×720像素，平台类型为ActionScript 3.0，帧速率为24。

（3）片尾动画时长为10秒，视觉效果美观，景别丰富。

设计思路

（1）画面设计。将画面场景设定为山坡处的城市郊区，融合多元化的自然元素，如起伏的山坡、郁郁葱葱的树木及悠然的云彩，丰富视觉层次，增强画面的生动性。另外，画面需要展示制作团队名单，可采用左文右图的布局方式来排版画面，即在左侧列出文字信息，在右侧展示场景图，这样的布局不仅保持了视觉上的平衡，还能有效引导观众的视线，使其集中于中上部区域。

（2）文字设计。采用笔画规整、易识别的字体，确保制作团队信息的准确传达。通过调整文字的字号和颜色来区分团队成员的不同身份，增强文字的层次感和辨识度。同时，为了进一步提升名单与背景场景的区分度，可使用文本框来确定名单显示范围，这样既能保持画面的美观性，又能确保团队名单清晰、可读。

（3）动画设计。动画设计分为两部分，先利用补间动画原理为场景图中的各元素制作出场动画，如云彩缓缓飘过、太阳逐渐升起，以及山坡、树木和城市逐渐显现等动画，增强画面的生动性。随后利用摄像机功能灵活切换画面的景别，如先特写天空中的云彩，再切换至远景展示整体画面，最后切换到全景，这样能在单一场景图中展现多样化的视觉内容，避免观众产生视觉疲劳，增加沉浸感。

效果预览

本例的参考效果如图6-36所示。

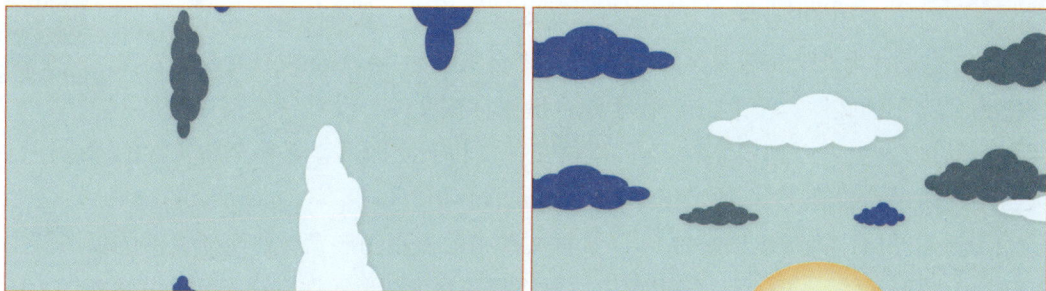

图6-36 制作人文节目片尾动画

图6-36　制作人文节目片尾动画（续）

　　景别是指由于摄影机与被摄体的距离不同，而造成被摄体在摄影画面中所呈现出的范围大小的区别，它是影视作品中用来表达故事情节、人物关系、环境氛围等的重要手段。景别一般可划分为5种，由近至远分别为特写（指人体肩部以上的画面）、近景（指人体胸部以上的画面）、中景（指人体膝部以上的画面）、全景（指人体的全部和周围背景的画面）和远景（指被摄体所处环境的画面）。在运用景别的过程中，设计人员需要具备视觉审美、技术、艺术、空间感知、创作构思等多方面的素养和能力，并且能够进行综合运用。

操作要点

操作要点详解

　　（1）通过添加和编辑摄像机图层切换画面的景别。
　　（2）使用"图层深度"面板塑造画面立体感。

6.3.1　制作场景图各元素出场动画

微课视频

　　在素材文件中，场景图的各元素被归为不同的对象组，需要将其分散到各图层，再分别转换为图形元件，才能进行出场动画的制作。其具体操作如下。
　　（1）新建尺寸为"1280像素×720像素"，平台类型为"ActionScript 3.0"，帧速率为"24"的文件。按【Ctrl+S】组合键保存该文件，设置名称为"人文节目片尾动画"。打开"建筑素材.fla"素材文件，将天空图形素材移至新文件的舞台中，并放大至当前舞台的数倍大小，如图6-37所示。
　　（2）新建图层，将"建筑素材.fla"素材文件中的云彩图形素材移至新文件的新图层上，将其转换为图形元件，进入元件编辑窗口，再将其转换为图形元件并进入元件编辑窗口（场景显示为：场景1 元件1 元件2），在关键帧上单击鼠标右键，在弹出的快捷菜单中选择"创建补间形状"命令来创建动画,将自动添加的第24帧关键帧移至第300帧,并向左移动该帧云彩的位置,制作出云彩向左漂浮的位移动画。

(3)仅单击一次 ← 按钮,在对应的元件编辑窗口第240帧处插入帧,将播放头移至第1帧,不断复制舞台中的云彩元件,并调整复制的元件大小来布局画面,如图6-38所示。布局画面时,最好不断测试云彩动态效果,使其能产生重叠的效果。

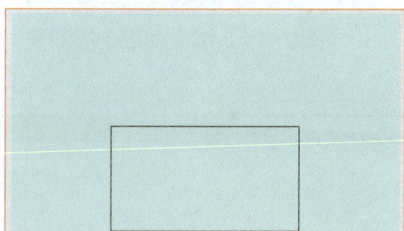

图6-37　复制并编辑天空图形素材　　　　图6-38　复制和编辑云彩元件

(4)返回主场景,新建图层,复制素材文件中的太阳图形素材到新文件的新图层中(位置在舞台底部粘贴板处),调整图形素材大小后,在"帧"选项卡中添加"发光"滤镜,设置模糊X、Y为"100",颜色为橙色"#FF9900",选中"内发光"复选框。将太阳图形素材转换为图形元件,进入元件编辑窗口,选中第1帧创建补间形状动画,将自动创建的第24帧关键帧上的太阳图形元件移至舞台右上侧,在第214帧处插入帧。

(5)新建图层并移至底层,将"建筑素材.fla"素材文件中的光效素材移至新图层第24帧处,并调整素材大小和宽度,将其转换为图形元件后,进入元件编辑窗口。选中舞台中的素材,按3次【Ctrl+B】组合键分离对象,在第267帧处插入帧,再单击鼠标右键,在弹出的快捷菜单中选择【转换为逐帧动画】/【自定义】命令,在打开的"自定义逐帧动画"对话框中设置数值为"5",单击 确定 按钮。将所得的每个关键帧按照逆时针方向删除舞台中的光效元件,实现每隔5帧递增一个光效元件的效果,如图6-39所示。

图6-39　制作光效元件的逐帧动画

(6)仅单击一次 ← 按钮,在"帧"选项卡中设置光效元件的Alpha为"30%"。返回主场景,新建图层,将素材文件中的剩余素材(即两处山坡和城市素材)添加到该图层的第1帧,将它们一起转换为图形元件后,进入元件编辑窗口。先分散舞台中4个对象到各个图层,再将最复杂的对象分离并分散到各个图层,通过调整图层的堆叠顺序,使画面中山坡、城市同在的图层为顶层,画面最后方的天空所在图层为底层,如图6-40所示。随后在所有图层第240帧处插入帧。

(7)分别拉宽舞台中的各个对象(除树木以外),使其组合起来的宽度能与天空素材等宽,如图6-41所示。从顶层图层开始,将每个图层中的对象转换为图形元件,并将中心点移至定界框的底部控制点处,然后以5帧的长度插入关键帧并创建传统补间动画,再分别将第1

帧中的对象垂直压缩成片状。图6-40所示为顶层图层的实例。

图6-40　调整图层中的对象

图6-41　拉宽图层中的对象

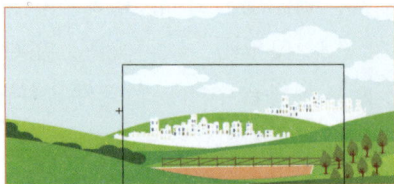

图6-42　制作压缩动画

（8）保持顶层图层关键帧位置不变，将该图层下方第1个图层的原第1帧移至第5帧，原第5帧移至第9帧，形成首尾相连的动态效果。重复操作，依次调整剩余的图层关键帧位置，使上方图层的动态效果播放结束后立即播放下方图层的动态效果，如图6-43所示。

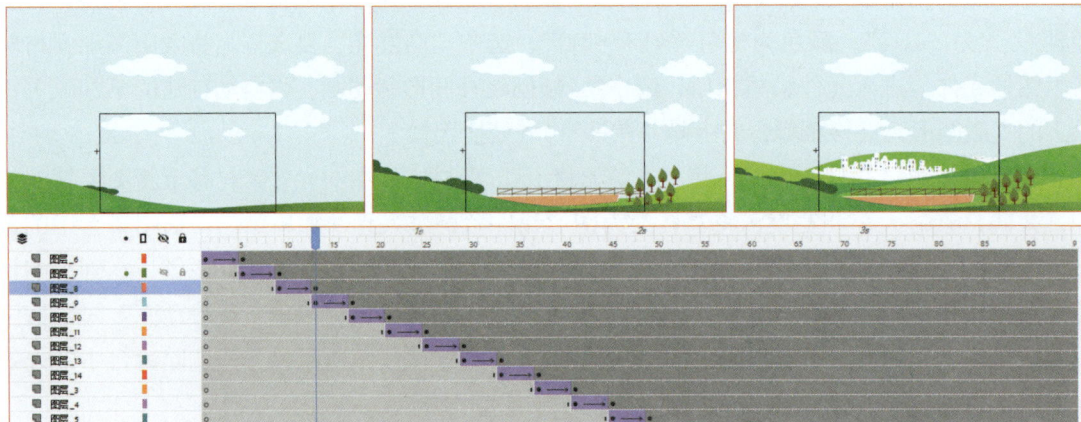

图6-43　调整图层关键帧位置

（9）返回主场景，在所有图层的第240帧处插入帧，测试当前舞台中的动画效果，如图6-44所示。

图6-44　测试动画效果

6.3.2　制作滚动字幕动画

微课视频

制作滚动字幕动画，需要先添加文本框和字幕，再美化字幕，最后分别制作文本框出场动画，以及字幕从舞台底部滚动至舞台顶部并滚动出画面的位移效果。其具体操作如下。

（1）新建图层，将该图层第120帧转换为空白关键帧，使用"矩形工具" ■绘制一个填充为白色"#FFFFFF"、填充Alpha为"70"的矩形，矩形与舞台等高，如图6-45所示。将其转换为图形元件，再在第125帧处插入关键帧，在"帧"选项卡中设置第120帧的Alpha为"0"，为两个关键帧创建传统补间动画。

（2）新建图层，将该图层第120帧转换为空白关键帧，选择"文本工具" T，在"工具"选项卡中设置字体为"思源黑体 CN"，字号为"30"，颜色为黑色"#000000"，在矩形上方输入"制作团队.txt"文件中的内容。依次选择"："前的文字，在"对象"选项卡中设置字号为"35"，颜色为深绿色"#006600"，如图6-46所示。

图6-45　绘制文本框　　　　　　　　　图6-46　输入和编辑文字

（3）选中第120帧，创建补间动画，移动该帧的文字至舞台底部；在第240帧处插入关键帧，移动文字至舞台顶部。在文本框图层的第238帧和第240帧处插入关键帧，在"帧"选项卡中设置Alpha为"0"，制作字幕滚动出画面后文本框消失的视觉效果，如图6-47所示。

图6-47　制作滚动字幕动画

6.3.3　制作景别切换动画

　　制作景别切换动画需要添加摄像机图层，再在该图层中插入关键帧，并使用"摄像机设置"栏调整画面景别，通过在两两关键帧之间创建传统补间动画实现景别切换效果。其具体操作如下。

（1）将播放头移至第1帧，选择"摄像头工具" ■后便会自动在图层顶部新建一个"Camera"图层，在"工具"选项卡中设置X为"-568"，Y为"26"，缩放为"126"，旋转为"90"，如图6-48所示，以垂直的特写视角开幕。

（2）保持选中"摄像头工具" ■的状态，将"Camera"图层第10帧转换为关键帧，设置X为"23"，Y为"488"，缩放为"106"，旋转为"0"，调整为水平的特写视角，如图6-49所示；重复操作，将第30帧转换为关键帧，设置X为"6"，Y为"182"，缩放为"50"，调整为远景，如图6-50所示。

图6-48　制作特写垂直视角画面　　图6-49　制作特写水平视角画面　　图6-50　制作远景画面

　　（3）按照与步骤（2）相同的方法，将"Camera"图层第65帧转换为关键帧，设置X为"－242"，Y为"125"，缩放为"71"，调整为全景视角，如图6-51所示；将"Camera"图层第125帧转换为关键帧，设置X为"－42"，Y为"89"，缩放为"86"，调整为中景视角，如图6-52所示。调整文字框和文字图层的首帧至第125帧处。分别在"Camera"图层两两关键帧之间创建传统补间动画。

　　（4）此时，山坡、树木的出场动画受到影响，部分效果无法展示在画面中，并且节奏快于景别切换，因此将山坡、树木所在元件图层的第1帧移至第30帧，双击进入该元件编辑窗口，分别为每个图层的传统补间动画添加5帧的时长，并保证各个图层的动画效果仍首尾相接。进入太阳元件内部，将光效元件从第24帧移至第90帧，使光效晚于山坡出场。这时第65帧画面如图6-53所示。

图6-51　制作全景画面　　　　图6-52　制作中景画面　　　　图6-53　第65帧画面

　　（5）此时，文本框和文字的位置受到影响产生偏移，因此选择文本框图层第125帧，调整元件位置和高度，使其仍位于画面左侧且与舞台等高。复制第125帧并将其分别粘贴到第130帧、第238帧和第240帧，再设置第125帧和第240帧的Alpha为"0"。随后调整文字元件第125帧和第240帧元件的位置，制作出与6.3.2小节制作的滚动字幕动画相同的效果。

　　（6）拖曳播放头查看当前舞台的动画效果，如图6-54所示。

图6-54　制作景别切换动画

6.3.4　塑造动画立体感

　　目前，画面虽然通过各元素的层叠创造出一定的空间感，但还需使用"图层深度"面板调

微课视频

整部分图层的深度来强化立体感，如调整山坡图层、云彩图层等；还可以通过色彩对比塑造立体感。其具体操作如下。

（1）将播放头移至画面元素中显示较全的第130帧，选择【窗口】/【图层深度】命令，打开"图层深度"面板，选中"图层_4"图层（即山坡所在图层），在面板右侧向上拖曳调整线，使参数变为"-21"，如图6-55所示，使文本框位于山坡后面。

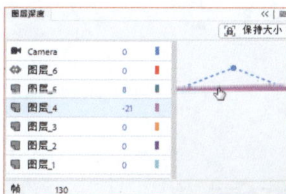

（2）按照与步骤（1）相同的方法，调整"图层_2"图层（即云彩所在图层）的参数为"-25"，使云彩位于山坡前面，即视觉上最前方的位置。由于云彩颜色与文本框颜色相似，两者不易区别，因此可选择云彩图层第1帧，添加"投影"滤镜，设置模糊X、Y为"30"，强度为"10"，颜色为黑色"#000000"，如图6-56所示。

图6-55　调整山坡图层深度

图6-56　调整云彩图层

（3）此时，由于受到"图层深度"面板中的参数影响，部分画面的视觉效果产生变化，部分画面未填满舞台。将播放头移至第1帧，选择"摄像头工具" ，在"工具"选项卡中更改X为"-456"，缩放为"124"，其余参数保持不变。将播放头移至第30帧，更改X为"2"，Y为"163"，其余参数保持不变，此时第1～30帧效果如图6-57所示。

图6-57　调整部分画面

（4）测试效果，发现第20～110帧的云彩图形重叠，且颜色相近、混为一体，立体感较弱。双击进入云彩元件的元件编辑窗口，选中舞台中重叠且位于底层的云彩，在"对象"选项卡的"色彩效果"栏中设置高级Alpha为"100%"，红色为"20%"，绿色为"40%"，蓝色为"70%"；选择位于中间层的云彩，设置高级Alpha为"100%"，红色为"30%"，绿色为"50%"，蓝色为"60%"，通过色彩对比塑造立体感，如图6-58所示。

图6-58　调整云彩色彩

（5）为了加强云彩色彩的统一性，可为部分云彩调整相同的色彩，如图6-59所示。新建图层，将播放头移至第1帧，导入"背景音乐.wav"素材文件到舞台。按【Ctrl+Enter】组合键测试动画，若效果合适则保存文件。

图6-59　调整其他云彩色彩

6.4 拓展训练

实训 1　制作手工艺节目场景过渡动画

实训要求

（1）为某专注于手工艺技艺展示的节目制作场景过渡动画，该动画用于提示节目接下来播出的内容。

（2）场景过渡动画尺寸为1280像素×720像素，平台类型为ActionScript 3.0，帧速率为24。

（3）场景过渡动画的画面与手工艺元素相关，并带有中国传统文化元素，配色采用中国传统颜色。

操作思路

（1）新建文件，使用"矩形工具" ■ 绘制一个填充为翡翠色"#3DE1AD"的矩形，通过扭曲操作使其变为梯形，并将其放置在舞台左上角。将梯形转换为图形元件后，在"帧"选项卡中添加"投影"滤镜。随后在第12帧和第16帧处插入关键帧并调整梯形位置，制作梯形逐渐位移到舞台的传统补间动画。在第70帧和第80帧处插入关键帧，调整第80帧位置到舞台左上角粘贴板处，再为两个关键帧创建传统补间动画，最后在第85帧处插入帧。

（2）新建图层并复制梯形，将其水平和垂直翻转后，移至舞台右下角粘贴板位置。将其填充更改为乌色"#725E82"后，转换为图形元件，随后按照与步骤（1）相同的方法制作两处位移动画。

（3）按照与步骤（2）相同的方法在舞台右上角制作位移动画（梯形高度需要大于舞台高度，并进行水平翻转，更改填充为蓝灰色"#A1AFC9"）。然后进入元件编辑窗口，复制图层后，在两个图层之间创建新图层，导入"花纹.png"素材文件，设置图层混合模式为"叠加"，亮度为"－30",再将顶部的图层转换为遮罩层,其余两个图层转换为被遮罩层。

(4)按照与步骤(3)相同的方法在舞台左下角制作位移动画(梯形与步骤(3)中的梯形等大,需进行水平和垂直翻转,更改填充为桃红色"#F47983"),添加的花纹素材需要与步骤(3)的花纹素材水平对齐。

(5)新建图层,将新图层第20帧转换为空白关键帧,使用"文本工具" T 输入文字,导入"文本框.ai"素材文件进行装饰,将它们一起转换为图形元件,在元件编辑窗口内部,结合使用"矩形工具"■和"橡皮擦工具" ◆ 为文本框添加白色不透明底色,通过复制文字和更改文字颜色制作出厚度效果。在主场景中为文本框所在帧添加"投影"和"发光"滤镜。

(6)新建图层,将新图层第20帧转换为空白关键帧,使用"矩形工具"■绘制7个矩形,通过扭曲将它们变成平行四边形。将平行四边形所在图层转换为文字图层的遮罩层,然后使用补间形状动画原理在遮罩层制作位移动画,即在第20～31帧制作左移位移动画,在第70～80帧制作右移位移动画。

(7)新建一个空白元件,将遮罩层和被遮罩层剪切、粘贴到该元件内部,并删除前20帧的空白关键帧,调整帧位置。在主场景中新建图层并在第16帧处添加该元件,应用"动画预设"面板中的"2D放大"内置预设,在第85帧处插入帧。

效果预览

(8)新建图层并置于最底层,分别在第1帧和第70帧处导入"节目截图1.jpg""节目截图2.jpg"文件,测试场景过渡动画效果。

具体设计过程如图6-60所示。

①制作舞台左上角的梯形位移动画

②制作舞台右下角的梯形位移动画

③制作舞台右上角的梯形位移动画

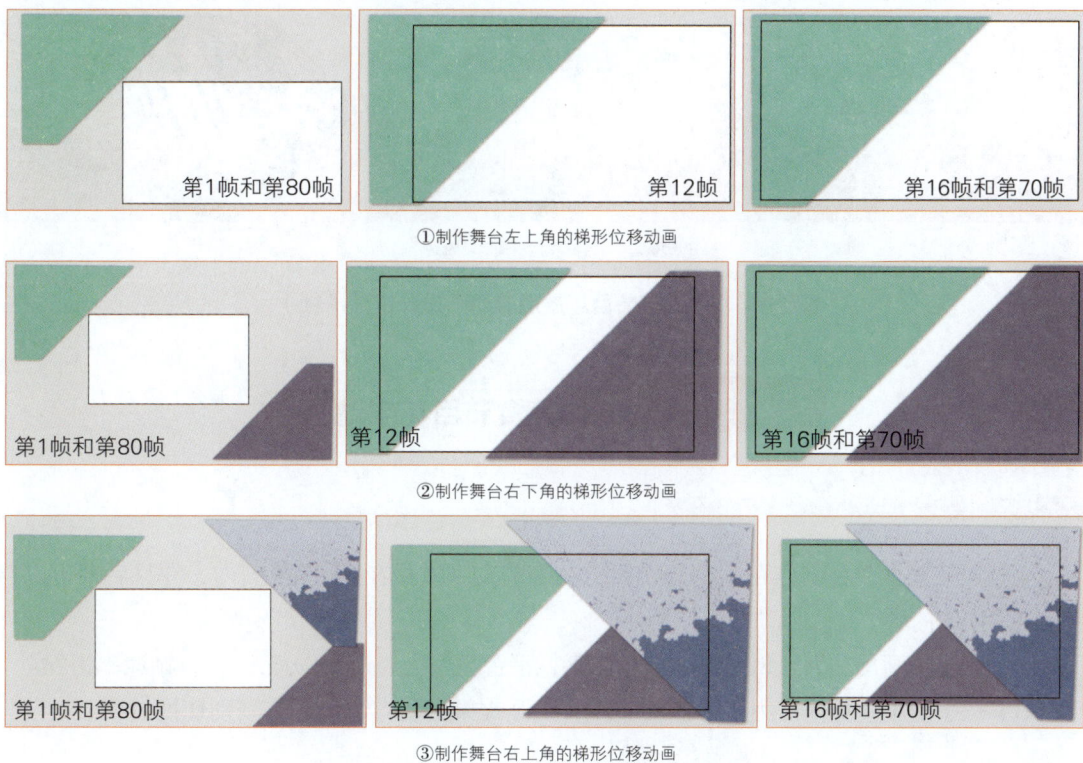

图6-60 手工艺节目场景过渡动画设计过程

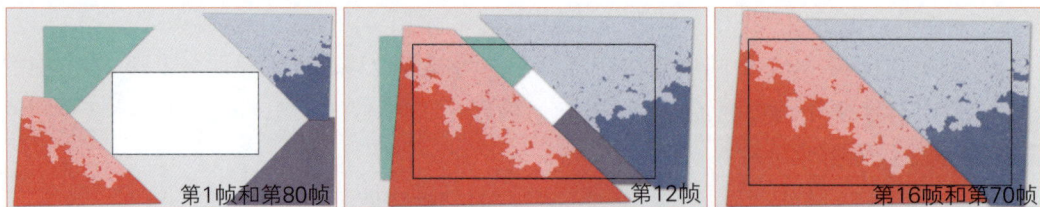

④制作舞台左下角的梯形位移动画

⑤制作文字元件　　　　　　　　　　　⑥绘制文字元件的遮罩

⑦编辑元件并应用动画预设

⑧添加节目截图并测试动画效果

图6-60　手工艺节目场景过渡动画设计过程（续）

实训 2　制作美食节目花字动画

实训要求

（1）为某美食节目制作花字动画，要求花字的文字数量在4个字范围内，并且后期可以自行替换其中的内容。

（2）花字动画尺寸为1280像素×500像素，平台类型为ActionScript 3.0，帧速率为24。

（3）花字动画视觉冲击力强，画面美观，动画效果生动有趣，具有景别切换效果。

操作思路

（1）新建文件并新建图层，打开"美食素材.fla"文件，将其中的文件框素材移至新文件底层，将美食素材移至顶层，调整素材大小和位置，再在所有图层第130帧处插入帧。

（2）将文本框转换为图形元件，添加"投影"滤镜进行美化。在第30帧处插入关键帧，先调整第1帧文本框的中心点到左下角，再缩小第1帧文本框大小，制作逐渐变大的视觉效果。

（3）新建图层将其移至底层，使用"矩形工具" ■ 绘制一个颜色与文本框颜色相近的半透明矩形。将其转换为图形元件后，在主场景中按照与步骤（2）相同的方法和相同帧位置制作逐渐拉长的视觉效果。

（4）借助辅助线确定半透明矩形位置，再将半透明矩形所在图层第31帧转换为空白关键帧，复制并粘贴半透明矩形，调整到原位置，将其转换为图形元件后，在内部第25帧和第50帧处插入关键帧，变形第25帧的矩形，然后在两两关键帧之间创建补间动画。

（5）在美食素材所在图层的下方新建图层，使用"文本工具" T 输入文字，将文字转换为图形元件后，在其内部复制并翻转文字，再调整不透明度，制作出倒影效果，通过分离得到8个字符，将相同的字符一同创建为图形元件，在其内部分散两个字符到不同图层，为倒影字符创建遮罩层，使其仅显示在文本框内。

（6）在文字元件中将4个字符元件分散到各图层，在所有图层第155帧处插入帧。按照从左到右的顺序，以15帧为间隔制作逐帧动画，再在每个字符元件内部，将3个图层上的对象分别转换为图形元件，在第15帧处插入关键帧，在第155帧处插入帧，将第1帧的所有对象缩小至放射线图案的中心位置，制作出缩放动画效果。

（7）在主场景中使用"摄像头工具" ▣，通过编辑"摄像机设置"栏内参数，使第1帧画面变为特写画面，使第30帧变为远景画面，在两个关键帧之间创建传统补间动画，制作出由特写切换为远景的画面效果。

（8）按照与步骤（7）相同的方法在"Camera"图层第116帧和第150帧处插入关键帧，调整第150帧的"摄像机设置"栏内参数，使其变为特写火锅图形。在相同的帧位置为文本框、文字制作缩放动画，将这两个元件的中心点移至右下角附近，在文字元件的第150帧处设置Alpha为"0"。复制半透明矩形的第30帧到第116帧，调整中心点到右下角后，再在第150帧处插入关键帧，制作出逐渐缩短的视觉效果。

效果预览

具体设计过程如图6-61所示。

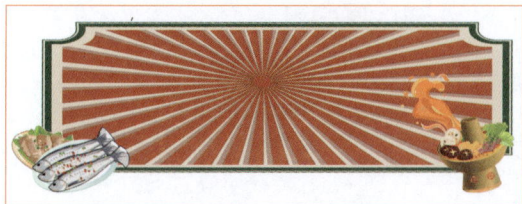

①布局画面

②制作文本框逐渐变大的视觉效果

图6-61　美食节目花字动画设计过程

③制作半透明矩形逐渐拉长的视觉效果

④制作半透明矩形变形动画

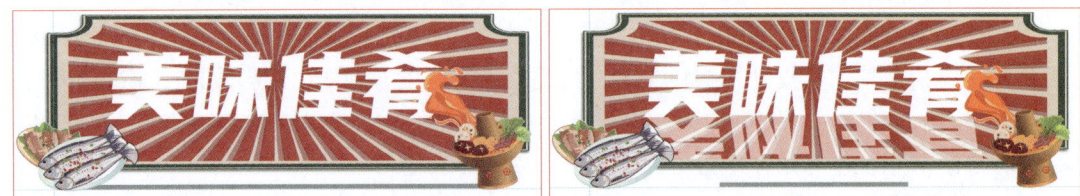

⑤制作文字倒影效果

⑥制作文字出场动画

⑦制作切换景别的花字开场动画

⑧制作切换景别的花字结束动画

图6-61　美食节目花字动画设计过程（续）

6.5 AI辅助设计

获取预告片动画制作灵感

文心一言是百度精心打造的一款生成式AI写作工具，它不仅擅长与人互动、精准回答问题，还能在创作领域大显身手，高效、便捷地辅助设计人员获取信息、汲取知识与灵感。其使用方式简便，设计人员仅需在文本框内输入关键词，发送后即可迅速获得所需答案。若需分析特定文档、图片或执行特定指令以生成内容，设计人员可先单击文本框上方相应的功能按钮，再输入关键词。

在影视包装动画领域中，文心一言展现出强大的辅助作用，能够帮助设计人员快速获取独特的设计思路与创意灵感，如设计人员可以利用文心一言获取预告片动画制作灵感。

功能：生成文本

使用方式：交代背景＋告知需求＋赋予身份＋补充说明＋字数限制。

示例

一档记录人们日常饮食的《食光印记》节目需要制作预告片动画，要求预告片动画不展示节目录制的内容，而是作为一个以二维动画形式制作的完整短片，请作为一个专业的动画设计师为我提供一些设计思路和灵感，分别从剧情设计和动画效果方面阐述，字数在400字以内。

示例效果：

> 一档记录人们日常饮食的《食光印记》节目需要制作预告片动画，要求预告片动画不展示节目录制的内容，而是作为一个以二维动画形式制作的完整短片，请作为一个专业的动画设计师为我提供一些设计思路和灵感，分别从剧情设计和动画效果方面阐述，字数在400字以内。
>
> **剧情设计**
>
> 《食光印记》预告片动画，以食物为线索，串联起不同人的生活片段。开篇以一碗热气腾腾的早餐引出，随后快速切换至午餐、晚餐及夜宵场景，每个场景都是不同人物的日常缩影。通过细腻的情感描绘，展现食物如何成为他们生活中的慰藉与快乐源泉。高潮部分，聚焦于一次家庭聚餐的温馨场景，强调食物凝聚人心的力量。结尾以一句引人深思的旁白："在《食光印记》，每一口都是生活的印记。"留下悬念。
>
> **动画效果**
>
> 采用温馨而细腻的二维手绘风格，色彩柔和，线条流畅。注重食物质感的呈现，通过光影变化和色彩搭配，让食物仿佛跃然屏上，激发观众食欲。同时，利用动态特效增强画面表现力，如蒸汽上升、食材飞舞等，营造出生动有趣的视觉效果。音效方面，精选与场景相匹配的音效和配乐，营造出温馨、愉悦的氛围，让观众仿佛置身于动画之中，共同感受《食光印记》的魅力。
>
> 由文心大模型 3.5 生成

如果对生成结果不满意，设计人员可以重复提问，文心一言将生成多种不重复的预告片动画制作灵感文案，设计人员可在此基础上进一步筛选和优化。

MewX AI   生成艺术字

MewX AI是一个综合性的AI设计平台，它集成了多种AI技术，如AI绘画、AI二维码、AI视频、MJ绘画等，能为设计人员提供强大的功能支持，激发其创意和想象力。例如，使用MewX AI生成艺术字（设计人员进入MewX AI官网首页后，可单击"AI绘画"选项卡进入AI绘画工具页面，再单击"AI创作"选项卡进入AI操作页面，只有进入该页面才能使用AI艺术字功能）。

功能：图生图

使用方式：上传文案素材图（或使用示例文字）+选择款式+设置文字强度+设置渲染方式。

示例1

文案素材图字体：方正粗宋简体；款式：奇异果；文字强度：0.81；渲染方式：软边缘。

示例效果1：

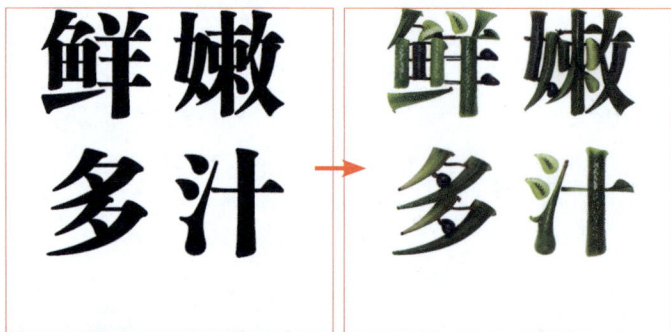

示例2

文案素材图字体：方正剪纸简体；款式：绿意；文字强度：0.94；渲染方式：轮廓。

示例效果2：

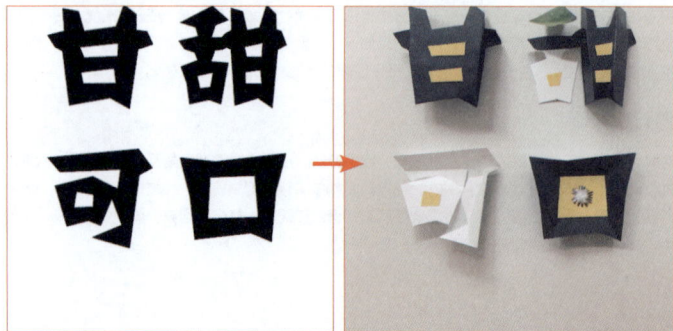

设计大讲堂

　　艺术字是以普通文字为基础，经过专业的字体设计师的艺术加工的变形字体。它融合了字体设计师的创意和审美，具有美观有趣、易认易识、醒目张扬等特性，广泛应用于广告、商标、标语、黑板报、企业名称、会场布置，以及商品包装等领域。艺术字与影视包装中的花字在设计和应用上都体现了对文字的创新和变形。艺术字为影视包装中的花字提供了丰富的设计元素和灵感来源，而影视包装中的花字则在实际应用中不断推动艺术字的发展和演变，两者在相互借鉴和融合中共同促进了文字艺术的发展和繁荣。

拓展训练

　　请使用文心一言尝试获取某社会新闻访谈节目氛围塑造动画的制作灵感，提升使用AI工具获取动画制作灵感的应用能力。

6.6　课后练习

1. 填空题

　　（1）当需要精准向观众传达当前人物的_____或_____时，除了依赖人物自身的表情变化外，还可以制作_____进一步强化情绪表达。

　　（2）影视包装中的氛围塑造是指通过一系列_____、_____及_____，为影视作品创造独特的情感色彩和环境背景。

　　（3）"动画预设"面板中内置的预设位于_____文件夹中，自己保存选区内的动画效果位于_____文件夹中。

　　（4）文心一言除了可以直接输入关键词进行提问外，还可以先分析特定_____、_____或执行特定_____再生成内容。

2. 选择题

　　（1）【单选】影视包装动画的统一性具体体现在整体风格、（　）和文字设计的和谐、统一上。

　　　　A. 色彩搭配　　　　　　　　　　B. 布局搭配

　　　　C. 图像设计　　　　　　　　　　D. 图形设计

　　（2）【单选】深度是指元素在画面中被感知到的（　）。

　　　　A. 色彩深浅程度　　　　　　　　B. 左右距离

　　　　C. 上下距离　　　　　　　　　　D. 前后距离

　　（3）【单选】当影视作品涉及复杂规则或需要额外补充信息时，可添加（　）动画，该动画以其清晰、直观的方式传达这些要点，帮助观众迅速理解并跟随影视作品的节奏。

　　　　A. 场景过渡　　　　　　　　　　B. 人物表情

　　　　C. 花字　　　　　　　　　　　　D. 氛围塑造

（4）【多选】制作摄像头动画时，可在"摄像机设置"栏中设置画面的（　）参数。

    A．横向位置　　　　　　　　　　　B．纵向位置

    C．旋转角度　　　　　　　　　　　D．景别

（5）【多选】（　）是Animate提供的滤镜选项。

    A．发光　　　　　　　　　　　　　B．模糊

    C．投影　　　　　　　　　　　　　D．描边

3．操作题

（1）为《城市风光》节目制作片头动画，要求时长为9秒。通过添加"城市景观.fla"素材文件中的各元素到不同图层，将它们分别转换为图形元件后，再添加节目名称文字，制作位移动画，呈现出雪天车辆行驶在道路上，周围城市建筑发生变化，并伴随出现节目名称的视觉效果；然后添加音频素材，使用"摄像头工具"制作出景别切换的视觉效果，并借助"图层深度"面板塑造画面立体感，参考效果如图6-62所示。

效果预览

图6-62　《城市风光》节目片头动画

效果预览

（2）为某节目制作一系列的人物表情，如哭、笑和崇拜的表情等，要求先使用绘图工具绘制出所需的图形，再将其变换为图形元件展开制作。例如，哭和笑表情可先运用变形功能制作出不同形态，再使用传统补间动画制作出动态效果，最后添加滤镜强化效果；崇拜表情只需将瞳孔图形转换为图形元件，并添加滤镜制作出眼睛水汪汪的视觉效果，参考效果如图6-63所示。

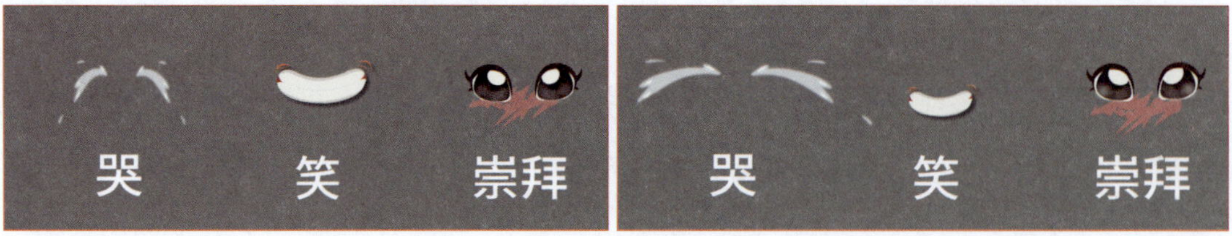

图6-63　人物表情

（3）使用MewXAI为一档新年特别节目生成不同风格的艺术字，作为节目花字的制作灵感，要求艺术字以"新年快乐"为内容，营造出较强的新年氛围，参考效果如图6-64所示。再使用文心一言获取花字动画的制作灵感，要求动画效果新颖别致，参考效果如图6-65所示。

图6-64 "新年快乐"艺术字

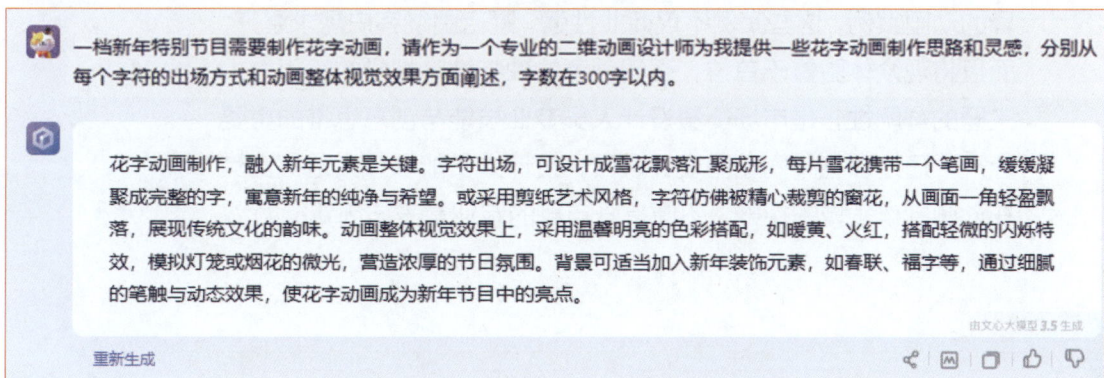

一档新年特别节目需要制作花字动画，请作为一个专业的二维动画设计师为我提供一些花字动画制作思路和灵感，分别从每个字符的出场方式和动画整体视觉效果方面阐述，字数在300字以内。

花字动画制作，融入新年元素是关键。字符出场，可设计成雪花飘落汇聚成形，每片雪花携带一个笔画，缓缓凝聚成完整的字，寓意新年的纯净与希望。或采用剪纸艺术风格，字符仿佛被精心裁剪的窗花，从画面一角轻盈飘落，展现传统文化的韵味。动画整体视觉效果上，采用温馨明亮的色彩搭配，如暖黄、火红，搭配轻微的闪烁特效，模拟灯笼或烟花的微光，营造浓厚的节日氛围。背景可适当加入新年装饰元素，如春联、福字等，通过细腻的笔触与动态效果，使花字动画成为新年节目中的亮点。

由文心大模型 3.5 生成

重新生成

图6-65 "新年快乐"花字动画制作灵感

An

第 **7** 章

综合案例

设计人员在制作动画的过程中，通常会接触到不同行业、风格各异的动画案例，这些案例不仅商业性强，紧密围绕客户需求展开，而且将观众体验置于首位，强调创意的独特性、视觉的吸引力、主题的鲜明性，是市场衡量设计人员专业技能与创意思维的重要标尺。通过参与不同动画设计项目，设计人员能够极大地拓宽其在动画制作领域的视野，不断提升自身的专业素养与创新能力。

学习目标

▶ **知识目标**

◎ 赏析专业的动画设计项目，从中汲取创作灵感。
◎ 熟悉多种行业、多种类型的动画制作方法。

▶ **技能目标**

◎ 能够以专业的角度完成不同领域的动画设计项目。
◎ 能够综合运用 Animate 的各项功能。

▶ **素养目标**

◎ 具备市场敏感度，能够准确捕捉和理解市场趋势。
◎ 具备良好的团队合作精神和沟通能力。

学习引导

STEP 1 相关知识学习　　　　　　　　　　建议学时：___1___学时

课前预习

1. 扫码了解设计人员的职业要求，提升对动画制作行业的认知
2. 上网搜索各企业、品牌、教育机构推出的完整动画案例，通过研究这些案例来提高动画制作的审美水平

课前预习

STEP 2 案例实践操作　　　　　　　　　　建议学时：___4___学时

商业案例

1. 电动汽车品牌项目：制作汽车外部构造产品演示动画、制作汽车宣传网络广告动画、制作品牌官网加载动效
2. 航空企业项目：制作优惠活动广告动画、制作乘机安全演示动画、制作企业官网启动动效、制作《航空驿站》特别节目片头动画
3. 环保项目：制作环保公益广告动画、制作海洋污染教育演示动画、制作环保节目花字动画
4. 传统文化宣传项目：制作春节主题的网页横幅广告动画、制作春节主题的视觉反馈特效、制作《华节传颂》宣传片场景过渡动画

案例欣赏

7.1 电动汽车品牌项目设计

由于环境保护、能源安全、经济效益、技术创新等多方面的因素，电动汽车行业的发展愈发欣欣向荣。为抢占市场份额，"绿驰未来"电动汽车品牌准备为热销的电动汽车制作产品演示动画、网络广告动画，以大力宣传产品；同时，准备在品牌官网中融入加载动效，提升观众的浏览体验，进而提升观众对品牌的好感度，间接促进产品销量的增长。

7.1.1 制作汽车外部构造产品演示动画

为了充分展示电动汽车，"绿驰未来"品牌计划将产品演示动画分为三大章节，分别为汽车外部构造产品演示动画、汽车内置系统产品演示动画、汽车零件亮点产品演示动画，现先制作汽车外部构造产品演示动画。

⬛ 设计要求

（1）汽车外部构造产品演示动画需要清晰地展示电动汽车的主要构造，如汽车的前脸、尾部、侧面3种视角的特点，以及充电口和车灯组。

（2）汽车外部构造产品演示动画画面布局合理，各元素易于识别，添加曲调欢乐的背景音乐。

（3）汽车外部构造产品演示动画尺寸为1280像素×720像素，平台类型为ActionScript 3.0，帧速率为25。

💡 设计思路

（1）使用素材文件中的场景素材和充电口关闭的汽车素材，利用图形元件和传统补间动画原理，制作汽车行驶在道路上的动态效果。

（2）使用形状工具组绘制气泡框，结合滤镜功能制作投影效果，使其与场景图在视觉上分离，以便突出气泡框中的内容。

（3）绘制圆形遮罩和圆环，为汽车构造图形元素制作元件，通过直接复制并修改该元件中的内容，制作出6个演示汽车构造的图形元件。按照相同的制作思路，制作出5个对应的解说文字元件，其中文字的小标题和正文需使用不同字体颜色和字号。

（4）利用补间动画原理制作相同的汽车3种视角的图示和解说文字出场动画，可利用自定义预设进行制作，以提升效率。充电口和车灯组演示则利用逐帧动画原理制作，并且利用传统补间动画原理调整画面的布局，提示后续的演示内容与前3种视角的演示内容不属于同一类型。充电口图示需要使用素材文件中的充电桩和充电口打开的汽车素材进行制作。

（5）为充分展示车灯效果，可利用"亮度"色彩效果设置场景为低亮度，模拟黑夜场景，然后为两处车灯绘制灯光效果并添加滤镜，最后添加音频素材。最终参考效果如图7-1所示。

效果预览

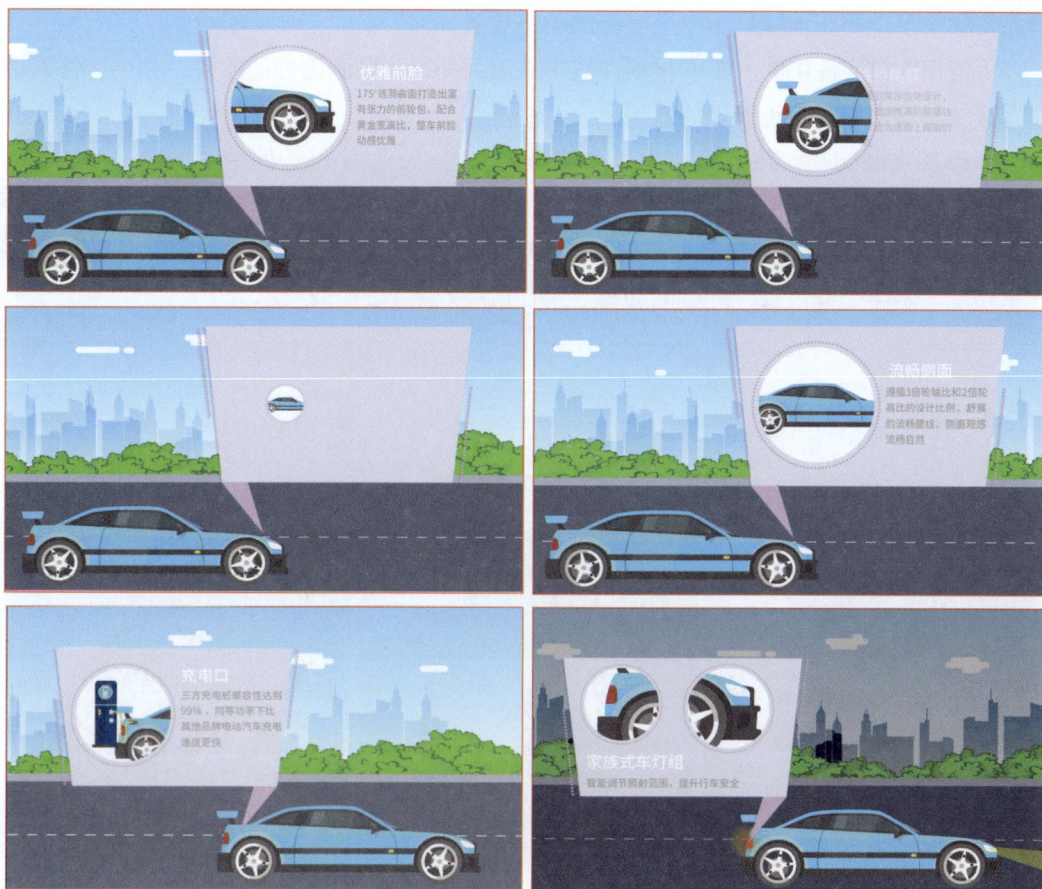

图7-1 汽车外部构造产品演示动画

7.1.2 制作汽车宣传网络广告动画

为了在互联网中大力宣传品牌旗下热销的电动汽车，"绿驰未来"品牌计划以"一起自驾游"为主题制作网络广告动画，并投放在各大主流App中。

设计要求

（1）网络广告动画需突出主题，电动汽车元素明显。

（2）网络广告动画具有轻松愉快的氛围，视觉效果美观，布局合理、大气。

（3）网络广告动画尺寸为720像素×1280像素，平台类型为HTML5 Canvas，帧速率为24。

设计思路

（1）使用素材文件中的场景素材分批次制作场景动效，如云彩和太阳的位移动效、植物叶片的摇动动效。

（2）绘制2个圆角矩形充当文本框，制作逐渐展开的视觉效果。在文本框中输入品牌名称和产品名称文字，制作逐帧显示单个字符的动态效果。

（3）使用素材文件中的汽车素材制作汽车从画面外行驶到画面内的效果；利用音符素材，制作音符从车窗内漂浮到车窗外的效果。

（4）添加主题文字，将其分离为单个字符，删除"一"字符，使用"矩形工具"■绘制矩形充当文字，调整单个字符的颜色、字号和位置后，将其一同转换为图形元件。在元件内部复制两次文字，修改文字颜色，制作出厚度效果，再在主场景中制作缩放与旋转并行的动态效果，最终效果如图7-2所示。

效果预览

图7-2　汽车宣传网络广告动画

7.1.3 制作品牌官网加载动效

为了配合品牌的宣传策略，并为观众提供更好的消费体验，"绿驰未来"品牌准备在官方网站中新增加载动效。

🗒️ 设计要求

（1）加载动效需要以电动汽车为主要元素，以汽车功能为核心设计其他元素。

（2）加载动效配色和谐，视觉效果大气，动态效果生动有趣，具有科技感。

（3）加载动效尺寸为1280像素×720像素，平台类型为HTML5 Canvas，帧速率为24。

💡 设计思路

（1）先绘制青紫色渐变背景，增强科技感；再绘制无填充的圆角矩形充当进度条边框，随后复制两次圆角矩形所在图层，并将它们分别转换为遮罩层和被遮罩层，制作出进度条的读取进度变化的动态效果。

（2）在圆角矩形右侧绘制带有笔触和填充的椭圆形，在上方添加方向盘素材，然后为该素材制作方向盘转动的视觉效果。

（3）添加汽车素材绘制阴影，再制作汽车行驶的动态效果，然后跟随进度条的读取进度制作汽车的位移动效，需要让汽车始终领先于进度条，并且汽车从舞台左侧渐显进入。

效果预览

（4）添加"LOADING"文字和"..."标点符号，为标点符号制作逐帧动画，使3个圆点逐渐显示，最终效果如图7-3所示。

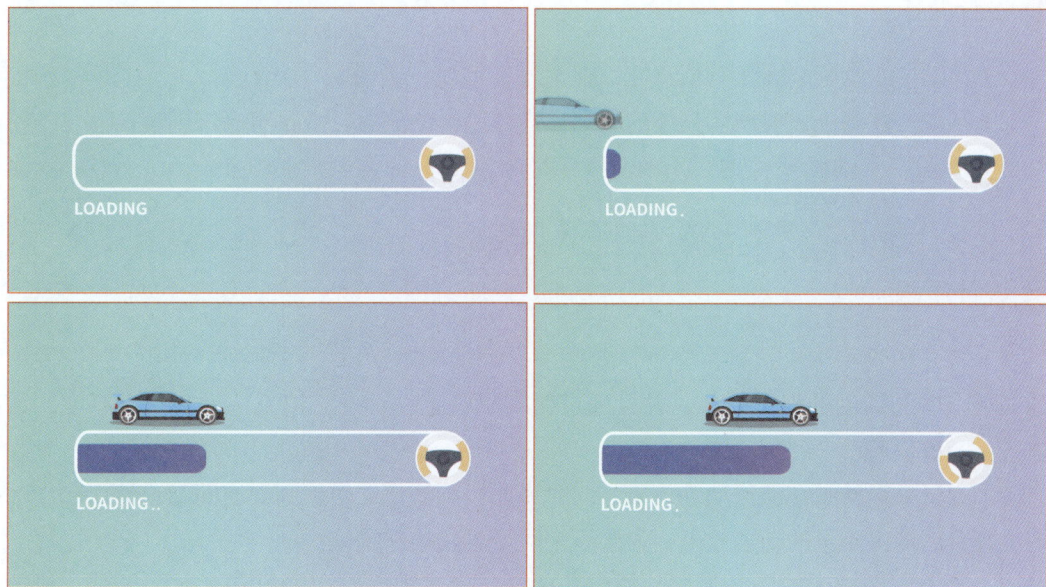

图7-3 品牌官网加载动效

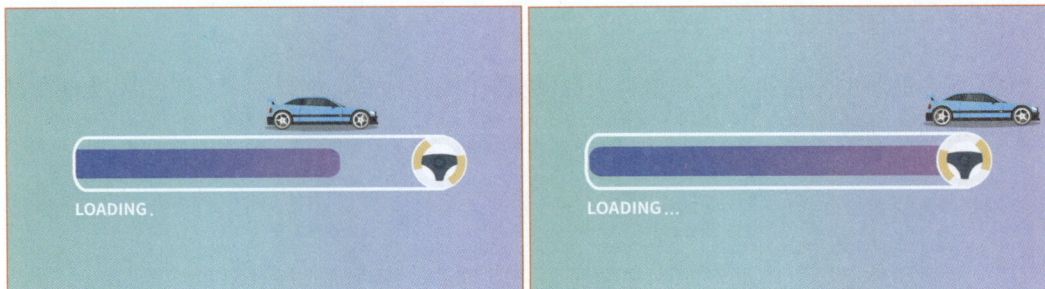

图7-3　品牌官网加载动效（续）

7.2　航空企业项目设计

飞机作为一种现代交通工具具有众多显著优势，这些优势不仅体现在速度和效率上，还体现在安全性、舒适性和全球连接性等多个方面，因此飞机成为国家重点发展的交通形式之一。"世纪飞越航空"作为一家充满活力的年轻航空企业，正积极完善其业务和配套的包装服务，现需要制作该企业的优惠活动广告动画、乘机安全演示动画、企业官网启动动效和《航空驿站》特别节目片头动画，以全方位提升企业形象与观众体验。

7.2.1　制作优惠活动广告动画

企业在淡季期间推出了优惠活动，为此需要以该活动为主题制作活动广告动画，投放到人流量较大的商圈中进行宣传。

📋 设计要求

（1）活动广告动画画面具有创意性，视觉效果美观、新颖。

（2）活动广告动画需要展示具体的时间和内容等活动信息，且具有高识别度。

（3）活动广告动画尺寸为1280像素×720像素，平台类型为ActionScript 3.0，帧速率为24。

💡 设计思路

（1）打开场景和飞机素材，先创建新图层，添加喇叭素材，并且添加文字，制作使用喇叭通知观众参与活动的视觉效果，并且通过复制喇叭素材、调整填充色，制作出厚度，增强立体感。

（2）为云朵素材制作漂浮动态效果，同时添加投影滤镜，增强画面空间感。然后制作喇叭翻转出舞台后消失不见的动态效果，为接下来的场景切换作铺垫。

（3）为不同图层上的场景素材制作出场动画，使其由底部逐渐展开至显示全貌。新建图层，添加活动主题文字，该文字需要拉伸高度，既作为装饰，又作为主要信息元素展示在画面中，增强画面的层次感。

（4）为飞机制作出从左侧粘贴板飞入舞台的动态效果，再新建图层，添加活动信息文字，制作出飞机飞行过程中文字不断跃动展示（可使用动态预设，提升制作效率）的视觉效果。同时为了提升该文字的可识别性，可绘制云朵状的装饰元素。

（5）依次添加背景音乐和配音素材，调整背景音乐开始处的音量，避免配音被干扰，以一声"出门旅行啦"的配音吸引观众的注意力，提升其观看广告后续内容的兴趣。最终效果如图7-4所示。

效果预览

图7-4 优惠活动广告动画

7.2.2 制作乘机安全演示动画

为了确保乘客在乘机过程中的安全，该企业准备制作安全演示动画讲解安全知识，该动画将在机场内和飞机上的所有LED屏幕中循环播放。

设计要求

（1）安全演示动画要包含安检、登机时和登机后的安全知识演示。

（2）安全演示动画的画面丰富，与演示内容相对应，添加字幕和配音，方便乘客观看。

（3）安全演示动画的画面布局美观，合理安排与安全相关的知识内容。

（4）安全演示动画尺寸为1280像素×720像素，平台类型为ActionScript 3.0，帧速率为25。

💡 设计思路

（1）利用画面素材文件中第1帧的内容，并添加标题文字，制作出演示动画的标题动画。其中玻璃内外的画面元素需要利用色彩效果和滤镜制作出空间感，使玻璃外的画面模糊、玻璃内的画面清晰；再为飞机元素制作飞行动画，突出企业名称；随后为标题文字制作逐字出现的动画。

（2）新增场景，利用画面素材文件中第2帧的内容制作安检场景，再在底部添加文本框和相应字幕。结合遮罩原理，利用违禁品素材文件中的3个图形元素制作飞机禁止携带物品的图示动画。

（3）新增场景，利用画面素材文件中第3帧的内容制作登机场景，再在底部添加文本框和相应字幕，并制作乘客正在登机的动画。为了突出登机这一核心内容，可添加提示框。

（4）新增场景，利用画面素材文件中第4帧的内容制作飞机内部场景，再在底部添加文本框和相应字幕。利用安全带和关机图像素材制作图示信息，同时在其内部添加文字，强调主题。

效果预览

（5）分别在不同场景中添加对应的音频素材，并根据时长调整帧位置，使音画同步，最终效果如图7-5所示。

图7-5　乘机安全演示动画

图7-5　乘机安全演示动画（续）

7.2.3　制作企业官网启动动效

为提升官网的吸引力和观众使用体验，"世纪飞越航空"企业计划为官网添加启动动效。

设计要求

（1）启动动效的画面设计要与企业定位相关，充分体现航空业务。
（2）启动动效色彩搭配和谐、美观，整体布局大气，元素简洁。
（3）启动动效尺寸为1280像素×720像素，平台类型为HTML5 Canvas，帧速率为25。

设计思路

（1）绘制宽于舞台的蓝色矩形充当天空，分别将素材文件中的素材添加到不同图层中，调整宽度和位置，制作出宽于舞台的场景画面。

（2）将太阳图形转换为元件，在其内部通过遮罩添加质感素材和光效素材，制作出特殊效果。

（3）使用补间动画原理为当前舞台中位于天空以外的元素制作位移动画，如太阳升起、云朵飘动、飞机飞行的位移动画，同时三者在舞台中形成重叠效果。

（4）利用摄像头功能调整画面景别，形成飞机冲出云层后平稳飞行的视觉效果。

（5）添加企业名称文字和欢迎文字，分离文字为图元后制作变形效果，再添加投影滤镜强调文字，最终效果如图7-6所示。

效果预览

图7-6　企业官网启动动效

图7-6　企业官网启动动效（续）

7.2.4　制作《航空驿站》特别节目片头动画

为提升"世纪飞越航空"企业的知名度，该企业自费与当地电视台合作制作了《航空驿站》特别节目，以现场采访的形式全面展示企业入驻的机场、各种配套服务等，现需要制作该特别节目片头动画。

设计要求

（1）片头动画的场景设定为机场，需展示机场环境优美、交通方便的特点。

（2）片头动画的动态效果流畅，画面内容丰富。

（3）片头动画需要重点展示节目名称，且节目名称的展示效果具有创意性。

（4）片头动画尺寸为1280像素×720像素，平台类型为ActionScript 3.0，帧速率为25。

设计思路

（1）打开机场素材文件，利用其中的元素制作机场正在运作的动态效果，如一架飞机正在返航、一架飞机正在启航、机场大巴正在地面行驶。

（2）为云朵制作位移动画，再添加摄像组文件中的素材，为手持麦克风的人物元素制作动态效果。

（3）使用摄像机功能制作画面景别切换的动态效果，充分展示地面摄像组正在准备工作、机场正常运作的景象，同时为后续节目名称的出场调整合适的画面。

（4）使用"图层深度"面板为天空中的元素，如飞机、云朵等制作深度效果，加强画面的立体感。

（5）添加节目名称文字，绘制文字的装饰图形，再制作缩放和旋转并行的出场动画。

（6）依次添加背景音乐和配音素材，调整背景音乐音量，设置淡入淡出效果，避免配音被干扰，最终效果如图7-7所示。

效果预览

图7-7　《航空驿站》特别节目片头动画

7.3　环保项目设计

鉴于当前社会对环保问题的高度重视，以及因环保问题导致的自然灾害频发，某环保组织决定启动一项综合性的环保项目，并与新媒体平台、学校和电视台展开深度合作。该项目旨在以动画形式呼吁更多人关注和参与到环保行动中，创造可持续发展的环境。该项目涵盖广告动画、教育演示动画及花字动画等多个方面。

7.3.1　制作环保公益广告动画

为了提升公众对环保问题的关注度，该环保组织决定制作一个以环保为主题的公益广告动画，并通过新媒体平台进行投放。

设计要求

（1）公益广告动画的画面能深刻展示环境污染带来的严重生态问题，视觉冲击力强。

（2）公益广告动画的视听体验感较强，画面清晰、美观。

（3）公益广告动画的尺寸为1280像素×720像素，平台类型为ActionScript 3.0，帧速率为24。

设计思路

（1）添加图像素材和塑料袋图形素材，以塑料袋图形素材作为遮罩，透过塑料袋图形素材展示图像素材内容，绘制矩形遮罩，通过补间动画完整展示出舞台的内容。

（2）使用摄像头功能切换画面景别，以特写、近景、中景、远景和全景逐渐展示环境污染带来的严重生态问题。

（3）添加宣传语，并绘制文本框，强化宣传语的识别度，并通过绿叶装饰反衬公益广告动画的主题。

效果预览

（4）添加音频素材，调整宣传语位置的背景音乐音量，使效果和谐，最终效果如图7-8所示。

图7-8　环保公益广告动画

7.3.2 制作海洋污染教育演示动画

为了增强学生的环保意识，该环保组织计划制作一部以海洋污染为主题的教育演示动画，并通过学校安排的专题课程向学生展示这部动画。

设计要求

（1）教育演示动画的内容丰富，包括海洋污染的历程、现状和对策。

（2）教育演示动画具有交互设计，可由观众自行选择播放的内容。

（3）教育演示动画尺寸为1280像素×720像素，平台类型为ActionScript 3.0，帧速率为24。

设计思路

（1）将素材文件中的场景素材添加到演示动画文件图层的第1帧，充当整个文件的背景图。然后添加3个关键帧，在第1帧上添加演示动画的主题文字并制作成元件，在元件内部进行立体感的塑造；在第3帧上绘制视频框；在第4帧上变形视频框充当图示的背景框。

（2）创建鼠标指针图层，添加素材文件中的螃蟹图形，将其制作成影片剪辑元件，以便添加代码，使其替换鼠标指针的样式。

（3）创建动画图层，动画图层第1帧内容为空白，第2帧内容为历程文字和文本框，其需统一放置在影片剪辑元件中；第3帧内容为现状视频，其需使用组件进行添加；第4帧内容为对策图示和文字，其需统一放置在影片剪辑元件中。

（4）使用遮罩制作出历程文字逐行展示的视觉效果。对策图示分为3个，需要先逐一展示文字内容，再展示对应的图示，在第3个图示消失后，再展示一个问题文字，让学生针对问题进行课堂讨论，提升演示动画的交互性。

（5）创建按钮图层，先制作一个按钮，通过直接复制和修改内容制作出剩余3个按钮，出于对布局的考虑，除按钮图层第1帧的按钮外，其他帧的按钮需要统一缩小，为其他元素预留足够的展示空间。

（6）为4个按钮设置实例名称，然后依次为背景图的第1帧、各个帧上的按钮和鼠标指针图层第1帧上的元件添加代码，实现交互效果，最终效果如图7-9所示。

图7-9　海洋污染教育演示动画

图7-9 海洋污染教育演示动画（续）

7.3.3 制作环保节目花字动画

为了提升公众对环境保护的重视，该环保组织受当地电视台邀请，在某档节目上作为嘉宾介绍环保的相关内容，现需要制作该节目的影视包装动画——花字动画。

设计要求

（1）花字动画的外形设计以植物为主要元素，视觉效果美观，动态效果流畅。

（2）花字动画需要分为背景层和文字层，可以让节目组自行替换其中的文字内容。

（3）花字动画包含段落文字花字（用于添加小提示）和词语文字花字（用于添加短语）。

（4）花字动画尺寸为800像素×720像素，平台类型为ActionScript 3.0，帧速率为24。

设计思路

（1）使用矩形工具在对象绘制模式下绘制2个大圆角矩形框和1个虚线装饰，以便组合使用，然后在新图层中绘制2个小圆角矩形。

（2）在小圆角矩形所在图层中添加素材文件中的植物素材，将其统一转换为同一个元件，并在内部制作叶片摇动和花朵旋转的动态效果。复制植物元件，装饰小圆角矩形，添加"小提示"文字并在其内部使用遮罩美化文字。

（3）新建图层，在新图层中添加段落文字花字，并在内部制作逐句显示的动态效果。分别为其他两个图层中的内容制作出场动画，如小圆角矩形右移出场动画、大圆角矩形变形出场动画；再为3个图层中的内容制作左移消失的退场动画。

（4）复制植物元件，将其粘贴到新场景中，制作缩放出场动画；在新图层中绘制展示词语文字花字的圆角矩形，制作变形出场动画；通过直接复制得到新提示文字，添加到新图层中，修改其中的内容，再为该图层创建遮罩层，制作逐字出场动画。

（5）按照与出场动画相反的视觉效果制作所有内容的退场动画，最终效果如图7-10所示。

效果预览

图7-10　环保节目花字动画

7.4　传统文化宣传项目设计

传承和弘扬优秀传统文化是每个人应承担的责任，某市宣传部门基于这种认识，在每年的各个传统节日期间开展相应主题的宣传活动。为了拉近与市民的距离，该部门在春节即将来临之际，计划采用动画形式进行宣传，制作网页横幅广告动画、视觉反馈动效及宣传片场景过渡动画。

7.4.1　制作春节主题的网页横幅广告动画

为了营造新年的氛围和宣传春节习俗，宣传部门计划在该市所有政府网页中嵌入春节主题的网页横幅广告动画，使市民在浏览网页时能够感受到浓厚的年味。

设计要求

（1）网页横幅广告动画画面元素应与春节习俗相关，布局美观简洁，动态效果流畅。

（2）网页横幅广告动画尺寸为728像素×90像素，平台类型为HTML5 Canvas，帧速率为24。

设计思路

（1）在不同图层上添加背景和纹理素材，使其填满舞台，然后调整纹理素材的不透明度。

（2）在新图层上添加所有灯笼素材，并分别在内部制作摇动的动态效果。

（3）在新图层的舞台中间位置添加文字，并在内部为每个字符制作依次放大的动态效果。

效果预览

（4）在新图层上添加多角形装饰素材，通过复制、粘贴和移动等操作使其覆盖整个舞台，制作上下位移的动态效果，同时调整素材的亮度，增强空间感，最终效果如图7-11所示。

图7-11　春节主题的网页横幅广告动画

7.4.2 制作春节主题的视觉反馈动效

为了增添新年氛围和发扬新年文化，宣传部门计划在该市所有政府网页中融入春节主题的视觉反馈动效，这些动效将在市民停止操作网页时自动呈现，以增强页面的互动性。

设计要求

（1）视觉反馈动效的构成元素能展示春节文化，美观且具有亲和力。

（2）视觉反馈动效的动态效果简洁、大气、流畅。

（3）视觉反馈动效尺寸为1000像素×500像素，平台类型为HTML5 Canvas，帧速率为24。

设计思路

（1）添加素材文件，将各个构成元素分别分散到不同图层上。

（2）为卷轴元素制作出场动效，再在内部分离各个组成元素，添加祝福语文字，制作卷轴逐渐展开并显示祝福语的动效。

（3）在主场景中为动物元素制作出场后放大再恢复至合适大小的动效，最终效果如图7-12所示。

效果预览

图7-12　春节主题的视觉反馈动效

7.4.3　制作《华节传颂》宣传片场景过渡动画

为了更好地向市民宣传传统节日的相关知识，宣传部门为各个传统节日制作了宣传片，并于相应节日前后在媒体平台中播放。现春节宣传片——《华节传颂》即将制作完成，还需要添加动画形式的场景过渡效果，以丰富宣传片的视觉效果。

设计要求

（1）场景过渡动画的动态效果流畅，组成元素丰富且与春节相关。

（2）场景过渡动画尺寸为1280像素×720像素，平台类型为ActionScript 3.0，帧速率为24。

设计思路

（1）运用绘图工具逐帧绘制图形，使其能按照逐帧动画原理从三角形变形为矩形，然后反转这些关键帧，并调整帧中图形的位置，使其在逐渐遮盖舞台后有时间展示内容。

（2）复制逐帧绘制的图形所在的图层，将其作为遮罩层。新建3个动画层，在其中依次添加场景图素材、文字和五角星。

（3）分别将文字和五角星转换为元件，为文字制作厚度效果，为五角星制作动态效果，并复制一个五角星元件进行布局，最终效果如图7-13所示。

效果预览

图7-13　《华节传颂》宣传片场景过渡动画